從理財到科技
數學的超徹底
日常應用！

高利貸暴利　單雙眼皮遺傳　打彈珠遊戲　雞兔同籠問題

楊峰，吳波　編著

從日常理財到推理邏輯，
帶你看數學在生活中搞出多少噱頭！

QR Code 的排列組合有用完的一天嗎？
抽籤順序會影響結果嗎？先搶先贏還是公平競爭？

小機率事件 × 二進制編碼 × 搜尋檢索模型……
從經濟到博弈論，用「數學思維」開啟你的日常生活！

目錄

前言

生活中美麗的數學

第二章骰子 —— 排列組合與機率

囚犯的困局 —— 邏輯推理、決策、爭鬥與對策

第四章中外數學趣題拾零

當數學遇到電腦

前言

在 2002 年國際數學大會上，著名的美籍華裔數學家陳省身先生題詞——「數學好玩」。這是一位世界級數學大師對數學這門學科的感悟和總結，也承載著先生的無限期許。數學究竟是什麼？數學真的好玩嗎？這是怎樣的一本數學書呢？

數學是一切科學的基礎，是研究各門科學和技術的工具。與此同時，數學又滲透在我們生活的點點滴滴中。所以，人們歷來對數學都很重視，它是每一個學生的必修課。從小學到大學，甚至到碩士、博士，每個階段都需要學習數學，每個階段也都會用到數學。各類數學競賽也比比皆是，很多人從小就開始學數學，參加各類比賽。

但是，可能正因為我們對數學過於看重，才導致許多人對數學望而生畏、敬而遠之，有的學生甚至對數學產生排斥心理，這樣不但不利於個人數學能力的培養，反而可能造成心理障礙，對數學產生厭煩和恐懼的心理。

其實，數學一點都不可怕，正如陳省身先生的題詞——「數學好玩」，數學的魅力在於它能幫助我們解決實際生活中的許多問題，它蘊藏在生活中的每個角落。數學從來不是冷冰冰的公式和定理，也絕不是拒人於千里之外的證明和推導，數學本身蘊藏著智慧的巧思和靈感的光芒。小到個人的投資理財、交易買賣，大到一個工廠的生產計畫、一個專案的進度管理，甚至一項宏觀的經濟政策，都離不開數學。所以，數學是活生生的學問。

然而傳統的數學課本，往往把數學弄得太過陽春白雪，例如從頭到尾都是公式、定理、公理和一堆莫名其妙的、與實際生活毫無關聯的習題，這樣讀者一定會感到枯燥乏味，提不起興趣。所以，本書的創作初衷，就是寫一本生動有趣、大家都能讀得懂、都能從中學到知識的數學書。書中將生活會遇到的問題和一些趣味性較高且蘊含深刻數學道理的問題進行歸納、總結，然後分類、講解。這樣，本書就既有實用性，又有趣味性。

總結起來，本書具有以下特點。

1. 思路新穎，生動有趣。本書既包括投資理財、樂透中獎率、償還房貸等與我們生活息息相關的現實問題，又包括機率統計、排列組合、博弈論、邏輯、電腦數學等內容，形式各式各樣，內容生動有趣，覆蓋的知識點也非常豐富。
2. 講解清晰，簡單明瞭。本書在寫作上力求深入淺出，清晰明瞭，沒有複雜的邏輯推理和證明，開門見山、直擊問題的核心，易於讀者理解和深入學習。
3. 古今相映，兼容並蓄。書中既編有蘊藏著古代人智慧結晶的趣題，還包含與人類現代生活緊密相連的電腦數學。古今相映，展現數學的博大精深，也帶領讀者從多個面向感知數學之美，同時涉獵不同領域的數學知識。

本書結合熱門話題、增加一些有趣的題目。例如「三姬分金」的問題，由於這個問題是一道經典的靜態博弈題，所以我們將該問題引入本書加以分析和講解，同時還擴展出該問題的更新版問題——「海盜分金」。再比如 QR Code 是近幾年來我們再熟悉不過的一種辨識碼，但它的原理大家可能不會太清楚，所以在本書的第五章中，我們對二維碼的基本原理進行了介紹。

此外，本書加入一些外國經典的數學名題，其中包括斐波那契的「圍牆中的兔子」、柳卡的「輪船問題」、柯尼斯堡的「七橋問題」等。這些題目歷史悠久，很值得讀者學習和研究，能讓讀者體會到古聖先賢的智慧與偉大。

希望本書能夠一如既往地陪伴大家學習數學，讓大家愛上數學，在這些妙趣橫生的數學問題中，開拓思維、激發靈感，體會數學的樂趣，感悟數學的美妙！

由於作者所知有限，本書難免有不足之處，真誠希望讀者朋友批評指正。

第 1 章

生活中美麗的數學

數學無處不在，小到日常生活中的柴米油鹽，大到個人投資理財、置產經商，都滲透著數學，很多問題需要我們使用數學工具加以解決。本章我們將日常生活中經常遇到的問題進行歸納總結，並用數學的方法給予分析和解答。希望讀者能從中體會出生活中的數學之美，並學會應用數學的方法處理和解決實際問題。

1.1
怎麼儲蓄最划算

在這個「你不理財，財不理你」的時代，大家都願意把自己的積蓄拿出來進行投資，例如定期儲蓄、理財產品、股票基金、期貨期權、貴金屬、房地產、藝術品……等，希望從中獲取收益。投資理財絕不是用一、兩節內容可以說清楚的，它不僅涉及數學，還可能涉及諸如投資者風險偏好、當前宏觀經濟局勢、各項經濟方針政策以及個人對未來經濟的預期……等許多方面，所以，這是很複雜的課題。我們接下來要討論的是一個相對簡單的問題，也就是算一算以下哪種儲蓄方式最划算。

假設定期儲蓄利率如表 1-1 所示。

表 1-1 定期儲蓄利率

年限	利率
一年期	3.25%
二年期	3.75%
三年期	4.25%
五年期	4.75%

注：此表僅作為本題參考使用，不代表真實的利率。

如果 A 先生有 10 萬元用於定期儲蓄，打算在銀行儲蓄 5 年，他有以下幾種儲蓄方案：

▷ 直接採用五年期定期儲蓄方案
▷ 採用二年期＋三年期定期儲蓄方案
▷ 採用二年期＋二年期＋一年期定期儲蓄方案
▷ 採用 5 個一年期定期儲蓄方案

請幫 A 先生計算一下，哪種儲蓄方案獲益最大？

分析

在計算該題目之前，我們要先釐清楚幾個常識性的概念。表 1-1 中所示的利率，實際上是年利率，也就是按照相應的年限儲蓄，每年可得到的利息率。這裡的基本原則是：儲蓄的期限越長，年利息率就越高，如果中途提取，則會被視為違約，那麼就會按照活期儲蓄的利率（0.35%，僅供參考）計算利息。舉個例子，如果有 100 元，在銀行進行一年期定期儲蓄，一年後會拿到 3.25 元的利息；如果是二年期定期儲蓄，兩年後會拿到 100×3.75% ×2 ＝ 7.5 元的利息；如果是三年期定期儲蓄，三年後則會拿到 100×4.25% ×3 ＝ 12.75 元的利息；如果是五年期定期儲蓄，五年後會拿到 100×4.75% ×5 ＝ 23.75 元的利息。

以下我們分別計算一下，按照以上 4 種儲蓄方案，10 萬元儲蓄 5 年，哪一種儲蓄方案得到的總利息最多。

1. 直接採用五年期定期儲蓄方案

這種儲蓄方案最容易計算，5 年後得到的利息總額為 100,000×4.75% ×5 ＝ 23,750 元。

2. 採用二年期＋三年期定期儲蓄方案

前兩年的利息總額為 100,000×3.75% ×2 ＝ 7,500 元，從第三年開始，轉為一個三年期的定期儲蓄，因此本金總額變為 100,000 ＋ 7,500 ＝ 107,500 元。

這裡涉及複利的概念。一般情況下，銀行的單期定期存款中是不算複利的，這也就是為什麼我們在計算三年期或五年期等定期儲蓄的利息時，只會將本金乘以年利率再乘以儲蓄期限，而不將前一年的利息加到第二年中（複利，或稱利滾利）。但是，如果定期存款約轉到第二個儲存期限，則要將上一期的利息新增到本期儲蓄的本金當中（如果是定期約轉則會自動加入上一期的利息，我們這裡假設都是計算複利的）。

其實很簡單，100,000 元，在第一個兩年期的儲蓄期限中，總共得到了 7,500 元的利息，那麼在下一個三年期的儲蓄期限中，就要在儲蓄的本金裡加入上一期的利息 7,500 元，因此本金總額變為 107,500 元。

在下一個三年期的定期儲蓄中，A 先生又會得到 107,500×4.25% ×3 ＝ 13,706.25 元的利息。這樣 5 年後，A 先生拿到的錢為 107,500 ＋ 13,706.25 ＝ 121,206.25 元。所以，5 年中的總利息為 121,206.25 － 100,000 ＝ 21,206.25 元，小於直接定期儲蓄 5 年所得到的利息。

有些讀者可能會想到一個很有意思的問題：二年期＋三年期的定期儲蓄方案，與三年期＋二年期的定期儲蓄方案相比，哪種方案在 5 年之後獲得的利息更多呢？透過簡單的計算，不難發現，兩種儲蓄方案在收益上沒有任何差別，在 5 年之後獲得的總利息相同，都是 21,206.25 元。

3. 採用二年期＋二年期＋一年期定期儲蓄方案

前兩年的利息總額為 100,000×3.75% ×2 ＝ 7,500 元，從第三年起，下一個二年期定期儲蓄的本金包含了複利，變成 100,000 ＋ 7,500 ＝ 107,500 元。

在第二個二年期儲蓄中，得到的利息總額為 107,500×3.75% ×2 ＝

8,062.5 元。

從第四年開始轉入了下一個一年期的定期儲蓄階段，新包含複利的本金，變為 107,500 ＋ 8,062.5 ＝ 115,562.5 元。一年後得到的利息為 115,562.5×3.25%＝ 3,755.78125 元。

因此按照這種儲蓄方案，A 先生在 5 年中獲得的總利息為 7,500 ＋ 8,062.5 ＋ 3,755.78125 ＝ 19,318.28125 元。可見還是小於直接定期儲蓄 5 年所得到的利息。

4. 採用 5 個一年期定期儲蓄方案

這種情況計算比較簡單，只要把每年得到的利息都加到下一年的本金中，再計算利息即可。

第一年的利息：100,000×3.25%＝ 3,250 元；

第二年的利息：103,250×3.25%＝ 3,355.625 元；

第三年的利息：106,605.625×3.25%＝ 3,464.6828125 元；

第四年的利息：110,070.3078125×3.25%＝ 3,577.28500390625 元；

第五年的利息：113,647.59281640625×3.25%＝3,693.546766533203125 元。

因此 5 年中，A 先生共可獲得的利息約為 3,250 ＋ 3,355.6 ＋ 3,464.7 ＋ 3,577.3 ＋ 3,693.5 ＝ 17,341.1 元。

其實有一種更為簡便的方法可以計算這種儲蓄方案的總利息，我們先來計算一下採用 5 個一年期定期儲蓄方案的第 5 年的本息金額：

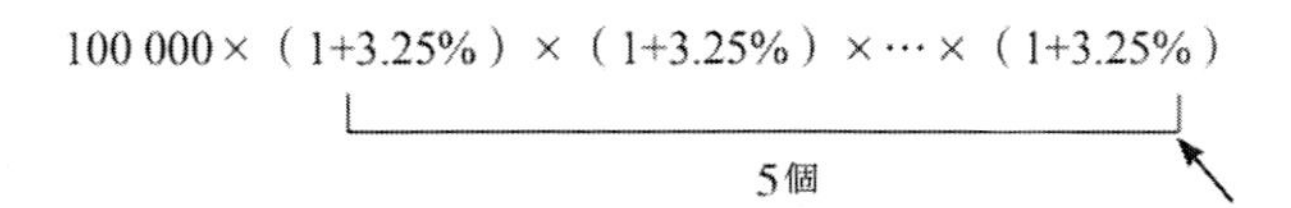

每年的本息金額都是上一年本息金額的 (1 ＋ 3.25%) 倍，因此第 5 年的本息金額如下式：

$$-100{,}000\times(1+3.25\%)^5=117{,}341.139582939453125\text{ 元}$$

將第 5 年的本息金額減去本金 100,000 元，這樣便可得到 5 年的總利息為 117,341.139582939453125 − 100,000 = 17,341.139582939453125 ≈ 17,341.14 元，可見這種儲蓄方案還是小於直接定期儲蓄 5 年所得到的利息。

從上面的計算中，我們可以得出結論：A 先生採用五年期定期儲蓄方案，在 5 年後得到的利息最多，而採用 5 個一年期定期儲蓄方案（儘管將複利也計算進去）得到的利息最少。

同時，細心的讀者不難發現，整存期限越長的儲蓄方案，得到的總利息越多。即：直接採用五年期定期儲蓄方案的利息＞採用二年期＋三年期定期儲蓄方案的利息＞採用二年期＋二年期＋一年期定期儲蓄方案的利息＞採用 5 個一年期定期儲蓄方案的利息。這說明銀行還是鼓勵客戶盡量把錢長期地儲存在銀行中，這樣銀行就有更多的資金儲備，以便資金的流動（例如發放貸款）。銀行發放貸款的利息，一定大於付給客戶存款的利息，兩者之間的差額叫做息差，賺取息差是銀行最重要的盈利模式之一。

從投資者（儲戶）的角度來看，究竟選擇哪種儲蓄方案，還要根據個人需求而定。雖然五年期的總利息最多，但前提是要保證這筆資金 5 年都存在銀行中，這樣就降低了資金的使用效率和流動性，從而失去一些其他的投資機會，在通膨很高的時期，資金就只能放在銀行裡貶值。因此，如何選擇儲蓄方案並無一定之規定，要根據自己的實際情況做判斷。

1.2
高利貸中的暴利

高利貸是一種民間借貸形式，自古有之。由於高利貸利息過高，侵犯借貸人的利益，因此這種借貸方式不受法律保護，大家應該透過正規管道進行貸款。

常見的一種高利貸形式是「驢打滾」，意思就是本金逐月增加，利息逐月成倍增長，像驢子翻身打滾一樣。「驢打滾」的借貸期限一般是一個月，月息一般為 3 ～ 5 分（3%～ 5%），如果到期不還，則將利息計入下月本金（複利）。這樣累計下來，本金越來越高，利息越來越多，往往使借貸者損失慘重。

假設 A 先生急需用錢，向一家私人錢莊借高利貸 20 萬元，雙方約定採用「驢打滾」的借貸方式，月息定為 5 分。如果 A 先生借款一年，那麼最終 A 先生要還給這家錢莊多少錢呢？

分析

如果明白「驢打滾」的高利貸方式，就不難算出本題。對於 20 萬元，一個月的利息為 5 分，也就是 5%，那麼一個月後應支付的利息為 200,000×5%＝ 10,000。這 1 萬元利息會加到下個月的本金中繼續計算。這樣，一個月後，連本帶息的總金額為 200,000×(1 ＋ 5%) ＝ 210,000，

這 21 萬元就是第二個月的本金。依此類推，如果 A 先生借款一年，那麼，最終 A 先生連本帶利需要還給錢莊

$$\underbrace{200\,000 \times (1+5\%) \times (1+5\%) \times \cdots \times (1+5\%)}_{12\text{個月}} = 200\,000 \times (1+5\%)^{12} \approx 359\,000$$

A 先生借款 20 萬元，一年後要還 35.9 萬元，這樣算起來，年貸款利率為

$(35.9 - 20)/20 \times 100\% = 79.5\%$

這可比任何一家銀行的貸款利率都高得多（銀行的年貸款利率約為 6%～ 8%），所以足見高利貸是何等暴利了。

知識擴展

巧算高次冪

在上面的題目中，我們要計算 $(1 + 5\%)^{12}$，這個算式計算起來不是很容易。當然我們可以用電腦或計算軟體輕易地得到答案。但是在早些年還沒有電腦和計算軟體時，我們如何方便、快速地得到結果？難道要用筆一步一步地計算嗎？方法當然比這簡單多了。

我們可以藉助自然對數表進行查表求值。設 $x = (1 + 5\%)^{12}$，等式兩邊求自然對數：

$$\ln x = \ln(1 + 5\%)^{12}$$

$$\ln x = 12\ln(1 + 5\%)$$

$$\ln x = 12\ln 1.05$$

我們可以透過查自然對數表計算 ln1.05，自然對數表如圖 1-1 所示。

N	0	1	2	3	4	5	6	7	8	9
1.0	0.0000	0.0100	0.0198	0.0296	0.0392	0.0488	0.0583	0.0677	0.0770	0.0862
1.1	0.0953	0.1044	0.1133	0.1222	0.1310	0.1398	0.1484	0.1570	0.1655	0.1740
1.2	0.1823	0.1906	0.1989	0.2070	0.2151	0.2231	0.2311	0.2390	0.2469	0.2546
1.3	0.2624	0.2700	0.2776	0.2852	0.2927	0.3001	0.3075	0.3148	0.3221	0.3293
1.4	0.3365	0.3436	0.3507	0.3577	0.3646	0.3716	0.3784	0.3853	0.3920	0.3988
1.5	0.4055	0.4121	0.4187	0.4253	0.4318	0.4383	0.4447	0.4511	0.4574	0.4637
1.6	0.4700	0.4762	0.4824	0.4886	0.4947	0.5008	0.5068	0.5128	0.5188	0.5247
1.7	0.5306	0.5365	0.5423	0.5481	0.5539	0.5596	0.5653	0.5710	0.5766	0.5822
1.8	0.5878	0.5933	0.5988	0.6043	0.6098	0.6152	0.6206	0.6259	0.6313	0.6366
1.9	0.6419	0.6471	0.6523	0.6575	0.6627	0.6678	0.6729	0.6780	0.6831	0.6881

圖 1-1 自然對數表片段

該表中最左邊的縱向一行表示 lnN 中 N 的個位和十分位，最上邊橫向一列表示 N 的百分位。例如要計算 ln1.08，就要找到最左邊 1.0 這一行，橫向為 8 這一列，如圖 1-2 所示。

N	0	1	2	3	4	5	6	7	8	9
1.0	0.0000	0.0100	0.0198	0.0296	0.0392	0.0488	0.0583	0.0677	0.0770	0.0862
1.1	0.0953	0.1044	0.1133	0.1222	0.1310	0.1398	0.1484	0.1570	0.1655	0.1740

圖 1-2 查表 ln1.08

因此 $\ln 1.08 \approx 0.077$。

那麼透過查表，我們很容易就計算出 $\ln 1.05 \approx 0.0488$。

這樣 $\ln x = 12\ln 1.05 \approx 0.5856$。下面我們繼續透過查表計算 x。

在自然對數表中，我們可以查到 $\ln 1.79 = 0.5822$，所以 $x \approx 1.79$，即 $(1+5\%)^{12} \approx 1.79$。雖然查表法沒有電腦得到的結果精確，但如果對精確度的要求不高，還是可以採用這個方法進行估算。

1.3 如何償還房貸

買房已成為當下年輕人所面臨的嚴峻現實。在傳統「成家立業」思想的影響下，買房已成為人們的一項剛性需求。可是節節攀升的房價又令人望而卻步，實在不是一般上班族所能負擔得起的，於是向銀行貸款幾乎成為年輕人實現買房夢想的唯一管道。也正因如此，貸款族在都市年輕人中的比例越來越高，每個月領完薪水後的第一件事，就是存錢進貸款銀行帳戶裡……

目前銀行規定的還款方式可分為兩種：等額本息還款法和等額本金還款法。等額本息還款法是在貸款期限內，每個月以相等的額度平均償還銀行的貸款本息，其計算公式為

$$\text{每月還款額}=\frac{\text{貸款本金}\times\text{月利率}\times(1+\text{月利率})^{\text{還款月數}}}{(1+\text{月利率})^{\text{還款月數}}-1}$$

等額本金還款法是在貸款期限內，每個月等額償還貸款本金，貸款利息隨本金逐月遞減，其計算公式為

$$\text{每月還款額貸}=\frac{\text{貸款本金}}{\text{貸款期月數}}+(\text{貸款本金}-\text{已還本金累計額})\times\text{月利率}$$

假設銀行的貸款利率如表 1-2 所示。

表 1-2 銀行貸款利率

貸款年限（年）	年利率	月利率
1	5.31%	4.42‰
2	5.40%	4.50‰
3	5.40%	4.50‰
4	5.76%	4.80‰
5	5.76%	4.80‰
6	5.94%	4.95‰
7	5.94%	4.95‰
8	5.94%	4.95‰
9	5.94%	4.95‰
10	5.94%	4.95‰

A 先生從銀行貸款 100 萬元，貸款年限為 10 年，請計算一下 A 先生採用等額本息還款法和等額本金還款法還款，分別要還給銀行多少錢？

分析

我們先計算採用等額本息還款法需要還給銀行的金額。我們只需要套用上面的公式，計算出每個月的還款金額，再乘以貸款期限就可以了。

貸款本金為 100 萬元＝ 1,000,000 元

還款月數為 10 年 ×12 月／年＝ 120 月

月利率為 4.95‰

將上述三個值代入前面提到的公式中，即可計算出等額本息還款法的每月還款金額：

$$每月還款額 = \frac{1\,000\,000 \times \frac{4.95}{1\,000} \times (1+\frac{4.95}{1\,000})^{120}}{(1+\frac{4.95}{1\,000})^{120}-1} \approx 11\,071.94元$$

這樣 10 年後，須還給銀行 11,071.94×120 ≈ 1,328,633.22 元。

我們再來計算採用等額本金還款法需要還給銀行的金額。由於等額本金還款法的每月還款額都不一樣，所以，我們需要應用一些技巧來進行計算。

已知貸款本金為 100 萬元＝ 1,000,000 元

貸款期月數為 10 年 ×12 月／年＝ 120 月

月利率為 4.95‰

設第 i 月的還款金額為 A_i，則有

$$A_1 = \frac{1\,000\,000}{120} + (1\,000\,000-0) \times \frac{4.95}{1\,000}$$
$$A_2 = \frac{1\,000\,000}{120} + (1\,000\,000 - \frac{1\,000\,000}{120} \times 1) \times \frac{4.95}{1\,000}$$
$$A_3 = \frac{1\,000\,000}{120} + (1\,000\,000 - \frac{1\,000\,000}{120} \times 2) \times \frac{4.95}{1\,000}$$
$$\cdots\cdots$$
$$A_n = \frac{1\,000\,000}{120} + [1\,000\,000 - \frac{1\,000\,000}{120} \times (n-1)] \times \frac{4.95}{1\,000}$$

現在要計算 $A_1 + A_2 + \cdots + A_{120}$ 的總和，我們可以按照下面的方法計算。

先計算出 $A_1 + A_2 + \cdots + A_{120}$ 的前 n 項和。令 $S_n = A_1 + A_2 + \cdots + A_n$，則可將上面中的等號右邊的部分相加，可得

$$S_n=n\frac{1\,000\,000}{120}+\frac{4.95}{1\,000}[1\,000\,000n-\frac{1\,000\,000}{120}\times(1+2+3+...+n-1)]$$

$$S_n=n\frac{1\,000\,000}{120}+\frac{4.95}{1\,000}[1\,000\,000n-\frac{1\,000\,000}{120}\times\frac{n(n-1)}{2}]$$

再將 n ＝ 120 代入上述公式，計算可得

$$S_{120}=120\times\frac{1\,000\,000}{120}+\frac{4.95}{1\,000}(1\,000\,000\times120-\frac{1\,000\,000}{120}\times\frac{120\times119}{2})$$

$$S_{120}=1\,299\,475$$

因此，採用等額本金還款法，10 年後須還給銀行 1,299,475 元。

透過上面的計算，我們可以知道，同樣是 10 年期的還款，採用等額本金還款法還款的總金額，要少於等額本息還款法。那麼是不是可以說，等額本金還款法要優於等額本息還款法呢？既然等額本金還款少，為什麼還會有人選擇等額本息還款呢？兩者的差別是什麼呢？

其實不能簡單地評價兩種還款方式孰優孰劣，因為不同的還款方式，適用於不同的人群。

等額本息還款法是每月的還款金額相同，在每月還款額的「本金與利息」的分配比例中，前半段時期所還的利息比例大而本金比例小，還款期限過半後，逐步轉為本金比例大而利息比例小（因為欠銀行的錢越來越少了），因此所支出的總利息，會比等額本金還款法多。但由於這種方式的還款金額每月是相同的，所以此方法適宜家庭的開支計畫，特別是年輕人，可以採用等額本息法，這樣每個月支出固定的金額還貸款，並無太大的壓力，剩下的錢也可做其他投資使用。

等額本金還款法的每月還款金額不同，它將貸款總金額按還款的總月數均分（即等額本金），再加上上期剩餘本金的月利息，這兩部分形成了每月還款金額。所以等額本金還款法第一個月的還款金額最多 ，而後逐

月減少，因此等額本金還款法所支出的總利息，比等額本息還款法少。但是這種還款方式，在貸款期的前段時間，每月還款金額會一直維持較高水準，因此它適合在前段時間內還款能力較好的貸款人。年齡較大的貸款者可採用等額本金還款法，因為隨著年齡的增長或退休，貸款人的收入可能會減少。

兩種還款方式各有其優缺點，因此我們在還貸款時，要根據自己的實際情況，合理選擇適合的還款方式。

知識擴展

還款公式的推導

細心的讀者可能會提出這樣的問題：這兩種還款方式的公式是怎麼推導出來的？為什麼要這樣計算？我們現在來分析一下這兩種還款方式的公式所代表的含義。

等額本金還款法的公式比較容易理解。它是將本金和利息分開償還，首先公式中的

$$\frac{\text{貸款本金}}{\text{貸款期月數}}$$

表示每個月要償還給銀行的本金部分，這個值是固定的。比如一個人向銀行貸款 12 萬元，貸款期限為 10 年，那麼每個月需要償還的本金就是 120,000 元 /120 月＝ 1,000 元。

貸款人除本金外，還需要額外償還給銀行一些利息，利息部分的計算公式為：

$$(\text{貸款本金}-\text{已還本金累計額})\times\text{月利率}$$

因為貸款人欠銀行的本金越來越少，所以相應的利息金額也會減少。可以看出，等額本金還款法的利息部分是單獨計算的，每個月所還的利息，是基於當月貸款人欠銀行的本金去計算的。把本金和利息兩部分相加就是當月還款金額。

而等額本息還款法是將本金和利息合在一起計算每月還款金額的。假設每月固定還款金額為 x，貸款總額為 A，銀行的月利率為 r，貸款期限為 m，R_i 為第 i 月還款後還款人欠銀行的金額，則這些變數有如下關係：

第一個月還款後欠款：$R_1 = A(1+r) - x$

第二個月還款後欠款：$R_2 = [A(1+r) - x](1+r) - x = A(1+r)^2 - x[1+(1+r)]$

第三個月還款後欠款：

$R_3 = \{[A(1+r) - x](1+r) - x\}(1+r) - x = A(1+r)^3 - x[1+(1+r)+(1+r)^2]$

……

第 n 個月還款後欠款：

$$R_n = A(1+r)^n - x[1+(1+r)+(1+r)^2+\cdots+(1+r)^{n-1}] = A(1+r)^n - x\frac{[(1+r)^n - 1]}{r}$$

因為規定在第 m 個月將貸款還清，即第 m 個月還款後，還款人不再欠銀行錢了，將 $R_m = 0$ 代入上式，得

$$A(1+r)^m - \frac{x[(1+r)^m - 1]}{r} = 0$$

所以

$$x=\frac{Ar(1+r)^m}{(1+r)^m-1}$$

即

$$每月還款額=\frac{貸款本金\times 月利率\times(1+月利率)^{還款月數}}{(1+月利率)^{還款月數}-1}$$

1.4
交易的騙局——令人瞠目的幾何級數

在日常的交易中，人們難免上當受騙。有時騙子會耍弄一些數字遊戲，欺騙善良的人們，而人們很可能因為缺乏數學常識而鑽進騙子的圈套。下面這道有趣的數學題，雖然有些極端，但它反映了一個真實的數學現象——驚人的幾何級數增長。

某人賣一匹馬得 156 盧布，但是買主買到馬後，後悔了，要把馬退還給賣家，他說這匹馬根本不值這麼多錢，於是賣家向買主提出了另一個計算馬價的方案，他說：「如果你嫌馬太貴了，就只買馬蹄的釘子好了，馬就算送給你了。每個馬蹄上有 6 個釘子，第一枚賣 1/4 戈比，第二枚賣 1/2 戈比，第三枚賣 1 戈比，後面的釘子價格以此類推，你把釘子全部買下，馬就直接送給你。」買主認為這些釘子總共也花不了 10 盧布，還能白白得到一匹好馬，於是欣然同意了，結果買主一算帳才明白上了當。請問：買主在這筆買賣中會虧損多少錢？

注：100 戈比＝1 盧布

分析

乍看就是買馬蹄子上的 24 個釘子，第一枚 1/4 戈比，第二枚 1/2 戈比，第三枚 1 戈比……依此類推，看起來錢不會很多，雖然後一枚釘子的價格是前一枚釘子價格的 2 倍，但畢竟第一枚釘子的價格很低（僅有 1/4 戈比），而且總共才 24 枚釘子。如果你這樣想，那就太低估幾何級數增長的威力了。讓我們算一算這樣買釘子究竟要花多少錢。

設 a_i 為第 i 枚釘子的價格，那麼可得到式子

$$a_i = \frac{1}{4} \times 2^{i-1} \quad (i = 1, 2, 3 \cdots, 24)$$

現在我們要計算的是 $\sum_{i=1}^{24} a_i = \sum_{i=1}^{24} \frac{1}{4} \times 2^{i-1}$，即 $a_1 + a_2 + a_3 + \cdots + a_{24}$，根據等比數列的求和公式 $S_n = a_1(\frac{1-q^n}{1-q})$，很容易得出

$$\sum_{i=1}^{24} \frac{1}{4} 2^{i-1} = \frac{1}{4} \sum_{i=1}^{24} 2^{i-1} = \frac{1}{4}(\frac{1-2^{24}}{1-2}) = 4\ 194\ 303.75$$

所以這個買主要支付賣家 4,194,303.75 戈比，來買這 24 個釘子。4,194,303.75 戈比等於 41,943.0375 盧布，而最初這匹馬的定價為 156 盧布，看來買主在這場交易中虧損了 41,943.0375 － 156 ＝ 41,787.0375 盧布。

這個買主之所以會損失慘重，就是因為他不懂得幾何級數增長這個數學概念。在數學中，幾何級數又被稱為等比級數，它的定義為

$$\sum_{k=0}^{\infty} aq^k = a + aq + aq^2 + \ldots + aq^i + \ldots$$

其中 q 為公比，當 $|q| < 1$ 時，該級數收斂，也就是存在一個確定的和，當 $|q| \geq 1$ 時，該級數發散，也就是該級數的和趨於無窮大。

所謂幾何級數增長，就是指數列的每一項，按照幾何級數的形式成倍

增長。當 $|q| > 1$ 時，幾何級數增長的速度是非常快的，後一項都是前一項的 q 倍。正如本題中所展示的，第一枚釘子僅為 1/4 戈比，之後每一枚釘子都是前一枚釘子的 2 倍價格，第 24 枚釘子就為（1/4）$\times 2^{24-1}$ = 2,097,152 戈比了。這樣累加起來，24 枚釘子的價格就變成非常龐大的數字了。

知識擴展

舍罕王賞麥的故事

類似的數學題目還有古印度的一道名為「舍罕王賞麥」的問題。

舍罕王是古印度國的一個國王，他的宰相達依爾為了討好舍罕王，發明了今天的西洋棋，並將其作為禮物獻給了舍罕王。舍罕王十分高興，要賞賜達依爾，並許諾可以滿足達依爾的任何要求。狡猾的達依爾指著桌上的棋盤，對舍罕王說：「陛下，請您按棋盤上的格子，賞賜我一些小麥吧！第一個格子賞我 1 粒小麥，第二個格子賞我 2 粒小麥，第三個格子賞我 4 粒，後面每一個格子都比前一個格子麥粒數增加 1 倍即可，只要把棋盤上的全部 64 個格子填滿，我就心滿意足了。」舍罕王覺得區區幾粒小麥，微不足道，就答應了，結果當舍罕王計算麥粒時卻大驚失色。請問舍罕王計算的結果是多少粒麥子？

這個問題和上面賣馬的問題如出一轍。第一個格子的麥粒數為 1，第二個格子的麥粒數為 2，第三個格子的麥粒數為 4，…，第 64 個格子的麥粒數為 2^{64-1}，這樣 64 個格子的麥粒數加在一起，就是

$$\sum_{i=1}^{64} 2^{i-1} = \frac{1-2^{64}}{1-2} = 18\ 446\ 744\ 073\ 709\ 551\ 615$$

舍罕王要賞賜達依爾18,446,744,073,709,551,615粒小麥。根據常識，每公斤小麥大約有17,200～43,400粒，我們取中間值30,000粒／公斤，那麼18,446,744,073,709,551,615粒小麥，大約重614,891,469,123,651.7205公斤，這真是一個天文數字啊！

從上面兩道題目中，我們看到幾何級數增長速度之快，是令人瞠目的。幾何級數的增長速度，是最快的增長速度，其核心在於每一項的指數增長，也就是每一項的不斷翻倍，我們稱這種不斷翻倍的急速增長為「指數爆炸」。從一開始的1粒小麥，瞬間就增長到$2^{64-1}=$ 18,446,744,073,709,551,615粒小麥，這真的如同爆炸一樣！利用這種「指數爆炸」的特性，我們可以解決很多實際的問題，在下面的兩節中將會看到這一點。

1.5
密碼學中的指數爆炸

從上一節中，我們領教了幾何級數增長的神速。由於數字的不斷翻倍，一個數列，從很小的一個數字，很快就增長成一個非常龐大的數字。對於 q^n，n ＝ 1，2，3，…，當 q ＞ 1 時，q^n 會隨著指數 n 的增加而急遽增加，我們把這種現象稱為「指數爆炸」。指數爆炸的現象被應用在密碼學中，請看下面這個例子。

對稱密碼體制是一種經典的加密體制策略。加密方 A 和解密方 B 共享一個金鑰 Key。加密方 A 使用金鑰 Key 對明文進行加密，生成密文，解密方 B 使用同樣的金鑰 Key 對密文進行解密，生成明文。整個過程如圖 1-3 所示。

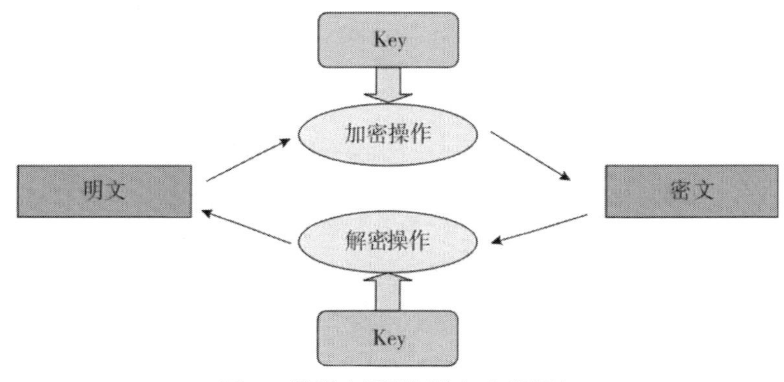

圖 1-3 對稱密碼體制的加密與解密

在整個加密、解密的過程中，金鑰 Key 是一個關鍵的因素。如果金鑰在傳輸過程中被他人截獲，那麼密文將會不攻自破（前提是知道了加密的演算法）。所以金鑰一般是不會輕易讓人拿到的。

如果一個人沒有得到金鑰，卻想破解密文，那只能做出和金鑰長度相同的位元組流，一個一個地嘗試解密。這種方法稱為「蠻力攻擊法（暴力破解、窮舉攻擊）」，雖然演算法形式最為簡單，但是這種方法的效能也更加依賴於金鑰 Key 的長度。假設金鑰 Key 的長度為 2 位元（bit），如果運用蠻力攻擊法解密，最多需要嘗試 4 次，即：

00，01，10，11

如果金鑰 Key 的長度增加到 3 位，則蠻力攻擊法嘗試的次數便要翻倍，最多需要嘗試 8 次，即：

000，001，010，011，100，101，111

但是實際應用中，不可能使用這麼簡單的金鑰，因為那就沒有加密的意義了。一般都會使用 32 位、64 位，甚至更長的金鑰。那麼如果使用 64 位的金鑰，運用蠻力攻擊法，在最壞的情況下，需要嘗試多少次才能解密？

分析

如果採用 64 位的金鑰，該金鑰可能的 0/1 組合共有 2^{64} = 18,446,744,073,709,551,616 個之多！如果我們從 00…0（64 個 0）開始逐一列舉，並嘗試解密，而真正的密碼卻是 11…1（64 個 1），那這樣就需要嘗試 2^{64} = 18,446,744,073,709,551,616 次才能找到真正的金鑰，也就是最壞的情況了。因此蠻力攻擊法的效率是很低的。

我們要討論的並不是蠻力攻擊法的效能問題，而是討論金鑰的長度對蠻力攻擊法效能的影響。雖然 64 位的金鑰並不長，但是如果用蠻力攻擊法嘗試每一個可能的組合，則需要嘗試 2^{64} 次。這是一個驚人的天文數字，即便一臺每秒鐘運算百億次的電腦，也需要晝夜不停地工作 58.5 年才能嘗試完成每一種組合。

這便是指數爆炸的威力。對於蠻力攻擊法，其時間複雜度為 $O(2^n)$，其中 n 為金鑰 Key 的長度。也就是說，用蠻力攻擊法嘗試解密的次數，跟 Key 的長度 n 是成指數關係的，金鑰的長度每增加 1 位，嘗試的次數就擴大 1 倍，因此當金鑰的長度增加至 64 位時，嘗試的次數就會達到一個天文數字 2^{64}。

所以長的金鑰 Key，能為加密系統帶來更大的安全性，至少在蠻力攻擊法的前提下，達到一定長度的金鑰，在人類可操控的時間範圍和現有能力下，是很難被破解的。

1.6 穩贏競猜價格的電視節目

從上一節中，我們了解到指數爆炸在密碼學中的應用。這裡利用了增加金鑰長度的方法，使蠻力攻擊法的複雜度（即嘗試解密的次數）爆炸式地增長，從而提高整個加密系統的安全性。但是細心的讀者可能會發現，之所以蠻力攻擊法的複雜度會隨著金鑰長度 n 的增加而爆炸式增長，是因為蠻力攻擊法的時間複雜度為 $O(2^n)$，其中 n 為金鑰 Key 的長度，也就是說，最壞情況下的嘗試次數 c 與金鑰的長度 n 之間，存在著函數關係 $c = 2^n$。因為這裡面底數常數為 2（大於 1），所以 c 會隨著 n 的增加而急速膨脹。這個增長趨勢可透過函數 $y = 2^x$ 的曲線（如圖 1-4 所示）表現出來。

我們很容易看出函數 $y = 2^x$ 中應變數 y 會隨著自變數 x 的增加而加速增長，這就是所謂的指數爆炸現象。

如果我們應用一下逆向思維，當底數常數小於 1 而大於 0 時，即 $c = q^n$，$0 < q < 1$，c 會隨著 n 的增加怎樣變化呢？

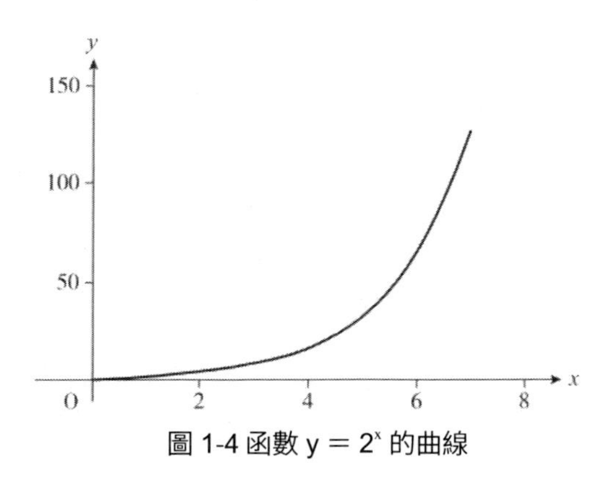

圖 1-4 函數 $y = 2^x$ 的曲線

我們透過下面這個例子理解這個問題。

電視臺有一檔競猜商品價格的節目，主持人給出某一種商品的價格區間，競猜者需要在規定的時間內，猜出這個商品的實際價格。競猜者每猜出一個價格時，主持人會根據競猜者猜出的價格與該商品實際的價格高低給出提示，主要是「價格猜高了」、「價格猜低了」以及「猜得正確」。

已知商品的價格均為整數，不含角、分，現在競猜一個商品的價格，主持人給出價格區間為 [1，1,000] 元，而該商品的實際價格為 625 元，規定競猜者必須在兩分鐘內猜出價格，方能獲勝。請問這個競猜者要怎樣競猜，才能保證在兩分鐘內一定能猜出該商品的價格？

分析

要從 1 ～ 1,000 中找到正確的價格，最笨的方法是從 1 到 1,000 依次報價，肯定最終能找到答案。但是這會存在兩個問題，一是時間上不可能允許我們窮舉 1,000 個數字；二是主持人提示我們當前報價高低的這項服務，就根本用不到了，因為這種競猜方式只能一直低於實際價格，直到猜對為止。因此實際操作中，不會有人使用這個方法。那麼，有沒有一種科學的競猜方法，可以讓競猜者一定能在規定的時間內，猜出商品真正的價格呢？可以使用「折半競猜法」解決這個問題，步驟如下。

1. 因為給定的價格區間是 [1，1,000] 元，所以，我們一開始可以選擇猜這個區間的中間值，即 500 元。
2. 這時主持人會提示競猜者所猜價格與商品實際價格的高低。因為商品的實際價格為 625 元，所以競猜者猜到的價格一定是低了。
3. 這就說明實際的價格一定在 (500，1,000] 這個區間內，所以我們捨棄掉 [1，500] 這個區間，在 (500，1,000] 這個區間裡繼續猜價格。
4. 第二次猜價依然選擇 (500，1,000] 這個區間的中間值，即 750 元。
5. 因為商品的實際價格為 625 元，所以主持人提示競猜者價格高了。
6. 這就說明實際的價格一定在 (500，750) 這個區間之內，所以，我們捨棄掉 [750，1,000] 這個區間，在 (500，750) 這個區間裡繼續猜價格。
7. 第三次猜價依然選擇 (500，750) 這個區間的中間值，即 625 元。
8. 這個價格恰好是商品的實際價格，因此猜價成功。

所以，對於這個價格的競猜，我們僅需要猜三次便可以得到正確答案。

如果商品的價格不是 625 元而是其他價格，我們猜價的次數可能就不是三次了，或許會多一些，或許會少一些，但是使用這種「折半猜價」的方法，的確可以很快地猜出實際的價格，這會比一個一個按順序猜價的效率高很多，也比漫無目標的「亂猜價」更有規律，更加有勝算。

為什麼使用這種「折半猜價法」能夠以更快的速度猜到商品的實際價格呢？細心的讀者一定會發現，我們每次猜價都是猜當前價位區間的中間值，然後主持人會提示我們猜的價格與實際商品價格的高低，這樣在下一輪的猜價中，價位區間就會縮小一半左右，也就是說，問題的整體規模減小了一半左右。設 c 為當前猜價區間的長度（問題規模），n 為猜價的次數，a 為最初的猜價區間長度（原始問題規模），那麼使用折半競猜法猜價，這三個變數之間存在如下關係：

$$c=\left\lfloor a\left(\frac{1}{2}\right)^{n}\right\rfloor,\quad (n=1,\ 2,\ 3,\ \cdots)$$

上式中，符號 ⌊ ⌋ 表示向下取整數，例如 ⌊ 2.5 ⌋ = 2。因為 $a\left(\frac{1}{2}\right)^{n}$（n = 1，2，3，⋯）不一定是整數，而價格區間的長度為整數，因此採用向下取整數的方法，得到新的價格區間長度。如果當前的價格區間長度為奇數，那麼，下一次競猜的價格區間長度就變成當前區間長度的 1/2 再向下取整數。如果當前的價格區間長度為偶數，那麼，下一次競猜的價格區間長度就恰好變成當前區間長度的 1/2。這個急遽縮小的趨勢，可以透過函數 $y=\left(\frac{1}{2}\right)^{x}$ 的曲線圖 1-5 表現出來。

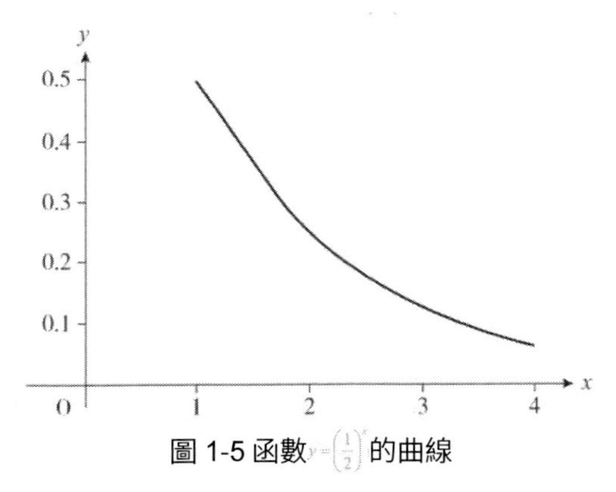

圖 1-5 函數 $y=\left(\frac{1}{2}\right)^{x}$ 的曲線

從上面這個式子中不難看出，每多一次競猜，競猜價格的區間長度就會變為原來的近 1/2。這裡面就存在一個指數爆炸的問題，隨著 n（競猜次數）的不斷增大，$(1/2)^n$ 會急遽縮小，這樣競猜價格的區間也會隨之急遽縮小。從上面這個例子中易見，最初的競猜價格區間長度為 1,000，僅僅經過兩次猜價，其價格區間的長度就變為 250。假設第三次還沒有猜中，那麼下一次競猜的價格區間長度就變為 125，接下來的價格區間長度就是 62，31，15，7，3 直到 1。所以，對於本題，最壞的情況下，我們也只需要競猜 10 次，就可以猜中商品的實際價格。

這樣看來，指數爆炸並不一定意味著數據的加速膨脹，也可能是數據的急遽縮小。

知識擴展

折半競猜法與二分搜尋法

現在又有這樣一個問題：假設競猜價格區間長度為 L，如果採用折半競猜的方法進行猜價，最壞的情況下需要競猜的次數 n 是多少呢？

這個問題的詳細推導可以藉助計算機科學中的「二元樹理論」，在此不做展開，但是結論是明確的，即 L 和 n 之間存在如下關係：

$$n = \lfloor \log_2 L \rfloor + 1$$

例如本題中競猜的價格區間長度為 1,000，那麼使用「折半競猜法」，最壞情況下需要猜 $\lfloor \log_2 L1{,}000 \rfloor + 1 = 9 + 1 = 10$ 次。

在這一點上，問題的初始規模越大，使用這種折半競猜方法的優勢就越明顯。假設競猜的價格區間為 [1，1,500,000] 元，區間長度為 1,500,000，則最壞情況下，僅需要猜 20 次便可以找到答案。競猜的價格區間長度為原來的 1,500 倍，而最大的猜價次數僅為原來的兩倍。

其實，「折半競猜法」是由計算機科學中的「二分搜尋法」演變而來的。所謂「二分搜尋法」，就是在一個排列有序的包含 n 個元素的序列 $[a_1, a_2, \cdots, a_n]$ 中尋找特定元素 x，可以採用如同折半競猜法的方式，先將 x 與序列中間的元素進行比較，再按照 x 與中間元素的實際大小，選擇在子序列 $[a_1, \cdots, a_{n/2} - 1]$ 或者子序列 $[a_{n/2} + 1, \cdots, a_n]$ 中繼續搜尋。具體來說，如果 x 小於中間元素，則在 $[a_1, \cdots, a_{n/2} - 1]$ 中繼續查詢；如果 x 等於中間元素，則查詢結束；如果 x 大於中間元素，則在 $[a_{n/2} + 1, \cdots, a_n]$ 中繼續查詢。子序列的搜尋方法與原序列的搜尋方法相同。這裡我們可以看到，使用「折半競猜法」或「二分搜尋法」的前提條件是搜尋的序列必須是按值有序排列的。在本題中，競猜的價格區間本身是按值遞增的，因此可以使用「折半競猜法」進行價格競猜。

1.7
猜硬幣遊戲與現代通訊

魔術師和搭檔表演猜硬幣遊戲。桌子上任意排列著 9 枚硬幣，這些硬幣中有的硬幣是正面朝上，有的硬幣是反面朝上，這是事先由觀眾隨機調整的，魔術師和搭檔都不能隨便翻轉硬幣。魔術師被蒙上雙眼，所以看不到這 9 枚硬幣的狀態。然後，搭檔從口袋中取出一枚硬幣放置在最後，這樣桌子上就湊成了 10 枚硬幣。接下來搭檔請臺下的觀眾上臺，任意翻轉這 10 枚硬幣中的一枚，當然也可以不翻轉硬幣。最後請魔術師摘下眼罩，魔術師觀察桌上的 10 枚硬幣，便可以說出剛才觀眾是否翻轉了硬幣。你知道魔術師是怎麼做到的嗎？

分析

魔術師是怎麼猜出觀眾是否翻轉硬幣的呢？細心的讀者一眼就能看出，問題就出在搭檔最後放的那枚硬幣。因為自始至終，魔術師都是被蒙著眼睛的，不可能了解觀眾的行為，所以，搭檔的行為就成為將這些訊息傳遞給魔術師的唯一途徑。搭檔透過放置額外的一枚硬幣「告訴」魔術師這 10 枚硬幣是否被觀眾翻轉過。我們模擬一個具體的例子，透過圖 1-6 重現整個遊戲的過程。

圖 1-6 展示了一個具體例子中，魔術師與搭檔配合猜硬幣的過程。在

第二步中，搭檔在 9 枚硬幣之後，又放置了一枚硬幣，這樣魔術師就可以輕而易舉地猜出在第三步中，觀眾翻轉了硬幣，所以，問題的關鍵就在最後這枚硬幣上。最後這枚硬幣究竟要如何放置呢？是正面朝上還是反面朝上呢？這裡面有沒有什麼值得注意的地方呢？

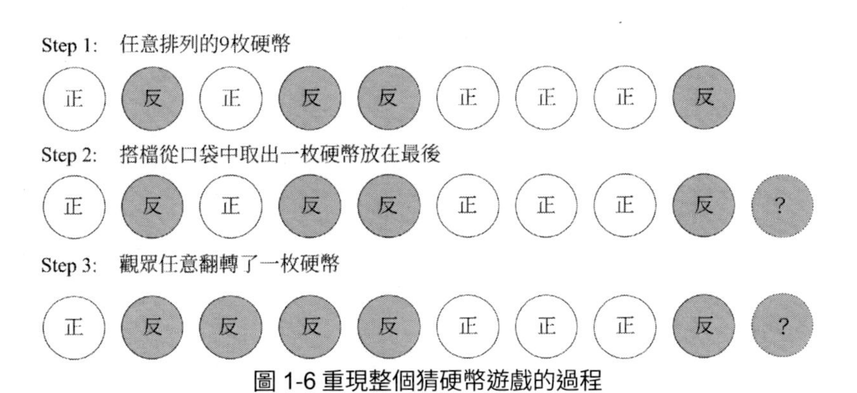

圖 1-6 重現整個猜硬幣遊戲的過程

其實，只要魔術師和搭檔事先約定「反面（或者正面）的硬幣數一定為偶數（或者奇數）」，那麼，魔術師每次都可以輕而易舉地知道觀眾是否翻轉過硬幣。在這裡，搭檔放置的最後一枚硬幣就產生了關鍵的作用。

假設魔術師和他的搭檔約定的是「反面的硬幣數一定為偶數」，搭檔在放置最後一枚硬幣之前，需要觀察前面的 9 枚硬幣中反面朝上的硬幣個數。

▷ 如果為偶數個，則最後這枚硬幣要放成正面；

▷ 如果為奇數個，則最後這枚硬幣要放成反面。

這樣就確保了桌子上這 10 枚硬幣中，反面朝上的硬幣個數一定為偶數個。

接下來是觀眾任意翻轉某個硬幣，當然觀眾也可以選擇不翻轉。因為之前的硬幣中，反面朝上的硬幣個數為偶數，所以，只要觀眾翻轉了其中任何一枚硬幣，反面朝上的硬幣數都會變成奇數。這樣魔術師只要數一下反面朝上的硬幣數是否是偶數，就可以知道觀眾是否翻轉了硬幣。

前面已經提到，在整個猜硬幣遊戲的過程中，搭檔放置的最後一枚硬幣會產生關鍵的作用。正是透過最後一枚硬幣作為訊號，才使魔術師可以獲取更多的訊息量，從而很容易知道是否有硬幣被翻轉過。不要小看這個簡單而巧妙的方法，將它應用到現代通訊技術上，就是被人們所熟知的「同位核對法」（Parity Check，奇偶校驗法）。

現代通訊多採用數位通訊方式，也就是說，訊息都是以 0/1 碼的方式在通道中傳輸的。在訊息傳輸的過程中難免遇到干擾，從而導致發出的一串 0/1 碼訊息中的某一位元（或者某幾位元）發生改變。例如，原本希望發送的 0/1 碼數據流為 0101001，但由於訊號干擾，可能最後一位元發生了跳變，而變成了 0101000。這樣訊息就失真了，接收方就無法得到正確的訊息。於是，人們便想到在所要傳輸的 0/1 碼數據流的最後，新增一位「校驗位（核對位元）」，以此來代表所要傳輸的數據是否在傳輸過程中發生了改變。

新增校驗位的方法，就類似於猜硬幣遊戲中搭檔放置最後一枚硬幣，只需在數據流最後新增一位 1 或者 0，使整個 0/1 數據流中 1 的個數為奇數（稱之為奇校驗、奇核對位元）或偶數（稱之為偶校驗、偶核對位元）。至於採用何種校驗方式，都是通訊雙方事先約定好的。

如果採用奇校驗方式，則新增校驗位後 0/1 數據流中，1 的個數為奇數。這樣接收方在接收到這串數據後，就要統計數據流中 1 的個數是否為奇數。如果是奇數，則認為這串數據傳輸無誤；如果不是奇數，則這串數據在傳輸過程中肯定發生了錯誤，於是接收方可以向發送方發出錯誤碼（Error Code）訊息，要求重新發送這串數據。偶校驗的方式跟奇校驗類似，只需在接收到數據後，判斷數據流中 1 的個數是否為偶數即可。

採用同位核對方法的優點在於簡單方便，易於實現，且冗餘訊息少（只需要 1 位核對位元訊息），數據的編碼成本和傳輸成本都非常小。因此在精準度要求不十分高的通訊中，採用同位核對的方式是非常可行的。但是同位核對自身也存在很多缺陷，例如：

▷ 同位核對只能用於檢錯，而不能用於糾錯 —— 使用同位核對不能準確定位出錯誤碼的位置，只能知道是否發生了錯誤；

▷ 只能實現奇數位的檢錯，如果數據流中有偶數個位置都發生了錯誤，則同位核對無法檢出是否發生錯誤。

因此，為了提高訊息的容錯能力，實現更為安全、精準的數據傳輸，人們發明了許多更加高級的檢錯、糾錯機制，例如，常見的循環冗餘核對（Cyclical Redundancy Check）、漢明碼核對（R. W. Hamming Check）等，這些技術都廣泛應用於現代通訊、數據儲存和訊息安全等領域。

知識擴展

差錯控制碼簡介

在數據的儲存和傳輸過程中，很可能會發生錯誤。產生這些錯誤的原因有很多，例如，裝置的臨界工作狀態、外界的高頻干擾、收發裝置中的間歇性故障，以及電源偶然的瞬變現象等。這些錯誤都是隨機產生的，並且不可預知，所以無法透過提高裝置的效能、增強裝置可靠程度，來徹底避免錯誤的發生。想最大限度地提高系統的可靠性，避免錯誤的發生，就要在數據編碼上尋找出路。

差錯控制碼就是一種能夠避免錯誤發生，並具有檢錯、糾錯能力的編碼。不同的差錯控制系統，需要不同的差錯控制碼。根據差錯控制碼的功能，可將常見的差錯控制碼分為三類。

▷ 檢錯碼（錯誤檢查碼）：只能發現錯誤但不能糾正錯誤的編碼。

▷ 糾錯碼（錯誤更正碼）：能夠發現錯誤也能糾正錯誤的編碼。

▷ 糾刪碼：能夠發現並糾正或刪除錯誤的編碼。

一般系統中常用的差錯控制碼，主要是檢錯碼和糾錯碼。檢錯碼與糾錯碼的不同之處在於，檢錯碼只能根據接收到碼的內容，得知該碼是否在傳輸或儲存中發生了錯誤，並不能定位該錯誤發生在哪一（幾）位上，因此，它是一種比較低階的差錯控制碼。我們前面講到的同位核對碼，就是一種最常用的檢錯碼。而糾錯碼不但可以檢測出該碼是否在傳輸或儲存中發生錯誤，還能透過計算，得出錯誤發生的位置，並加以糾正。因此，糾錯碼在實際使用中較為廣泛，且實用性更強。在分類上，糾錯碼可以按照不同的方式進行分類。如圖 1-7 所示，其中使用較多的糾錯碼是線性分組碼。目前較為常見的線性分組碼主要有漢明碼、CRC 碼（循環冗餘核對碼）、BCH 碼、RS 碼（里德 —— 所羅門碼）等。這些糾錯產生的理論不同，編碼和譯碼的方法也不同，因此，糾錯能力和編碼效能也不盡相同。

差錯控制碼是訊息論和系統容錯技術研究的一個重要分支，裡面涉及很深的數學理論，因此本書只做概要性的介紹，有興趣進一步了解差錯控制碼及其相關技術的讀者，可以參考《訊息論》、《現代編碼理論》等書。

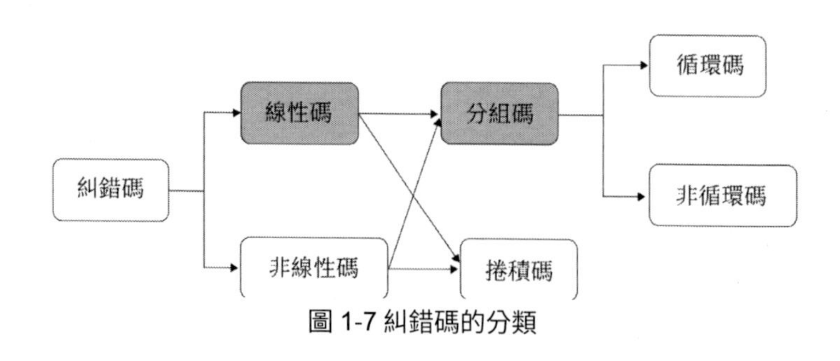

圖 1-7 糾錯碼的分類

1.8
奇妙的黃金分割

在我們的日常生活中，特別是在科學實驗或生產活動中，經常需要對一些數據進行「試驗」，從而得到最佳的選擇。例如日常生活中的炒菜放鹽，在我們沒有經驗時，經常會放多一些或放少一些，這會導致菜的口味偏鹹或偏淡。再比如一個實驗室正在試製一種新藥，新增某種化學成分的劑量，需要透過試驗來確定。該成分新增過多或過少，都會影響藥效，所以，科學研究人員需要在預先估算的一個區間內反覆試驗，才能得到最佳的劑量方案，從而使藥效達到最好。本節我們就來討論一下如何進行試驗，能有效率地找到問題的最佳解。

我們以實驗室試製新藥為例。假設科學研究人員已經預先估算出新增某種化學成分劑量的範圍，應控制在 50mg ～ 400mg，在這個區間內一定存在一個最佳值，新增該劑量的化學成分，能夠使該藥效達到最好，但是需要科學研究人員透過試驗才能確定這個最佳值。你能給出一個又好又快的試驗方法，幫助科學研究人員找到答案嗎？

分析

我們先利用座標，描述科學研究人員試驗的具體內容，如圖 1-8 所示。

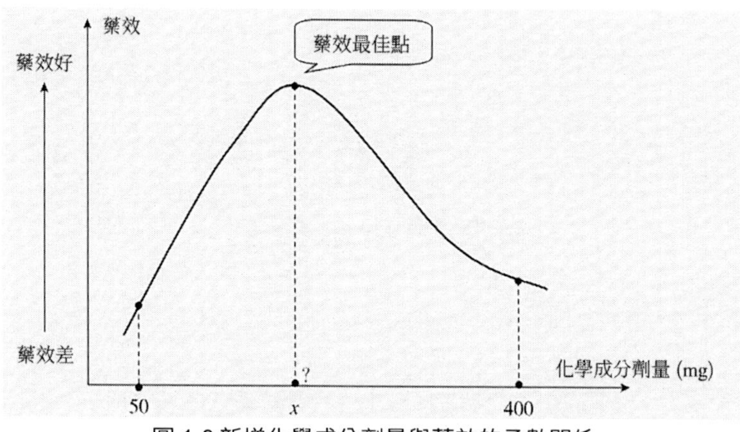

圖 1-8 新增化學成分劑量與藥效的函數關係

圖 1-8 展示了新增某種化學成分劑量與藥效之間的函數關係。在 [50，400] 這個區間，存在一個「藥效最佳點」，但是這個點對應的化學成分的劑量 x，需要透過反覆試驗才能得到，因為藥效和化學成分劑量之間沒有明確的函數關係，至少科學研究人員並不知道這個具體的解析方式。

要如何進行試驗呢？最簡單、直觀的方法，就是將 [50，400] 這個區間進行等分。例如，規定每個區間化學成分的劑量差為 5mg，則可以劃分為 [50，55]，[56，60]，…，[396，400] 這些區間。然後在每個區間中，選擇一個劑量值（例如區間的中間值）作為試驗的樣本。這樣進行 70 次試驗，就可以找到最佳值。這裡需要知道的是，因為試驗區間是連續的，而我們的試驗是透過抽取樣本的方式進行的，樣本空間本身是離散的，因此採用試驗的方法尋找最佳劑量值，一定會存在誤差。對於上述這種等區間劃分試驗的方法，這個誤差會控制在 5mg 之內。當然，如果我們將區間的長度劃分得更小，最終的結果就會更精準，但試驗的次數也會隨之增加。

這種方法理論上可行，但是無法實際操作，因為試驗的次數越多，試驗的成本就會越高。每試驗一次，可能就要消耗一隻小白鼠，且對評估藥效來說，一般不會馬上得到試驗結果，至少需要觀察一段時間才能看出效果。一種化學成分的劑量，就要進行 70 次之多的試驗，這顯然既不合理又不現實。那麼採用什麼樣的試驗方法，才能又快又準確地得到最佳劑量方案呢？在這裡介紹一種經典的試驗方法 —— 黃金分割法。

採用黃金分割法進行試驗的步驟如下：

1. 在試驗區間 [a，b] 內選擇一個黃金分割點（0.618 點）x_1，在 x_1 上做一次試驗 A；
2. 在試驗區間 [a，b] 內選擇與黃金分割點（0.618 點）x_1 關於區間中點對稱的點 x_2，再在 x_2 上做一次試驗 B；
3. 比較兩次的試驗結果 A 和 B，如果試驗結果 A 優於 B，則捨棄試驗區間 [a，x_2]，構成新的試驗區間 [x_2，b]；如果試驗結果 B 優於 A，則捨棄試驗區間 [x_1，b]，構成新的試驗區間 [a，x_1]；
4. 如果試驗結果 A 等於 B，則捨棄 [a，x_2] 和 [x_1，b]，只保留 [x_2，x_1] 作為新的試驗區間；
5. 重複 1 ～ 4 的步驟，直到試驗區間足夠小，即誤差在預期的範圍內。

我們結合這個題目，看一下如何應用黃金分割法進行試驗。

首先，在預先估算出的試驗區間 [50，400] 中找到黃金分割點，即 0.618 點。由於區間的長度為 400 － 50 ＝ 350，而 350×0.618 ＝ 216.3，所以這個點就應當位於座標中 50 ＋ 216.3 ＝ 266.3 上，即化學成分的劑量為 266.3mg。在座標上標出這個點，如圖 1-9 所示。

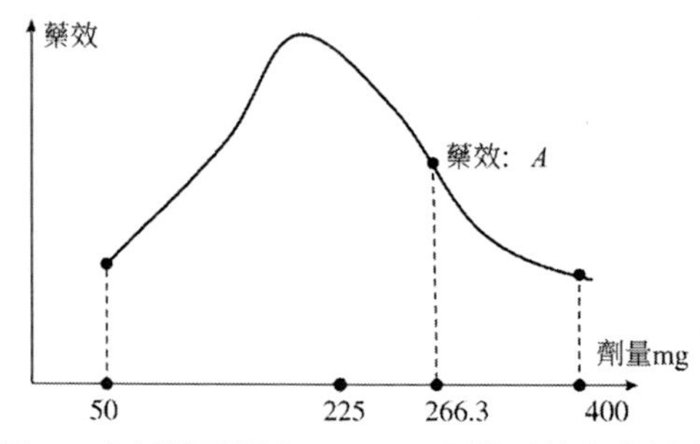

圖 1-9 在試驗區間 [50，400] 內找到黃金分割點

然後在 266.3 點上進行一次試驗，也就是使用 266.3mg 的劑量進行新藥的藥效試驗，試驗結果記為 A。

接下來，在試驗區間 [50，400] 內找出與黃金分割點 266.3 關於區間中點 225 對稱的點。這個點其實就是 1 － 0.618 ＝ 0.382 點。因為試驗區間的總長度為 350，而 350×0.382 ＝ 133.7，所以這個點就應當位於座標中 50 ＋ 133.7 ＝ 183.7 上，即化學成分的劑量為 183.7mg。如圖 1-10 所示。

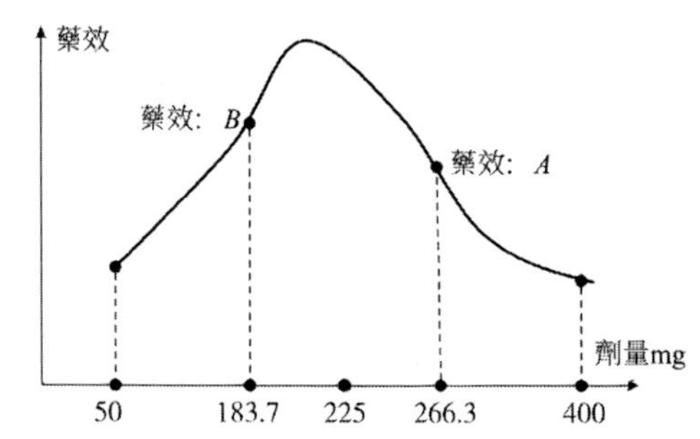

圖 1-10 在試驗區間 [50，400] 內找到黃金分割點的對稱點

然後在 183.7 點上進行一次試驗，試驗結果記為 B。從座標圖上很容易看出藥效 B 優於藥效 A，所以，大於 266.3mg 的劑量，不可能存在藥效更好的試驗點，因此我們捨棄掉試驗區間 [266.3，400]，在 [50，266.3] 中繼續進行試驗。

接下來的試驗還是重複上述的步驟，不斷地選點、比較藥效、捨棄試驗區間，直到試驗區間足夠小，並達到預先要求的精密度為止。

這裡有一點需要說明，在第 n 次的試驗中，第 n － 1 次保留下來的試驗點，同樣可以作為第 n 次的試驗點使用，只需要找到其關於新區間中點對稱的那個點，進行一次試驗即可。

如圖 1-11 所示，設試驗區間為線段 AB，C 為黃金分割點，也就是第一次試驗點，O 為試驗區間的中點，D 是 C 關於 O 的對稱點。設 AD ＝ CB ＝ a，DO ＝ OC ＝ b。

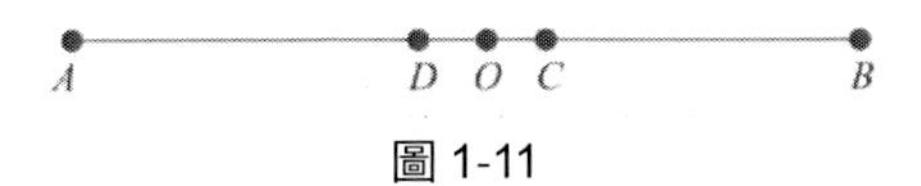

圖 1-11

根據黃金分割比例的定義，有如下關係：

$$\frac{AC}{CB}=\frac{AB}{AC}=\frac{a+2b}{a}=\frac{2a+2c}{a+2b}$$

因此

$$2a^2+2ab=(a+2b)^2$$
$$a^2=4b^2+2ab$$

等式兩邊都除以 2ab，可得

$$\frac{a}{2b}=\frac{2b+a}{a}$$

即

$$\frac{AD}{DC}=\frac{AC}{AD}$$

因此 D 是線段 AC 的黃金分割點。

也就是說，如果第一組比較試驗後捨棄的區間為 CB，那麼 D 就變為區間 AC 的黃金分割點。所以，我們只要找出 D 關於新區間 AC 中點的對稱點，並進行下一次試驗，再將其試驗結果與 D 點上的試驗結果（第一次試驗已得出）進行比較即可，這樣便可節省一次試驗。同理，如果第一次試驗後捨棄區間為 AD，那麼試驗點 C 及其試驗結果仍可保留，找到其關於 DB 中點的對稱點進行試驗比較即可。

使用黃金分割法之所以快速又有效率，在於應用這種方法每進行一組比較試驗，其試驗區間的長度就減小為原始區間長度約 618‰。如果最初的試驗區間長度為 L，那麼進行第 n 組比較試驗時，其試驗區間的長度為（0.618^{n-1}）L，可見試驗區間縮小的速度非常快，這樣便可以很快達到試驗預期的精密度。且除了第一次比較需要進行兩次試驗外，剩餘的比較，都只需要進行一次試驗，最大程度減少了試驗次數。

使用黃金分割法進行試驗時，有幾點需要注意。

（1）黃金分割法是一種單因子最佳化方法，它解決的問題是針對函數在區間上有單峰極大值（或者極小值）的情況。例如本題中的「化學成分劑量與藥效的關係」，我們預先的假設是在 50mg ～ 400mg 的區間範圍內只存在一個藥效最佳點，其他情況下，藥效隨著化學成分劑量的變化而增加或者減小（其關係形如圖 1-12 所示）。雖然很多情況下我們並不能精準地知道其函數關係，但是要使用黃金分割法進行試驗，就必須確保在給定的試驗區間中，只存在單峰極值（即一個最佳值），類似圖 1-12 這樣的函數關係，就不能使用黃金分割法進行試驗。

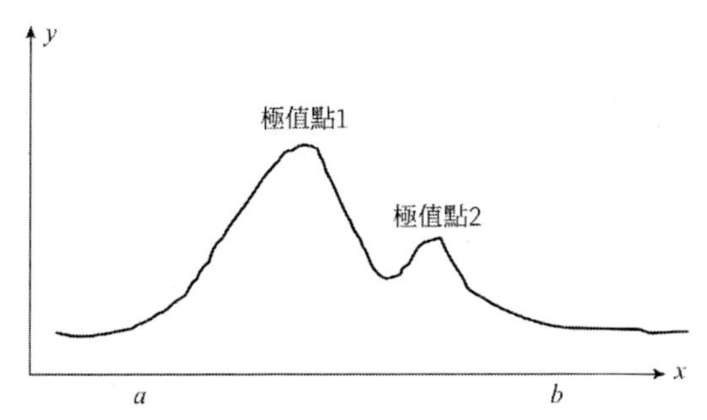

圖 1-12 不能使用黃金分割法進行試驗的函數關係

也正是由於函數在試驗區間存在單峰極值的特性，我們才能在每組比較、試驗後，直接捨棄一部分區間。

（2）黃金分割法所解決的，往往是實際工作中無法準確描述出目標函數的問題，也就是無法準確描述出自變數 x 和應變數 f（x）之間關係的問題。所以，黃金分割法是採用抽取樣本進行試驗的數值方法。使用黃金分割法進行試驗必然存在誤差，這個誤差的大小，就是最終剩餘的試驗區間的長度。

知識擴展

黃金分割

黃金分割是指將一個物體整體一分為二，較大部分與較小部分之比，等於整體與較大部分之比，這個分割點就稱為黃金分割點。如圖 1-13 所示，有線段 AB，C 是其黃金分割點，那麼依照黃金分割的定義，則有以下關係：

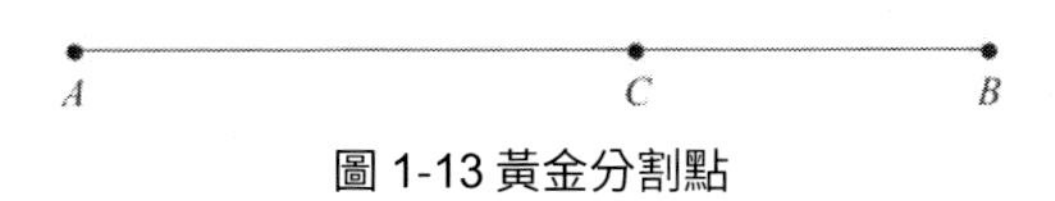

圖 1-13 黃金分割點

$$\frac{AC}{CB}=\frac{AB}{AC}$$

設 AC 的長度為 a，CB 的長度為 b，那麼將其代入上式中，則有

$$\frac{a}{b}=\frac{a+b}{a}$$
$$a^2=ab+b^2$$

將等式兩邊同除以 a^2，得到

$$\frac{b}{a}+\left(\frac{b}{a}\right)^2=1$$

令$\frac{b}{a}=\lambda$，則上式變為

$$\lambda^2+\lambda-1=0$$

求解該方程式，並取正值，可得

$$\lambda=\frac{\sqrt{5}-1}{2}=0.618\ 033\ 988\cdots$$

也就是說，滿足黃金分割比例的線段，長段與短段之比，以及全長與長段之比約為 1：0.618。

由於按此比例設計的造型十分美麗柔和，所以人們稱之為「黃金分割」，而 0.618 被公認為是最具有審美意義的數字。

黃金分割不僅應用於藝術設計領域，如圖 1-14 所示，在數學中也有廣泛的應用。上面介紹的黃金分割法就是一個例子。它利用黃金分割比例，快速減小試驗區間的長度，從而縮小了問題的規模，有效率地找到了問題的最佳解。

圖 1-14 「蒙娜麗莎的微笑」符合黃金分割比例

黃金分割法屬於優選法（最佳化方法）的範疇，是一種以數學原理為指導、合理安排試驗的科學方法。

1.9 必修課的排課方案

大學的必修課都是按照學生所學專業科系而設定的，一般大學生在大學四年中需要修完十幾門、甚至二十幾門的必修課才能畢業。這些課程之間本身可能存在先行後續的關係，例如，高等數學一般為基礎課，所以都會安排在大一時學習；而一些專業課因為需要有高等數學的基礎（高等數學為它們的先修課程），因此可能被安排在靠後的學期進行學習。本節中我們就以一個必修課排課方案為例，討論一下如何合理、有效率地制定必修課的課表。

我們以電腦相關科系的排課方案為例來進行討論。電腦相關科系的學生，必須在大學四年期間，學習一系列課程，這些課有些是基礎課程，有些是專業課程。表 1-3 中列出了電腦相關科系必修的一些課程及它們之間的先行後續關係。

表 1-3 電腦相關科系必修課程

課程編號	課程名稱	先修課編號
C1	微積分	無
C2	線性代數	C1
C3	大學物理	C1
C4	C 語言程式設計	無

C5	離散數學	C4
C6	資料結構	C4，C5
C7	組合語言	C4
C8	作業系統	C6，C11
C9	編譯原理	C6
C10	計算方法	C1，C2，C4
C11	計算機組成原理	C3

其中，第一行為課程編號，第二行為課程名稱，第三行是這門課程的先修課編號。例如：線性代數（C2）的先修課程為微積分（C1），而微積分沒有先修課程。

請根據這個表格的說明，安排該學校在每個學期應該開設的課程。

如果單從這個表格來分析，要合理地排出每個學期應該開設的課程，不是一件容易的事情，因為課程之間存在著先後的關係，且這種關係也並非層次分明，而是交織成網。有沒有一種程式化的方法，可以快速而準確地釐清這些課程之間先行後續的關係，從而合理排出每個學期應開設的課程呢？我們可以藉助 AOV 網（Activity On Vertex Network）的方法處理這類問題。

把每門課程視為一個結點，結點與結點之間的有向弧表示它們之間的先後關係，如圖 1-15 所示。

圖 1-15 C1 與 C2 的關係

該圖清楚地表達課程「線性代數（C2）」和課程「微積分（C1）」之間的關係——C2 依賴於 C1，即 C1 是 C2 的先修課程。用這樣的表示方法，將全部課程的關係表示出來，就構成了電腦相關科系必修課程的 AOV 網。

如何建構全部必修課程的 AOV 網呢？我們要以沒有先修課的課程為起點開始建構。從題目中可知，只有 C1 和 C4 沒有先修課，我們就以這兩門課程作為起點，開始建構整個 AOV 網。圖 1-16 為必修課 AOV 網構造－ 1。

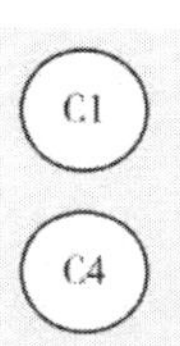

圖 1-16 必修課 AOV 網構造－ 1

接著找出僅以 C1 或 C4 為先修課的課程作為新的結點，並將其與 C1、C4 用有向弧連線。從題目中可知 C2、C3、C5、C7 僅以 C1 或 C4 為先修課，C10 雖然也以 C1 和 C4 為先修課，但是它也以 C2 為先修課，因此不符合要求。圖 1-17 為必修課 AOV 網構造－ 2。

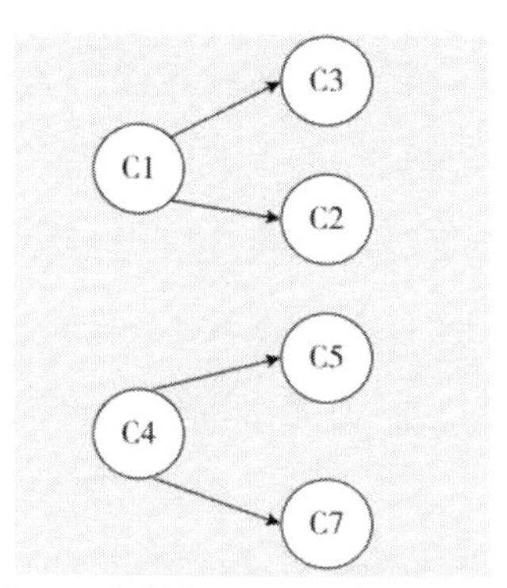

圖 1-17 必修課 AOV 網構造－ 2。

然後找出僅以 C1、C4、C3、C2、C5、C7 其中一個或多個結點為先修課的課程作為新的結點，並將其與前面的結點用有向弧連線。從題目中可知，C11 以 C3 為先修課，C10 以 C2、C1、C4 為先修課，C6 以 C5、C4 為先修課。C8 和 C9 不符合要求。圖 1-18 為必修課 AOV 網構造－ 3。

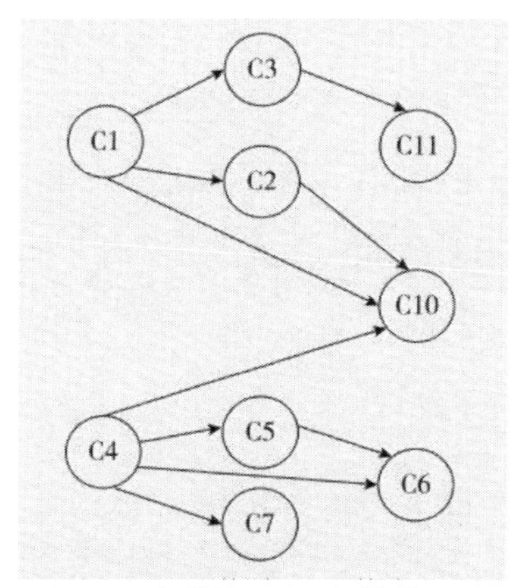

圖 1-18 必修課 AOV 網構造－ 3

最後找出僅以 C1、C4、C3、C2、C5、C7、C11、C10、C6 其中一個或多個結點為先修課的課程作為新的結點，並將其與前面的結點用有向弧連線。從題目中可知，C8 的先修課程為 C6 和 C11，C9 的先修課程為 C6。圖 1-19 為必修課 AOV 網構造－ 4。

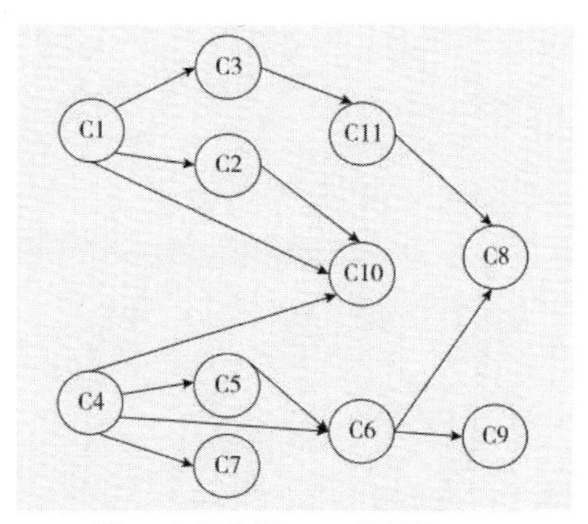

圖 1-19 必修課 AOV 網構造－ 4

圖 1-19 就構成了電腦相關科系必修課程的 AOV 網，每個結點都代表一門課程，結點之間的有向弧表示課程間先行後續的關係。

下面我們就可以依據這個 AOV 網排出每個學期的課程計畫了。由於每個學期的課程安排必須保證本學期課程的全部必修課都已在之前的學期中開設，因此我們可以按照以下步驟部署排課方案：

1. 從 AOV 網中選出沒有前驅的結點，把這些結點所代表的課程排在同一個學期中；
2. 從AOV 網中刪除已排好的課程結點，以及所有以這些結點為尾的弧。

重複以上動作，直至將所有課程排完。

按照上述的步驟，從 AOV 網中不斷刪除結點和有向弧，並將每次刪除的結點排成同一學期的課程。整個過程如圖 1-20 所示。

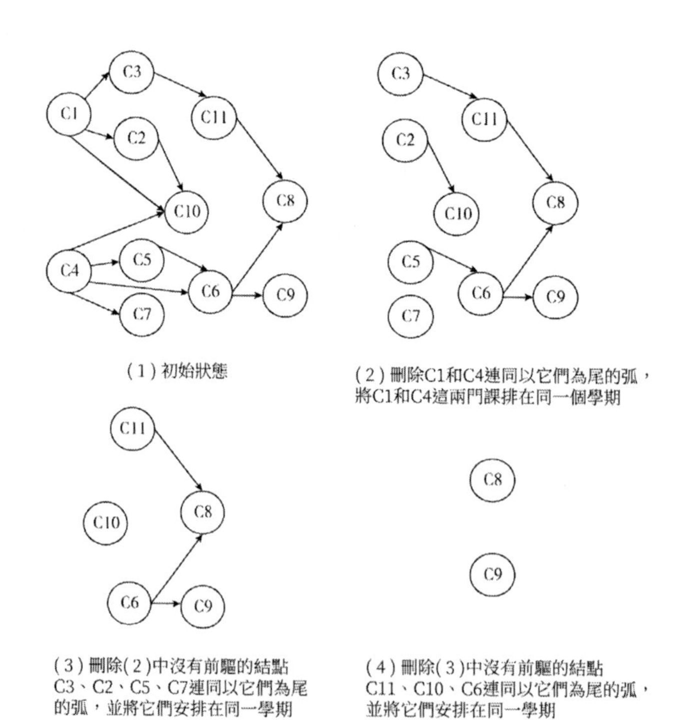

圖 1-20 從 AOV 網中刪除結點的過程

所以，每個學期的排課方案如表 1-4 所示。

表 1-4 電腦相關科系必修課排課方案

學期	課程
第一學期	C1：微積分 C4：C 語言程式設計
第二學期	C3：大學物理 C2：線性代數 C5：離散數學 C7：組合語言
第三學期	C11：計算機組成原理 C10：計算方法 C6：資料結構
第四學期	C8：作業系統 C9：編譯原理

利用 AOV 網能夠很容易實現排課方案。對於沒有前驅的結點，說明這些課沒有先修課程（或者其先修課程已經全部修完），因此每次將當前沒有前驅的結點所代表的課程排在同一個學期開設，是可行的。然後從 AOV 網中刪除這些結點，連同所有以這些結點為尾的弧也一併刪除，這樣在 AOV 網中，又會出現新的沒有前驅的結點。按照這樣的方式，一層一層地刪除結點，並將刪除的結點所代表的課程排在同一學期，直到刪除 AOV 網中全部的結點為止。

我們在日常生活和工作中，經常會遇到類似的工序安排、工作流程設計等問題。有時要完成一件事情，必須依賴它先前的某件或某幾件事情的完成，而後續的一些事情也可能會依賴當前這件事情完成的情況。遇到類似的問題時，我們可以藉助 AOV 網這個工具，幫助我們釐清事件之間的先後關係和依賴關係，從而可以更快、更合理地對每件事情做出安排。

知識擴展

AOV 網簡介

本題目中應用到一個圖論中的知識 —— AOV 網。在管理科學中，人們常用有向圖來描述和分析一項工程的具體實施過程。一項工程常被劃分為若干個子工程，這些子工程被稱為活動（Activity）。在有向圖中，若以頂點（圖中的結點）表示活動，以有向邊（弧）表示活動之間的先後關係，這樣的圖稱為 AOV 網。

這裡需要注意一點，在 AOV 網中，是不能出現循環狀態的，例如圖 1-21 的有向圖就不是 AOV 網。因為在 AOV 網中，有向邊（弧）表示的是活動（圖中的結點）之間的先後關係，如果存在循環狀態，就意味著某個活動要以自己為先決條件。圖中 V1 的先決條件是 V3，V3 的先決條件是 V6……最終 V2 的先決條件是 V1，這樣 V1 就以自己為先決條件，也就是說，V1 的發生必須在 V1 發生之後，這樣看起來的確很荒謬。所以，我們在使用 AOV 網分析問題時，要注意這一點。

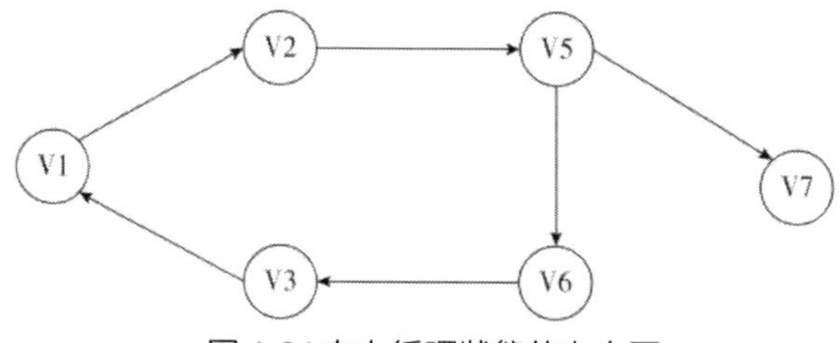

圖 1-21 存在循環狀態的有向圖

利用 AOV 網可以幫我們釐清活動與活動之間的先後關係，從而使每件事情的先後順序變得更加清晰明瞭，可以有效提高工作效率和安排工序的合理性。

1.10 專案管理的法則

我們在日常生活和實際工作中，經常需要對工作進行合理安排和管理，小到日常生活中的煮飯、洗衣，大到一個專案工程的管理，都是如此。只有合理安排每一項工作，對工作進行有效規劃，對專案進度進行合理掌控，才能使每項工作都有條不紊地進行，從而達到滿意的效果。反之，如果我們對工作缺乏合理有效的規劃，做事盲目進行，則勢必影響工作的效率和品質，導致任務不能如期完成。

我們以「新房裝修」為例，看看如何合理安排每一項工作。

從新房的裝修到購置家電、家具，再到新房的入住，實在是一件令人費心、費力的事情。這裡大致列出一些家庭裝修及新房入住必須做的事情及相應的預估時間，並不一定十分準確，但至少說明了這的確是一件頗為複雜的事情。如表 1-5 所示。

表 1-5 家庭裝修及新房入住的詳細工作

工作編號	工作內容	預估時間（天）
A	選擇有品質的室內設計公司	7
B	請設計師設計裝修方案	10
C	選擇性價比高的裝修團隊	5

D	業主、設計師、裝修團隊討論具體的裝修方案，並進行估價	5
E	購買裝修建材	7
F	施工	60
G	工程驗收	2
H	結帳	1
I	選擇家具、家電	7
J	訂購家具、家電	1
K	新房布置、擺放	3

你能根據表 1-5 列出的詳細工作內容及各項工作的預估時間，給出一個合理、有效率的工作方案嗎？如果是你負責整個工程，你將如何管理？

分析

如果不假思索，制定該工作流程的最笨方法，就是按照表中的編號依序執行，如圖 1-22 所示。

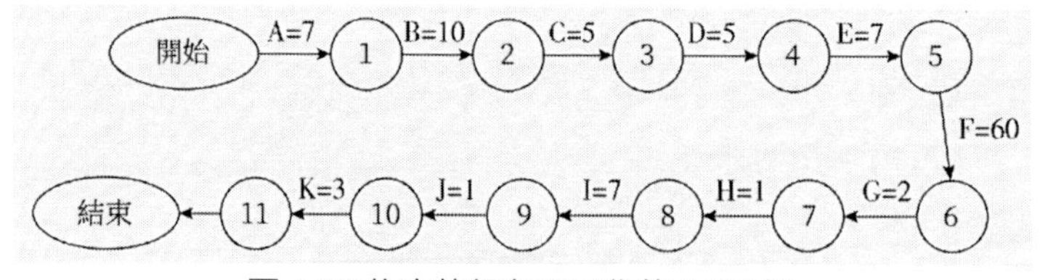

圖 1-22 依序執行各項工作的 AOE 網

圖 1-22 中箭頭的指向為工作的順序，圖中箭頭表示執行任務，箭頭上的數字表示執行該任務所要花費的時間。例如 C=5 就表示執行 C 任務所花費的時間為 5 天。圖中每一個圓圈結點都表示一個事件，就本圖而言，它表示指向該圓圈結點的任務（箭頭）已經完成，後續的任務可以開始。

例如在圖 1-23 中，結點 1 表示任務 A 完成，任務 B 可以開始；結點 2 表示任務 A、B 都已完成，任務 C、D 可以開始。

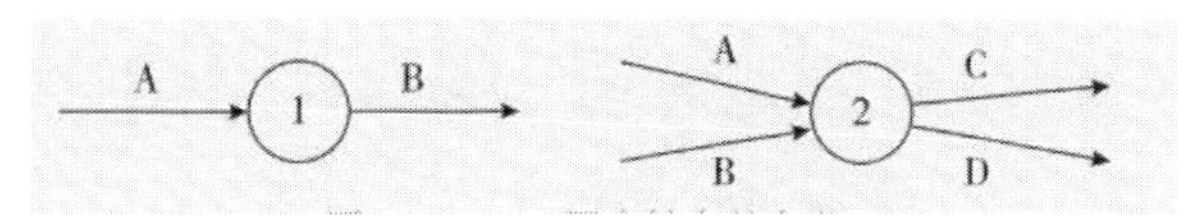

圖 1-23 AOE 網中結點的含義

這種以圖中結點表示事件、有向邊表示活動、邊上的權值表示活動持續時間的圖，稱為 AOE 網（Activity On Edge Network）。AOE 網是工程專案管理中常用的工具，讀者在理解 AOE 網時，要與前面介紹的 AOV 網相區別。AOE 網最大的特點是圖中所有的活動（任務）都標注在有向邊上，而結點一般表示指向該結點的任務已完成。

按照圖 1-22 安排工作方案，共耗時 108 天才能完成裝修並入住新房。顯然圖 1-22 安排工序的方法是不合理的，將每件任務都照順序執行，勢必存在時間上的冗餘和浪費。這是因為圖 1-22 所示的 AOE 網中，箭頭前後的兩事件之間，並不一定都存在著先行後續的關係，也就是說，如果將可以並行執行的兩件任務按順序執行，就會產生無謂的時間浪費。例如任務 H「結帳」和任務 I「選擇家具、家電」之間，就不存在必然的先行後續關係，將這兩個任務按順序執行，是完全沒有必要的。

其實只要仔細分析每個任務的內容及任務之間的關係，就可以規劃出更為合理的工序安排。以下我們就結合這個例子，具體分析一下。

A. 選擇有品質的室內設計公司：這是家庭裝修的第一步，首先必須選擇一家有品質的設計公司，幫我們對整體的裝修風格和樣式進行規劃、設計，所以這一步是基礎。

B. 請設計師設計裝修方案：這一步要在（A）完成後進行。

C. 選擇性價比高的裝修團隊：選擇裝修團隊其實跟選擇設計公司並沒有直接的先後關係，因此可以與（A）同時進行。

D. 業主、設計師、裝修團隊討論具體的裝修方案，並進行估價：這項工作應當是一個整合點，即在（A）、（B）、（C）都完成的基礎上的一個匯總。

E. 購買裝修建材：在最終確定了裝修方案並進行整體估價後，就可以購買裝修建材了，因此（E）一定要在（D）完成後進行。

F. 施工：這是整個裝修工程的核心，也是最為耗時的，它要在（E）完成後進行。

G. 工程驗收：驗收工作要在施工完成後進行。

H. 結帳：驗收合格後方能結帳。

I. 選擇家具、家電：要入住新房，選擇家具、家電是必不可少的，但這件事可以在確定完整體裝修方案後就著手去做，在這個環節中，可以貨比三家，選擇我們心儀的家具、家電。

J. 訂購家具、家電：經過數天的挑選、比較，就可以預訂我們選中的家具和家電了。

K. 新房布置、擺放：在驗收通過並跟設計公司和裝修團隊結清帳目後，新房就由業主自行布置，這時可以將購買的家具和家電擺放到新家中。

透過以上分析，我們不難發現，其實家庭裝修及新房入住完全沒有必要按圖 1-22 中的順序安排每一道工序，有些任務可以並行執行，這樣會更加省時、有效率。圖 1-24 描述了改進後的 AOE 網。

如圖 1-24 所示，由於調整了工作順序，一些任務得以並行執行，因此整個工期的總耗時也相應縮短了。圖中粗線標示的路徑上所耗費的時間之和，即為整個工期的總耗時，共花費 95 天，這要比依序執行各項任務節省 1 天的時間。

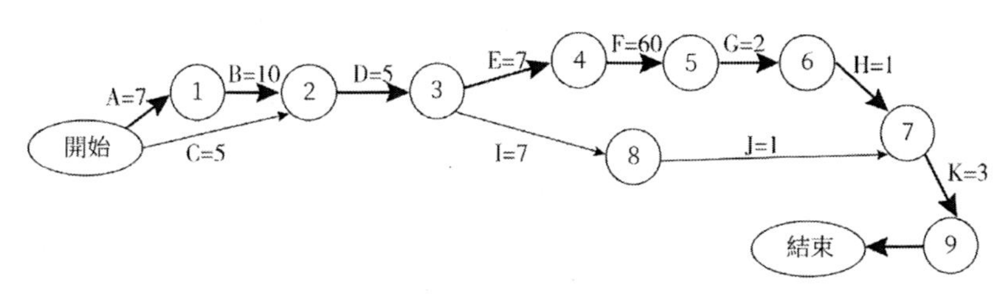

圖 1-24 改進後的工程 AOE 網

看來只要認真分析每項任務之間的關係，並應用 AOE 網作為工具，以圖的形式展示出每項任務之間的先後關係及所消耗的時間，將沒有直接先後關係的兩項任務，盡可能並行安排，便可規劃出更為合理且有效率的工序。

應用 AOE 網，不但可以更加合理地安排工序，而且還可以在此基礎上，更加科學、有效率地管理整個專案的進度。這裡向大家介紹一種基於 AOE 網的經典專案管理方法 —— 關鍵路徑法（Critical Path Method，CPM）。

圖 1-24 中一共包括四條路徑：

▷ 開始 —— 1 —— 2 —— 3 —— 4 —— 5 —— 6 —— 7 —— 9 —— 結束

▷ 開始 —— 2 —— 3 —— 4 —— 5 —— 6 —— 7 —— 9 —— 結束

▷ 開始 —— 1 —— 2 —— 3 —— 8 —— 7 —— 9 —— 結束

▷ 開始 —— 2 —— 3 —— 8 —— 7 —— 9 —— 結束。

其中粗體線標示的路徑（開始 —— 1 —— 2 —— 3 —— 4 —— 5 —— 6 —— 7 —— 9 —— 結束）是所有路徑中耗時最長的一條，在 AOE 網中，這條路徑被稱為關鍵路徑（Critical Path）。關鍵路徑是整個專案工期序列中最重要的路徑，即使很小的浮動，也可能直接影響整個專案的完成時間。關鍵路徑的工期決定了整個專案的工期，任何關鍵路徑上終端元素的延遲，都會直接影響專案的預期完成時間。因此在整個專案管理中，掌控關鍵路徑下每項任務的工期尤為重要，它將影響整個專案的進度。例如圖 1-24，如果任務 F「施工」的時間由於某些原因而被迫延遲 10 天，那麼整個工期也會被延遲 10 天，而變為 105 天。但是不在關鍵路徑上的任務就允許延遲，例如任務 I「選擇家具、家電」，原定的時間為 7 天，但是如果 7 天不能完成也沒關係，因為與任務路徑 3 —— 8 —— 7 並行的 3 —— 4 —— 5 —— 6 —— 7 預期總耗時為 70 天，因此任務 I 和任務 J 只要能在 70 天內完成，就不會影響整個工程的進度。

透過這個例子，我們便可知道關鍵路徑上的任務進度，決定了整個工程的進度，非關鍵路徑上的任務，允許有一定的延遲，並不會影響整個工程的進度。另外，如果能將非關鍵路徑上的任務提前完成，然後將閒置的人力投入關鍵路徑上的任務中，便可以提高整個工程的進度。在許多大型專案的管理中，這種方法會被經常用到。因此，在一個專案管理的 AOE 網中，找到關鍵路徑就十分重要，掌握專案中的關鍵路徑，可以有效地控制整個專案的進度，合理地調配人力資源，更加科學、有效率地對專案進行管理。以下我們就介紹一下如何在 AOE 網中尋找關鍵路徑。

在一個 AOE 網中尋找關鍵路徑，首先要計算一下每個事件的最早發生時間 t_E。我們在圖中每個事件結點旁邊用方框標示出來。如圖 1-25 所示，方框內標示的，即為該結點所代表事件的最早發生時間 t_E，例如事件 2 的最早發生時間為 17，也就是說，第 17 天任務 A、B、C 都可以完成。那麼 t_E 是怎樣計算出來的呢？計算 t_E 時，應遵循以下的公式：

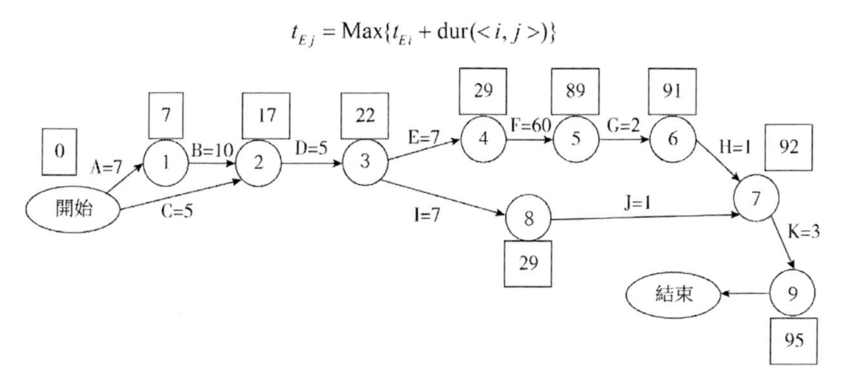

圖 1-25 AOE 網中每個事件的最早發生時間 t_E

該公式是遞推形式的公式，在該公式中，t_{Ej} 表示要計算的當前事件（記作事件 j）的最早發生時間，t_{Ei} 表示當前事件的前一個事件（記作事件 i）的最早發生時間，dur(＜ i，j ＞) 表示事件 I 到事件 J 之間的耗時，也就是完成任務＜ i，j ＞所花費的時間。因為當前事件 j 的前一個事件不一定只有一個，所以，我們這裡取其中最長的時間作為事件 j 的最早發生時間。例如圖中事件 2 的最早發生時間 t_{E2} 就等於 Max{t_{E1} ＋ 10，$t_{E開始}$＋ 5} ＝ Max{17，5} ＝ 17。

接下來我們還要計算一下每個事件的最晚發生時間 t_L。我們在圖中每個任務結點旁邊，用三角框標示出來。如圖 1-26 所示，三角框標示的數字，即為該事件的最晚發生時間。最晚發生時間是在不延誤整體工程進度的前提下計算出來的。我們在圖 1-25 中計算出每個事件的最早發生時間，如圖所示，最後一個事件 9 的最早發生時間為 95，即第 95 天可以將新房布置完畢並入住。我們以此作為基礎，令最晚布置完新房並入住的時間也是第 95 天，並從最末的結點開始向前推，這樣可以依次求出前面每個事件的最晚發生時間 t_L。計算 t_L 時應遵循下列公式：

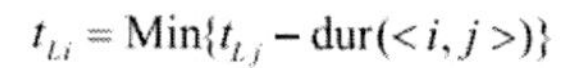

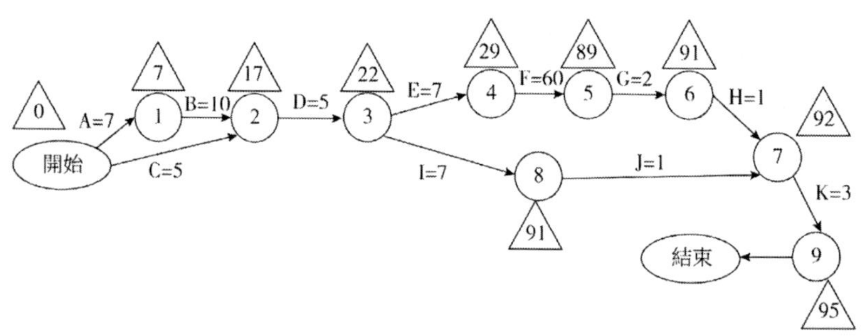

圖 1-26 AOE 網中每個事件的最晚發生時間 t_L

該公式也是遞推形式的公式。在該公式中，t_{Li} 表示要計算的當前事件（記作事件 i）的最晚發生時間，t_{Lj} 表示當前事件的後續事件（記作事件 j）的最晚發生時間，dur(＜ i，j ＞) 表示從事件 i 到事件 j 之間的耗時，也就是完成任務＜ i，j ＞所花費的時間。當前事件的最晚發生時間，等於其後續事件的最晚發生時間與完成兩事件之間任務所需耗時的差。當有多個後續任務時，取其中最小的差作為當前事件的最晚發生時間。例如圖中事件 3 的最晚發生時間 t_{L3} 就等於 Min{ t_{L4} － 7，t_{L8} － 7} ＝ Min{22，84} ＝ 22。

這裡要提醒大家注意，上述 AOE 網中的圓圈結點表示的是「事件」，有向邊表示的是「任務」。所謂「事件」，是指執行完某項或某幾項任務後的一個匯集點，或者叫里程碑。在 AOE 網中，一個事件的發生，代表一個或多個任務的完成，同時也代表後續的一個或多個任務即將發生。因此事件本身是一個抽象的概念。

計算出每個事件的最早發生時間和最晚發生時間後，我們就可以進行比較，很顯然滿足 t_E ＝ t_L 的事件一定在關鍵路徑之上，對應的任務也是關鍵路徑上的任務。而對於那些 $t_E \neq t_L$ 的事件，則一定不在關鍵路徑上，對應的任務也不是關鍵路徑上的任務。如圖 1-25 和圖 1-26 所示，事件 8 的最早發生時間為 29，最晚發生時間為 91，因此事件 8 不在關鍵路徑上，對應的任務 I 和 J 也不是關鍵路徑上的任務；而事件 6 的最早發生時間為 91，最晚發生時間也是 91，因此事件 6 在關鍵路徑上，對應的任務 G 和 H 也在關鍵路徑上。

同時，我們可以計算出每個事件的時差 $t_{\Delta} = t_L - t_E$，這個時差表示該事件對應的任務允許延遲的時間。例如事件 8 的時差為 91 － 29 ＝ 62，也就是說，任務 I 可以在第 22 天到第 84 天之間的任何一天開始執行，都不會影響整體工程的進度（前提是能夠確保 7 天內可以選定心儀的家具和家電）。另外任務 I 也可以延長時間完成，最多可延長 62 天。

當然，如果因某項任務是非關鍵路徑上的任務，就不充分利用時間，肯定不利於整體工程的效率，因此當我們了解專案的關鍵路徑之後，就可以對非關鍵路徑上的任務減少人力投入，或者將空閒的人力、物力投入關鍵路徑上的任務中，這樣既可以節省成本、提高工程品質，又可以加快整體專案的進度。

對於新房裝修的案例，運用關鍵路徑法進行專案管理，似乎有點小題大作，但在實際工作中，經常會遇到許多更加複雜的問題，這時運用 AOE 網和關鍵路徑法進行專案工程的管理，將會帶來很大的便利，並使工作更加有效率。

知識擴展

華羅庚先生的「統籌法」

關鍵路徑法是一種基於數學的專案管理方法，在一些企業的專案管理中已得到廣泛的應用。關鍵路徑法可以分為兩種 —— 基於箭線圖

（ADM）和基於前導圖（PDM）。所謂箭線圖就是我們前面講到的 AOE 網，它是以橫線箭頭表示活動，以帶編號的結點連線這些活動。而前導圖則是用節點表示活動，以節點間的連線表示活動間的邏輯關係。我們在理解關鍵路徑法時，要對這兩種圖加以區分。

關鍵路徑法又被稱為統籌方法，這是數學家華羅庚先生在 1960 ～ 1970 年代大力推廣的「雙法（統籌法和優選法）」之一。華羅庚先生發現數學中的統籌法（即關鍵路徑法）和優選法（即黃金分割法）可以在實際生產中應用和推廣。

1.11
變速車廣告的噱頭

目前市場上變速腳踏車十分流行，於是有些商家就打出廣告，聲稱自己的變速車有 8 變速、10 變速，甚至 24 變速。對普通的消費者而言，往往會被這些數字所迷惑，認為變速越多的腳踏車就越好，價格當然也就越貴。然而你有沒有想過，這些車真的能有那麼多變速嗎？還是只是一個噱頭？我們可以透過下面這個題目，了解其中的真相。

某品牌的變速腳踏車，聲稱有 10 變速，已知其前齒輪組有 2 個齒輪，其齒數分別為 49 和 40，後齒輪組有 5 個齒輪，其齒數分別為 28、25、20、17、14。請問這款腳踏車實際上能支援多少變速？

分析

在解決這個題目之前，我們要先知道什麼是變速腳踏車，以及變速腳踏車的變速原理是什麼。

所謂變速腳踏車，是指在騎士腳踏踏板轉速一定的前提下，腳踏車在路上行進的速度，可以隨著變速檔位的不同而發生改變。更具體地說，就是騎士腳踏踏板一圈，腳踏車會因為變速檔位的不同，而導致向前行進的距離也有所不同。例如在低變速檔位時，騎士腳踏踏板一圈，腳踏車向前行進 2 公尺；但是在高變速檔位時，騎士腳踏踏板一圈，腳踏車向前行進

5 公尺，這樣騎士以相同的腳踏踏板圈數騎車，在高變速檔位時，腳踏車行進的速度會更快。

那麼變速腳踏車的變速檔位是由什麼決定的呢？有一定物理知識的讀者可能知道，這取決於腳踏車主動齒輪和被動齒輪的齒數比。其結論是：齒數比越大，變速檔位越高，車子騎行的速度越快；相反，齒數比越小，變速檔位越低，車子騎行的速度就越慢。而對於齒數比相近的情況，車子的變速差異不大，因此騎士的變速感受並不明顯。

為什麼變速腳踏車的變速檔位取決於主動齒輪和被動齒輪的齒數比呢？

我們一起來了解一下。

眾所周知，腳踏車一般都有兩個齒輪，前面的齒輪叫主動齒輪，它跟踏板直接連線，騎士腳踏踏板的速度直接控制著主動齒輪的速度。後面較小的齒輪叫被動齒輪，它跟主動齒輪之間透過一條車鏈相連線，因此主動齒輪的速度，透過車鏈傳遞到被動齒輪上。被動齒輪跟腳踏車的後輪同軸，因此直接控制著後輪的轉速，而腳踏車的後輪是驅動輪，決定腳踏車的行駛速度。因此被動齒輪的轉速影響腳踏車的行駛速度。如圖 1-27 所示，展示了腳踏車齒輪的基本構造及原理。

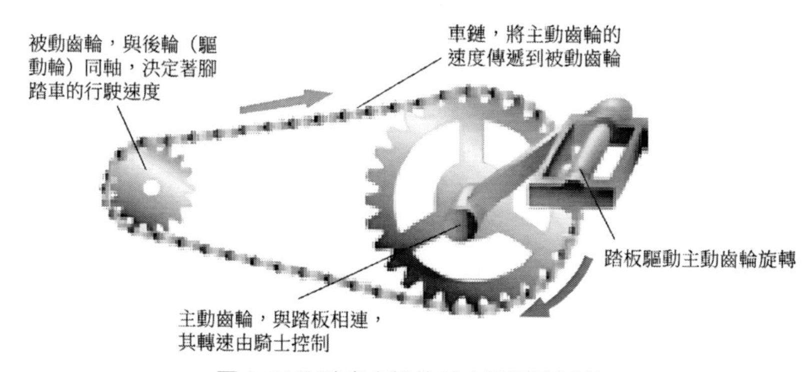

圖 1-27 腳踏車齒輪的基本構造及原理

假設主動齒輪的轉速為 ω_1 r/s（轉／秒），主動齒輪的齒數為 d_1，被動齒輪的轉速為 ω_2 r/s，被動齒輪的齒數為 d_2，因為兩齒輪之間由一條車鏈相連，因此它們的線速度是相等的，即

$$\omega_1 d_1 = \omega_2 d_2$$

這樣就有

$$\omega_2 = \omega_1 \frac{d_1}{d_2}$$

因此，在主動齒輪的轉速 ω_1 一定的前提下，被動齒輪的轉速 ω_2 就取決 d_1/d_2，d_1/d_2 越大，ω_2 就越大，變速檔位也就越大；反之，d_1/d_2 越小，ω_2 就越小，變速檔位也就越小。不難理解，當 d_1 等於 d_2 時，ω_1 就等於 ω_2，即如果前後兩個齒輪同樣大小（齒輪數相等），那麼顯然前後兩齒輪的轉速是相等的。

再回到本題來，題目說這種品牌的變速腳踏車聲稱支援 10 變速，這是因為它的前齒輪組有 2 個齒輪，後齒輪組有 5 個齒輪，這樣前後齒輪的組合共有 $2\times5=10$ 組，對應 10 個齒數比 d_1/d_2，所以商家說它有 10 變速。但我們了解變速腳踏車齒輪變速的基本原理後就會知道，如果前後齒輪的齒數比近似的話，車子的變速差異不大，因此騎士的變速感受並不明顯。我們現在就來算一算這個品牌變速腳踏車每組齒輪組合的齒數比 d_1/d_2 的值，計算結果見表 1-6 所示。

表 1-6 該品牌變速腳踏車的齒數比

大齒輪齒數（d_1）	小齒輪齒數（d_2）	齒數比（d_1/d_2）
49	28	1.75
	25	1.96
	20	2.45
	17	2.88
	14	3.5
40	28	1.43
	25	1.6
	20	2
	17	2.35
	14	2.86

從表 1-6 中不難看出，大小齒輪的齒數比有些值是十分近似的。例如：

▷ $d_1 = 49$，$d_2 = 28$，齒數比為 1.75 和 $d_1 = 40$，$d_2 = 25$，齒數比為 1.6；
▷ $d_1 = 49$，$d_2 = 20$，齒數比為 2.45 和 $d_1 = 40$，$d_2 = 17$，齒數比為 2.35；
▷ $d_1 = 49$，$d_2 = 17$，齒數比為 2.88 和 $d_1 = 40$，$d_2 = 14$，齒數比為 2.86。

這三組齒數比就十分近似，對騎士來說，變速的感受是十分不明顯的，因此聲稱有 10 變速的腳踏車，其實只能讓騎士感受到 7 種變速。

這裡僅是一個例子，並不代表具體哪一品牌的變速腳踏車，但是經科學的計算和論證，我們得出這樣的結論：聲稱有很多種變速的腳踏車，有時就是一個噱頭。

1.12
估測建築的高度

在我們的日常生活中，有時需要知道某些建築物的高度，雖然不一定要求十分精準，但也希望能得到大概的估測值。你有什麼好方法估測出建築物的高度嗎？

分析

測量建築物高度的方法很多，其實有一種最為簡單、易行且準確度較高的方法，就是利用建築物的投影來估測。

我們都知道，光是沿直線傳播的，光線照射到建築物上會形成投影，從而光線、建築物、投影之間就形成了規則的幾何形狀，我們可以利用這種幾何關係，來計算建築物的高度。

例如，某時刻陽光照射到建築物上，形成了投影，光線、建築物、投影之間就形成了一個三角形，如圖 1-28 所示。這樣我們就可以透過測量投影的長度，並透過該長度與建築物高度之間的比例關係，計算出建築物的高度。有的讀者會問：「我怎麼知道投影長度和建築物高度的比例關係是多少呢？」其實我們可以利用幾何學中相似三角形的理論來求解這個問題。

圖 1-28 光線、建築物、投影之間形成的三角形

如圖 1-29 所示，該圖為計算建築物高度的幾何示意圖，圖中線段 AB 表示建築物的高度，AE 表示光線，BE 表示光線照射在建築物上形成的投影，CD 表示人的高度，DE 表示光線照在人身上形成的投影。這裡將光線、建築物和高樓投影之間形成的三角形與光線、人和人投影之間形成的三角形疊加在一起，為的是展現兩個三角形之間的相似關係。在實際操作中，投影 BE 和投影 DE 需要在同一時間分別測量。

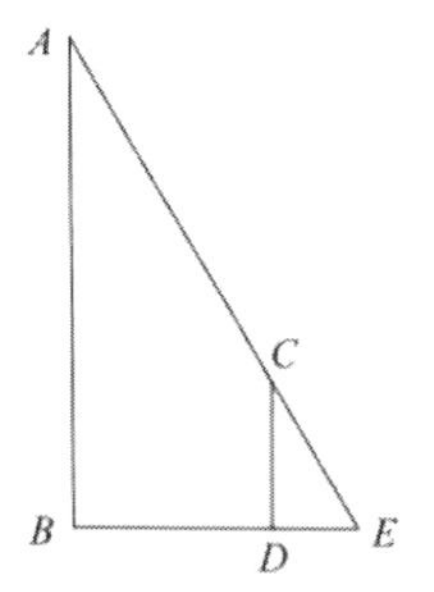

圖 1-29 計算建築物高度的幾何示意圖

由於同一時間陽光照射地面的角度是一定的，同時建築物和人都保持與地面垂直，即 $\angle ABE = \angle CDE = 90°$，因此，根據平面幾何的知識，我們知道 ΔABE 與 ΔCDE 相似，即 $\Delta ABE \backsim \Delta CDE$，所以就有如下的比例關係：

$$\frac{CD}{AB}=\frac{DE}{BE}=\frac{CE}{AE}$$

我們現在要計算的是建築物的高度 AB，因此，我們只需測量出 BE、DE 和 CD 的長度，就可以輕鬆地計算出 AB 的長度。BE 是建築物投影的長度，DE 是人投影的長度，CD 是人的高度，這三個值都比較容易測量出來。

假設建築物在地面上投影的長度為 50m，人在地面上投影的長度為 1.2m，人的高度為 1.8m，那麼建築物的實際高度就是 75m。

$$\frac{1.8}{AB}=\frac{1.2}{50}$$
$$AB=75$$

運用相似三角形的原理，只要透過簡單的測量和計算，就能估算出建築物的高度。

需要注意的是，這種估算建築物高度的方法，會存在一定的誤差。首先，這裡測量的建築物局限於上下寬度相近的建築物，例如普通的樓房、形狀規則的大廈或是結構簡單的煙囪、旗杆之類。圖 1-30 可以解釋其中的原因。

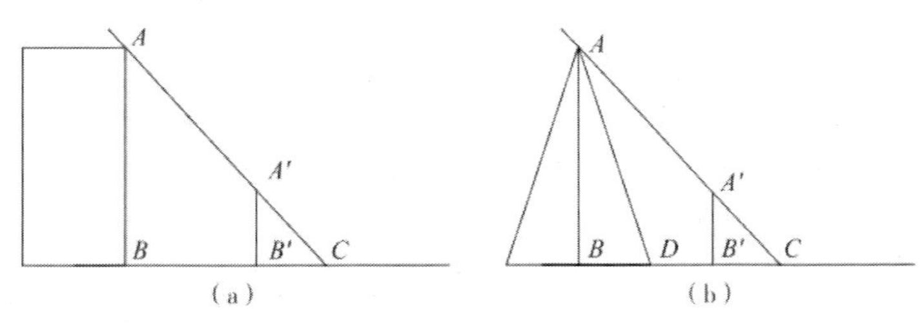

圖 1-30 測量建築物高度的誤差說明

如圖 1-30，在圖（a）中，建築物上下寬度一致，因此∠ ABC ＝∠ A'B'C ＝ 90°，ΔABC ∽ ΔA'B'C。這樣求出的 AB 長度也就是建築物的高度。而圖（b）所示的建築物，為一個上窄下寬的三角形建築物，我們在測量建築物的投影時，只能測出 DC 的長度，而我們真正需要知道的是 BC 的長度，如果依然套用上述相似三角形的比例關係計算該建築物的高度，勢必會產生誤差。這種情況下，我們還要事先測量出建築物內部 BD 的長度，才能進行計算。

另外，在測量地面上投影的長度時，由於地面的凹凸不平，也會造成誤差。因此，應用這種方法測量建築物的高度只能是估算，想得到更加精確的高度，還需要專業的測量儀器和測量方法。

知識擴展

巧算金字塔的高度

金字塔是古埃及燦爛文明的象徵。著名的獅身人面像和古夫金字塔早已婦孺皆知、舉世聞名，如圖 1-31 和圖 1-32 所示。在蜿蜒的尼羅河畔，散落著數十座古埃及法老的陵寢，它們數千年來沉睡在這裡，凝視著這片古老土地的世事滄桑，這便是被稱為世界七大奇蹟之一的古埃及金字塔。

你有辦法測量出金字塔的高度嗎？

顯然用前面介紹的那種方法似乎有點難度，因為前面介紹的方法一般適用於上下寬度相近的建築物，像金字塔這種三角錐體的建築物，測量起來會有很大的誤差。另外，我們也很難進入金字塔內部測出金字塔底座中心到金字塔底座邊緣的長度，所以需要用新的方法進行測量。

圖 1-31 獅身人面像

圖 1-32 古夫金字塔

這裡向大家介紹一種更加精準的測量建築物高度的方法。如圖 1-33 所示。

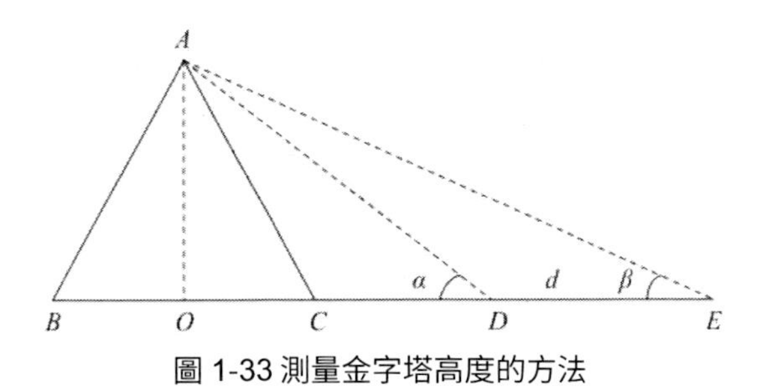

圖 1-33 測量金字塔高度的方法

圖中 ΔABC 表示金字塔，線段 AO 垂直於地面 BC，由於金字塔的縱切面是一個等腰三角形，所以 O 點是金字塔底座 BC 的中心，即 BO = OC。要計算 AO 的長度，我們可以在金字塔外的某點 D 做一個記號，用經緯儀等測量工具，測出仰角 ADC 的角度 α，再選取同一直線外的一點 E 做一個記號，用儀器測出仰角 AEC 的角度 β，再量出 DE 之間的距離 d。

因為

$$\tan\alpha = \frac{AO}{OD}$$
$$\tan\beta = \frac{AO}{OE} = \frac{AO}{OD+DE} = \frac{AO}{OD+d}$$

所以有

$$OD = \frac{AO}{\tan\alpha}$$

將其代入式中，$\tan\beta = \frac{AO}{OD+d}$，可得 AO 即所要測量的金字塔高度。

$$\tan\beta = \frac{AO}{\dfrac{AO}{\tan\alpha}+d} = \frac{AO\tan\alpha}{AO+d\tan\alpha}$$
$$AO(\tan\alpha - \tan\beta) = d\tan\alpha\tan\beta$$
$$AO = \frac{d\tan\alpha\tan\beta}{\tan\alpha - \tan\beta}$$

應用這種方法，只需透過經緯儀測出 ADC 的角度 α、AEC 的角度 β 以及標記 D 和 E 之間的距離 d，就可以透過上式計算出建築物的高度。計算一些不規則形狀的建築物高度時，可以採用這個方法。

1.13 花瓶的容積巧計算

計算容器的容積是我們時常碰到的問題，但課本中只介紹了簡單的正方體、長方體、圓柱體、椎體、球體等形狀的體積計算公式，而日常生活中需要計算的，往往是一些形狀不規則的容器的容積，這該怎樣計算呢？例如圖 1-34 中的花瓶，你能計算出這些花瓶的容積嗎？

圖 1-34 一些不規則形狀的花瓶

分析

計算這種不規則形狀容器的容積有很多方法，但有時我們會陷入一種迷思，認為必須透過公式，嚴密地推導和計算得出來的數據才可靠，其實並非如此。

例如這個題目，用公式推導的方法來計算容積會很麻煩，因為花瓶的形狀並不規則，不一定有現成的公式可用。如果用建立數學模型，然後採用定積分的方法求解，固然可行，但未免小題大作。其實數學不一定那樣拒人於千里之外，有時其他方法也閃爍著智慧的光芒。

可以把計算體積轉化為計算重量。計算的方法如下：

首先在秤上秤出花瓶的質量 m ＝ xkg；

再將花瓶盛滿水，放在秤上，秤出花瓶和水的總質量 m ＝ ykg；這樣花瓶中水的質量就是 m ＝（y － x）kg，已知水的密度為 ρ ＝ 1,000kg/m^3，因此根據密度、體積、質量三者的關係公式：

$$V=\frac{m}{\rho}$$

輕鬆地計算出水的體積 V，這也就是花瓶的容積。

這個問題雖然很簡單，但其背後蘊含著一個深刻的道理 —— 運用常規思路不容易解決的問題，換個思路或許就會迎刃而解，正所謂「山重水複疑無路，柳暗花明又一村」。

知識擴展

「神算」于振善的故事

上面介紹了計算不規則容器容積的方法，其實應用這種思想，也可以計算不規則圖形的面積。以下向大家介紹一個「神算」于振善計算地圖面積的故事。

于振善早年是一個木匠，因其才思敏捷，精通計算而聞名鄉里，常有人請他計算地畝，他也靠自己的聰明才智解決了許多難題。有一次，清苑縣的一部分土地劃給了鄰接的縣，縣長想了解一下清苑縣剩餘的土地面積是多少。由於地圖不規則，沒有人能計算得出來，於是縣長找于振善幫忙解決這個問題。

于振善的方法與我們測量花瓶容積的方法異曲同工。他的方法如下：

首先找一塊密度均勻的矩形木板，再按照清苑縣地圖的比例尺，計算出該矩形木板代表的面積為 1,000 平方公里。例如清苑縣地圖的比例尺為 1cm＝1 公里，那麼只要找一塊面積為 $1{,}000\text{cm}^2$ 的木板，就可以代表 1,000 平方公里的土地。

然後稱出該木板的質量為 10 兩。這樣 10 兩重的木板就表示 1,000 平方公里的土地。

再將清苑縣的地圖貼到該木板上，然後將地圖沿著邊界鋸下來，再秤得鋸下來的木板質量為 7 兩 5 錢 3 分。

這樣就可以得知清苑縣現有土地面積為 753 平方公里。

這種方法十分巧妙，準確度很高且容易計算，因此得到大家的一致稱讚和認可。

這種方法看似「很土氣」，卻閃爍著智慧的光芒，且可以解決遇到的棘手問題，凝聚著人民的智慧。

1.14
鋪設自來水管道的藝術

六個城市之間要鋪設自來水管道，城市和道路的結構如圖 1-35 所示。

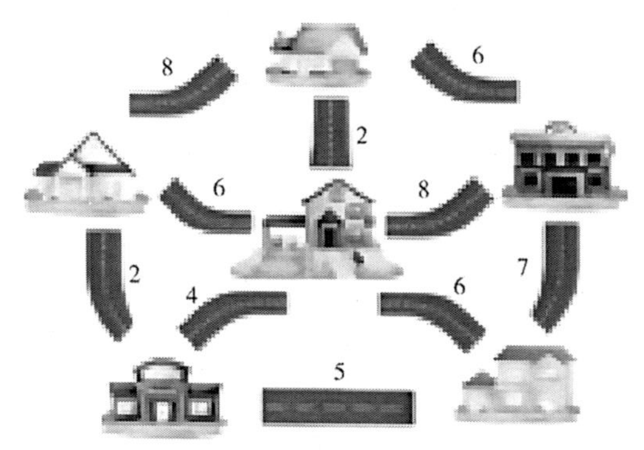

圖 1-35 城市與道路的結構

圖 1-35 中，六個城市都有道路相通，道路上的數字為該道路的長度。

某自來水公司要沿著道路鋪設自來水管道，要求六個城市都能透過管道相連，同時鋪設自來水管道的總長度越小越好。你能給出一個最佳的鋪設自來水管道的方案嗎？

分析

分析這類問題時，我們可以先將城市與道路的結構轉為如圖 1-36 所示的樣子，這樣更加直觀，便於分析。

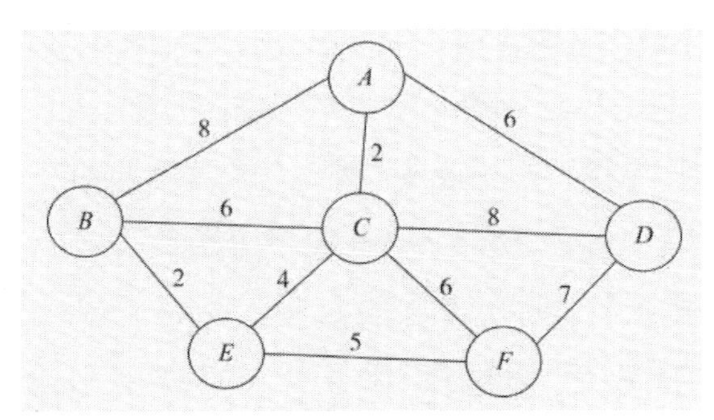

圖 1-36 城市和道路的結構

圖中圓圈所示的結點表示六個城市（A、B、C，D、E、F），結點之間的連線表示城市間的道路，連線上面的數字表示該道路的長度。

如果像圖 1-36 所示的那樣，在每條道路上都鋪設自來水管道，當然可以達到「使六個城市都能透過管道相連」的目的，但這種鋪設方法顯然是沒必要的。因為要達成城市之間的連通，不一定要在連線城市的每一條道路上都鋪設管道，像圖 1-37 那樣鋪設自來水管道也是可以的。

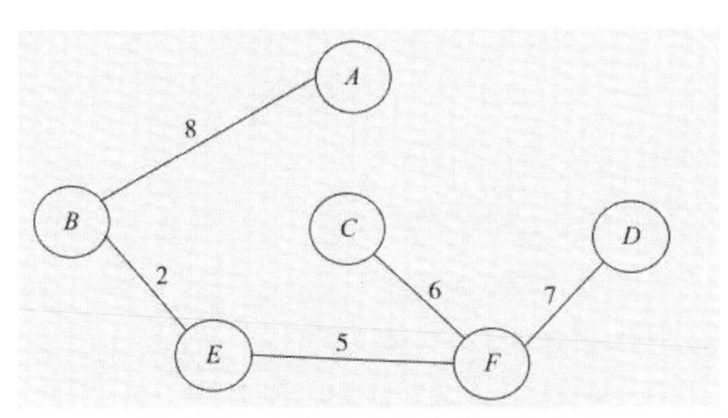

圖 1-37 一種鋪設自來水管道的方案

如圖 1-37 所示，六個城市透過鋪設的自來水管道相連線，也就是說，如果自來水公司透過這條管道供水，六個城市都可以得到自來水，而不會有一個或幾個城市得不到。

因此，並不需要在連線城市之間的每條道路上都鋪設管道，而只需在部分道路上鋪設即可。但是圖 1-37 所示的鋪設方案，並不一定就是本題的答案，因為題目中還要求「自來水管道的總長度越小越好」，而按照上面這個方案鋪設的自來水管道，不一定是最短的。

我們可以用數學的語言對該題進行描述，進而求解該題目。把城市以及城市之間的道路視為一個圖（圖論中的一個概念），記作 G，城市和城市之間鋪設的自來水管道也可以構成一個圖，記作 G'。現在要求解的就是圖 G'，它是圖 G 的一個子圖。按照題目的要求，圖 G' 應該是連通的（即六個城市的自來水管道相連線），同時 G' 中邊的總長度最短（即自來水管道最短）。在數學中，這個問題被稱為最小生成樹問題。

有兩種經典的演算法可以求解最小生成樹 —— 普林（Prim）演算法和克魯斯克爾（Kruskal）演算法。以下我們分別介紹。

首先介紹普林演算法。普林演算法的步驟可描述如下：

（1）取圖 G 中的某一頂點 V，令子圖 G' 中僅包含該頂點 V；（2）觀察圖 G 中一端屬於子圖 G'，一端不屬於子圖 G' 的所有邊，選擇其中一條最短的邊 e，將該邊以及它的頂點都加入子圖 G' 中；（3）若子圖 G' 中包含了圖 G 的全部頂點，則演算法結束，否則重複執行步驟（2）。

下面結合本例來理解普林演算法。

如圖 1-36 所示，圖中畫出了每個頂點及頂點之間邊的長度。首先取頂點 A，將頂點 A 併入子圖 G' 中，此時 G' 中僅包含頂點 A。接下來觀察 G 中一端屬於子圖 G'，一端不屬於子圖 G' 的所有邊，這裡有三條邊：BA、CA 和 DA。其中最短的邊是 CA，其邊長為 2，將頂點 C 和對應的邊 CA 併入子圖 G' 中。此時 G' 中包含兩個頂點（A 和 C）及一條邊 CA，因此重複步驟（2），繼續求解最小生成樹。按照上述步驟反覆執行，直到

G' 中包含全部六個頂點為止，得到的子圖 G' 即為圖 G 的最小生成樹。應用普林演算法求解題目中給定圖的最小生成樹的過程，如圖 1-38 所示。

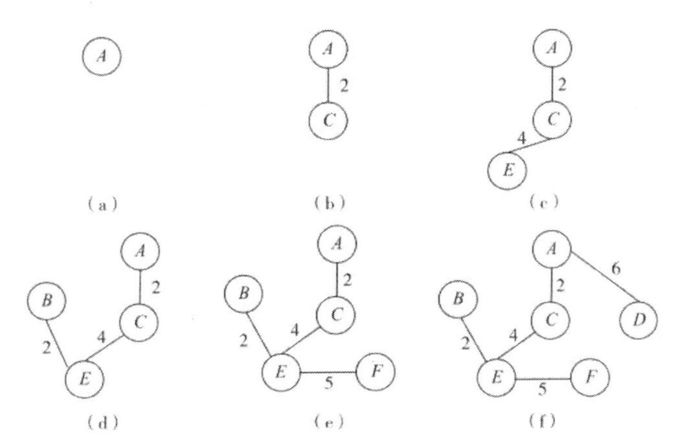

圖 1-38 普林演算法求解最小生成樹的過程

圖 1-38 所示為應用普林演算法求解最小生成樹的過程，其中圖（f）為最終得到的最小生成樹 G'，其邊長之和為 19。也就是說，應用這種鋪設自來水管道的方案，水管的總長度為 19，並可使城市之間自來水管道連通。

以下介紹克魯斯克爾演算法。克魯斯克爾演算法的步驟可描述如下：

1. 令最小生成樹的初始狀態為含 n 個頂點的無邊非連通圖，圖中每個頂點自成一個連通分量；
2. 在所有邊中選擇長度最短的，若該邊依附的頂點落在圖中不同的連通分量上，則將該邊加入圖中，否則，捨去該邊而選擇下一條長度小的邊；
3. 重複步驟 2，直到所有的頂點都在一個連通分量上為止。

以下結合本例來理解克魯斯克爾演算法。

首先初始狀態包含圖 G 中的 6 個頂點，但不包含任何邊，每個頂點自成一個連通分量，如圖 1-39 所示。

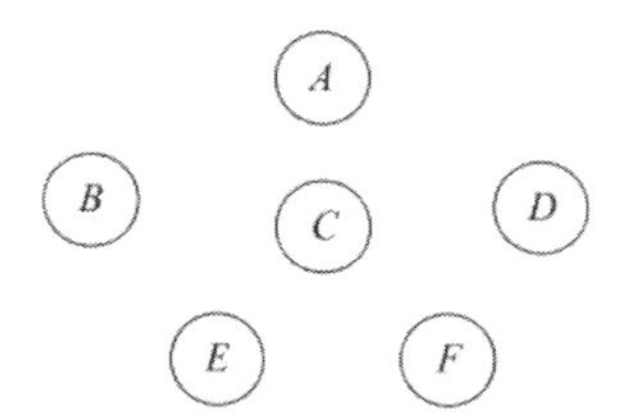

圖 1-39 克魯斯克爾演算法的初始狀態

然後在所有邊中選出長度最短的一條，即 AC ＝ 2，再觀察該邊所依附的頂點是否落在圖中不同的連通分量上。因為頂點 A 和頂點 C 屬於不同的連通分量，所以將邊 AC 加入圖 G' 中，如圖 1-40 所示。

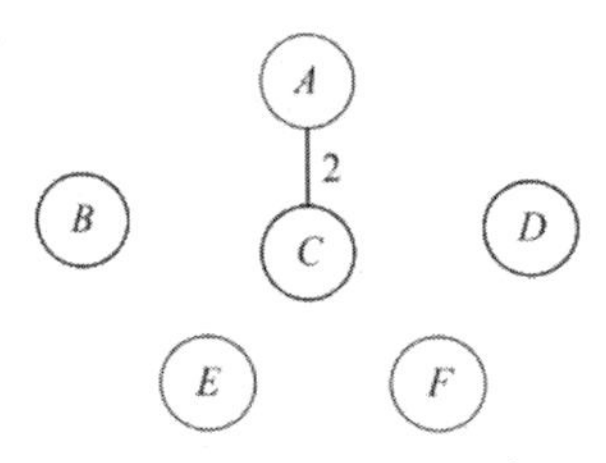

圖 1-40 加入一條邊後 G' 的狀態

接下來再選擇一條長度最小的邊。因為邊 AC 已加入圖 G' 中，所以我們需要從邊 {AB，AD，BC，BE，DC，DF，EC，EF，CF} 這 9 條邊中選擇最小的。因此選擇邊 BE ＝ 2。因為頂點 B 和頂點 E 分屬兩個不同的連通分量，所以將邊 BE 加入到圖 G' 中。

重複上述步驟，直到所有的頂點都在一個連通分量上為止，得到的圖 G' 就是圖 G 的最小生成樹。應用克魯斯克爾演算法求解題目中給定圖的最小生成樹的過程，如圖 1-41 所示。

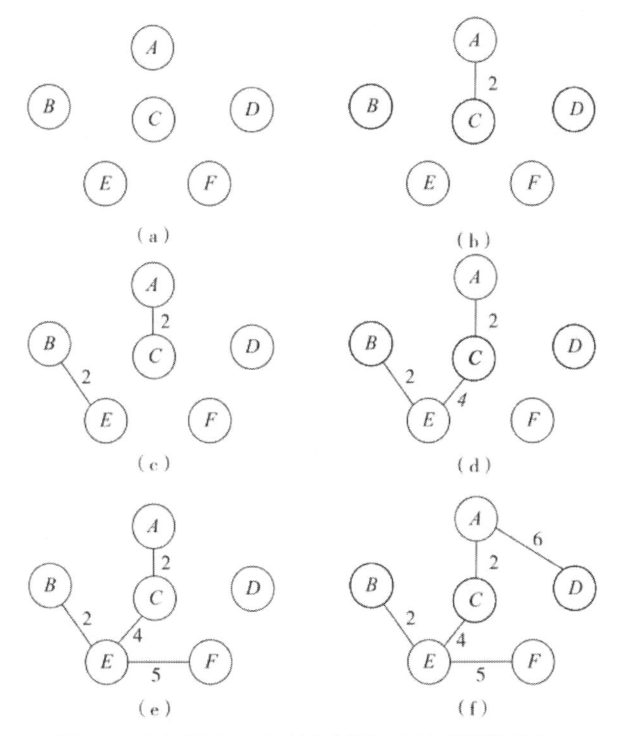

圖 1-41 克魯斯克爾演算法求解最小生成樹的過程

圖 1-41 描述了應用克魯斯克爾演算法求解圖 G 最小生成樹 G' 的過程。需要注意的是圖（f）新增邊 AD 的過程。在圖（e）的狀態下再新增一條邊，此時可供選擇的邊包括 {AB，AD，BC，CD，CF，FD}，共 6 條。在這些邊中，BC ＝ 6，CF ＝ 6，AD ＝ 6，其他的邊長度均大於 6。而邊 BC 和 CF 依附的頂點，均落在圖中的同一個連通分量上，所以不能選擇，而邊 AD 依附的頂點 A 和 D，分屬兩個不同的連通分量，故選擇邊 AD 加入子圖 G' 中。圖（f）為最終得到的最小生成樹 G'，其邊長之和為 19。也就是說，應用這種鋪設自來水管道的方案，水管的總長度為 19，且可使城市之間自來水管道連通。

我們將城市之間鋪設自來水管道的實際問題，轉化為一個數學中圖論的問題求解，使問題更加簡化而清晰，同時可以在理論上保證得到的結果為最佳解。

知識擴展

最小生成樹

圖結構是圖論以及計算機科學中經常研究的對象。它將事物之間的關係用抽象的圖形表示出來，一般用結點表示事物本身，而用連線兩結點之間的線，表示相應兩個事物間具有的某種關係。

求解圖的最小生成樹，是圖結構的基本演算法，很多實際問題都可以轉化成為求解無向連通圖的最小生成樹問題。例如城市之間鋪設光纖電纜、管線，架設電話線、軌道建設等，實質上都可以抽象成最小生成樹問題。因此掌握求解最小生成樹的演算法是很有用處的。

正如前面介紹的那樣，常用的求解最小生成樹的演算法有兩種——普林演算法和克魯斯克爾演算法。這兩種演算法在功能上是等效的，但它們的適用條件卻有所不同。普林演算法的時間複雜度是 $O(n^2)$，n 為圖中頂點的個數，普林演算法的複雜度只與圖中頂點的個數有關，而與圖中邊的數目無關。因此普林演算法適用於求解邊稠密而頂點不多的圖的最小生成樹。克魯斯克爾演算法的時間複雜度為 O(eloge)，e 為圖中的邊數，克魯斯克爾演算法的複雜度只與圖中邊的數目有關，而與頂點的個數無關。因此，克魯斯克爾演算法更適用於求解邊稀疏的圖的最小生成樹。

有關圖及最小生成樹的知識，在《離散數學》和《資料結構》等書籍中有專門的介紹，有興趣的讀者可以參考閱讀。

第 2 章

上帝的骰子 —— 排列組合與機率

排列組合和機率是一門揭示事物排列組合關係及隨機現象規律的數學學科。在我們的日常生活中，幾乎隨處可見排列組合與機率的影子。例如我們平時估算樂透的中獎機率，抓鬮、抽獎、麻將等遊戲的結果機率，以及歸納整理檔案、制定運動會的秩序表等工作，都會應用到排列組合和機率的知識。因此了解和掌握排列組合及機率知識，對我們處理和解決日常生活中遇到的問題是有所幫助的。同時，掌握一些排列組合和機率的思想，並將這種思維方式融入實際生活中，會發現多一條思路、多一種方法，做起事來會更加得心應手，事半功倍。

2.1 你究竟能不能中獎

市面上樂透林林總總，令人眼花撩亂。運動彩券、足球樂透、大樂透、刮刮樂……種類繁多，令人目不暇接。很多人把迅速發財、致富的籌碼押到購買樂透上，這些人幾乎都樂此不疲地購買各種樂透，而且每期必買，甚至有些人會斥巨資購買很多注樂透，企圖透過這種方法提高中獎機率，實際上卻往往事與願違，中獎的機率似乎並沒有因為他們的「執著」而變大。那麼究竟樂透的中獎機率有多大呢？我們現在就來算一算。

有一種體育樂透的玩法如下。

每張樂透需要填寫一個 6 位數字和一個特別號碼。填寫的 6 位數字中，每位數字均可填寫「0，1，2，…，9」這 10 個數字中的一個，特別號碼可以填寫「0，1，2，3，4」這 5 個數字中的一個。每期設五個獎項，開獎號碼由電腦隨機產生，包括 6 位數字和 1 個特別號碼。中獎規則如表 2-1 所示。

表 2-1 中獎規則

中獎級別	中獎規則
特等獎	填寫的 6 位數字與特別號碼跟開獎的號碼內容及順序完全相同
一等獎	填寫的 6 位數字與開獎的號碼內容及順序相同，特別號碼不同

二等獎	6 位數中有 5 個連續數字與開獎號碼相同且位置一致
三等獎	6 位數中有 4 個連續數字與開獎號碼相同且位置一致
四等獎	6 位數中有 3 個連續數字與開獎號碼相同且位置一致

請計算一下每種獎項的中獎機率分別是多少？

分析

如何計算每種獎項的中獎機率呢？這裡就需要用到排列組合及機率論的知識了。假設開獎的號碼為 1，2，3，4，5，6，[1]，其中最後一位 1 是特別號碼，因此我們用方框框起來以示區別。那麼每種獎項的中獎號碼需要滿足怎樣的特徵呢？中獎的機率又分別是多少呢？我們逐一分析。

首先來看特等獎，根據表 2-1 的描述：填寫的 6 位數字與特別號碼需要跟開獎的號碼內容及順序完全相同才能中獎。因此，只有購買者填寫的號碼恰好是 1，2，3，4，5，6，[1]才能中特等獎。對購買者而言，事先不可能知道開獎號碼是什麼，因此只能全憑運氣猜寫。對於前 6 位數字，每一位都可以有 10 種填寫方式（0，1，2，…，9），因此組合起來共有 10^6 種填寫方式。同時特別號碼共有 5 種填寫方式（0，1，2，3，4）。這樣將前 6 位數字與特別號碼組合起來，總共就有 5×10^6 種填寫方式。而真正中獎的號碼只有一種，即 1，2，3，4，5，6，[1]，這樣中特等獎的機率就是 $P_0 = 1/(5\times10^6)$。

再來看一等獎，根據表 2-1 的描述：填寫的 6 位數字與開獎的號碼內容及順序相同、特別號碼不同，才能中獎。因此一等獎中獎號碼的形式為 1，2，3，4，5，6，[x]，其中 $x \neq 1$，$x \in \{0，1，2，3，4\}$。

如果能中一等獎，特別號碼就只能填寫 0，2，3，4 這 4 個數字其中之一，即有 4 種填寫方式，同時前 6 位數字依然只有 1 種填寫方式，即 1，2，3，4，5，6。而總共填寫樂透的方式（前 6 位數字加上特別號碼）依然有 5×10^6 種，因此中一等獎的機率應為 $P_1 = (1\times4)/(5\times10^6) = 4/(5\times10^6)$。

再來看二等獎，根據表 2-1 的描述：6 位數中有 5 個連續數字與開獎號碼相同即可中二等獎。因此二等獎中獎號碼有 2 種形式：

第一種中獎號碼形式：1，2，3，4，5，y，x，其中 $x \in \{0，1，2，3，4\}$，$y \neq 6$ 並且 $y \in \{0，1，2，\cdots，9\}$；

第二種中獎號碼形式：y，2，3，4，5，6，x，其中 $x \in \{0，1，2，3，4\}$，$y \neq 1$ 並且 $y \in \{0，1，2，\cdots，9\}$。

這個道理是顯而易見的，如果 $y = 6$ 或 $y = 1$，那就包含了一等獎和特等獎的可能，因此在二等獎的號碼組合中，上述兩種情況下，要求 $y \neq 6$ 且 $y \neq 1$。這樣，第一種形式的二等獎號碼 1，2，3，4，5，y，x 共有 $9\times5 = 45$ 種填寫方式；第二種形式的二等獎號碼 y，2，3，4，5，6，x 也有 $9\times5 = 45$ 種填寫方式，因此二等獎中獎號碼共有 90 種。那麼二等獎的中獎機率就是 $P_2 = 90/(5\times10^6)$。

再來看三等獎的情況，根據表 2-1 的描述：6 位數中有 4 個連續數字與開獎號碼相同即可中三等獎。同樣，我們分析一下中獎號碼的幾種形式。

第一種中獎號碼形式：1，2，3，4，z，y，x；其中 $z \neq 5$，$z，y \in \{0，1，2，\cdots，9\}$，$x \in \{0，1，2，3，4\}$；

第二種中獎號碼形式：z，2，3，4，5，y，x；其中 $z \neq 1$，$y \neq 6$，$z，y \in \{0，1，2，\cdots，9\}$，$x \in \{0，1，2，3，4\}$；

第三種中獎號碼形式：y，z，3，4，5，6，$\boxed{x}$；其中 $z \neq 2$，z，$y \in \{0，1，2，\cdots，9\}$，$x \in \{0，1，2，3，4\}$。

第一種形式的三等獎號碼共有 $9 \times 10 \times 5 = 450$ 種填寫方式，第二種形式的三等獎號碼共有 $9 \times 9 \times 5 = 405$ 種填寫方式，第三種形式的三等獎號碼共有 $9 \times 10 \times 5 = 450$ 種填寫方式。因此三等獎中獎的填寫方式共有 $450 + 405 + 450 = 1{,}305$ 種。那麼三等獎的中獎機率為 $P_3 = 1{,}305/(5 \times 10^6)$。

再來看四等獎的情況，根據表 2-1 的描述：6 位數中有 3 個連續數字與開獎號碼相同即可中四等獎。我們分析一下中獎號碼的幾種形式。

第一種中獎號碼形式：1，2，3，w，z，y，$\boxed{x}$；其中 $w \neq 4$，w，z，$y \in \{0，1，2，\cdots，9\}$，$x \in \{0，1，2，3，4\}$；

第二種中獎號碼形式：w，2，3，4，z，y，$\boxed{x}$；其中 $w \neq 1$，$z \neq 5$，w，z，$y \in \{0，1，2，\cdots，9\}$，$x \in \{0，1，2，3，4\}$；

第三種中獎號碼形式：w，z，3，4，5，y，$\boxed{x}$；其中 $y \neq 6$，$z \neq 5$，w，z，$y \in \{0，1，2，\cdots，9\}$，$x \in \{0，1，2，3，4\}$；

第四種中獎號碼形式：w，z，y，4，5，6，$\boxed{x}$；其中 $y \neq 3$，w，z，$y \in \{0，1，2，\cdots，9\}$，$x \in \{0，1，2，3，4\}$；

第一種形式的四等獎號碼共有 $9 \times 10 \times 10 \times 5 = 4{,}500$ 種填寫方式，第二種形式的四等獎號碼共有 $9 \times 9 \times 10 \times 5 = 4{,}050$ 種填寫方式，第三種形式的四等獎號碼共有 $9 \times 9 \times 10 \times 5 = 4{,}050$ 種填寫方式，第四種形式的四等獎號碼共有 $9 \times 10 \times 10 \times 5 = 4{,}500$ 種填寫方式。因此四等獎中獎的填寫方式共有 $4{,}500 + 4{,}050 + 4{,}050 + 4{,}500 = 17{,}100$ 種。那麼四等獎的中獎機率為 $P_4 = 17{,}100/(5 \times 10^6)$。

表 2-2 中總結了這種體育樂透五個獎項各自的中獎率。

表 2-2 五個獎項分別的中獎率

中獎級別	中獎率
特等獎	$P_0=\frac{1}{5\ 000\ 000}=0.000\ 000\ 2$
二等獎	$P_1=\frac{4}{5\ 000\ 000}=0.000\ 000\ 8$
三等獎	$P_2=\frac{90}{5\ 000\ 000}=0.000\ 018$
三等獎	$P_3=\frac{1\ 305}{5\ 000\ 000}=0.000\ 261$
四等獎	$P_4=\frac{17\ 100}{5\ 000\ 000}=0.003\ 42$

可見獎項越低，中獎機率越高，但即便是最低的四等獎，中獎機率也只有千分之三左右，而特等獎的中獎機率更是低到無法想像。

樂透的種類很多，玩法也不盡相同，本題只是以一個例子來說明如何計算它的中獎機率。但是所有的樂透有一個共同的特點，就是中獎機率十分低。因此，買樂透只是一種茶餘飯後娛樂消遣的方式，期望透過買樂透而發財致富的夢想是不理智的，也是不現實的。所以在購買樂透時，都應當本著理性平和的心態，把它僅僅當作一種娛樂和消遣，才能不失樂透本身的意義。

知識擴展

古典機率模型

機率依據計算方法的不同，可分為古典機率、主觀機率等。其中古典機率是最為簡單、最容易理解，也是人們最早開始研究的一種機率模型。

使用古典機率的模型有兩個基本前提：

▷ 所有的可能性是有限的；

▷ 每個基本結果發生的機率是相同的。

在滿足這兩個條件的情況下，我們就可以用古典機率模型求解某一隨機事件的機率。如果用更加抽象的數學語言來描述，可以這樣定義古典機率模型：

假設一個隨機事件共有 n 種可能的結果（n 是有限的），且這些結果發生的可能性都是均等的，而某一事件 A 包含其中 s 個結果，那麼事件 A 發生的機率 P(A) 的關係公式為

$$P(A)=\frac{s}{n}$$

這就是古典機率的定義。

最簡單的例子就是擲骰子的遊戲。一個骰子共有 6 個面，每個面上刻有 1 ～ 6 個不等的點。如果我們隨手擲出骰子，那麼哪個面朝上完全是一個隨機事件。因為擲骰子的點數最多有 6 種可能的結果（即可能性是有限的，包括 1 點，2 點，…，6 點），且每種結果發生的機率也是相同的（這裡認為骰子的密度應當是均勻的），所以，計算擲骰子的機率，可以應用古典機率模型。請看下面兩個問題：

問題一：請計算擲出骰子點數為 1 的機率是多少？

因為擲骰子這個事件共有 6 種可能的結果，而事件「擲出骰子點數為 1」包含的結果只有 1 種，因此事件「擲出骰子點數為 1」發生的機率 P（擲出骰子點數為 1）＝ 1/6。

問題二：請計算擲出骰子點數不大於 3 的機率是多少？

因為擲骰子這個事件共有 6 種可能的結果，而事件「擲出骰子點數不大於 3」包含了其中 3 種結果（即出現 1 點、2 點或 3 點），因此事件「擲出骰子點數不大於 3」發生的機率 P（擲出骰子點數不大於 3）＝ 3/6 ＝ 1/2。

上面的樂透中獎問題，也是一個典型的古典機率問題。以計算「中一等獎」的機率為例，我們首先需要知道填寫樂透本身共有多少種可能的結果。根據題目的已知條件，購買者需要填寫 6 位數字和 1 個特別號碼，對於前 6 位的數字，每一位都可以有 10 種填寫方式（0，1，2，⋯，9），因此組合起來共有 10^6 種填寫方式。同時特別號碼共有 5 種填寫方式（0，1，2，3，4）。這樣將前 6 位數字與特別號碼組合起來，總共就有 5×10^6 種填寫方式，也就是說，隨機填寫樂透，共有 5×10^6 種可能的結果。然而「中一等獎」這個事件只包含了其中 4 種結果（即前 6 位數字必須是 1，2，3，4，5，6，而特別號碼可以是 1，2，3 或 4，這樣共有 4 種組合），因此中一等獎的機率就是 4/（5×10^6）。

2.2
相同的生日

在日常生活中會發現一種有趣的現象 —— 我們跟周遭的某個人（同學、朋友、親戚等）是同一天生日。遇到這種事情時，我們可能會為之感到驚嘆：天下竟然還會有這麼巧的事情啊！真的這麼不可思議嗎？在周遭遇到這樣生日相同的朋友，機率究竟有多大呢？我們來看一下下面這道有趣的題目。

小明放學回家興奮地跟媽媽說：「媽媽，媽媽，我們班大龍和小剛竟然是同一天生日，您說巧不巧？」媽媽聽了之後略加思考，便笑著對小明說：

「不巧啊！你們班差不多 40 個人呢！如果沒有人生日是同一天，那才叫巧呢！」小明聽了媽媽的話後，心想一年 365 天，我們班才 40 個人啊！怎麼會是這樣呢？便纏著媽媽要問個究竟，於是媽媽便道出其中的奧祕。你知道媽媽是怎樣跟小明解釋的嗎？

分析

我們先假設班上只有兩個人 A 和 B，那麼他們生日在同一天的機率很容易計算。因為無論 A 是哪天出生，B 只能跟他同一天，也就是 365 天中只有 1 天可以選擇。因此如果班上只有兩個人，那麼他們生日同一天的機率為 1/365 = 0.002740。

如果班上有三個人 A、B、C，情況就複雜一點了，可以分為 A、B 同天，A、C 同天，B、C 同天，A、B、C 都同天。這裡 A、B 同天隱含表示C與A、B不同天。由於前三種情況雷同，我們只看A、B同天這一種。無論 A 哪天出生，B 在 365 天中只有 1 天可以選擇，C 跟 A、B 不同天，那麼 C 有 364 天可以選擇，因此 A、B 同天的機率為 (1/365)×(364/365) = 0.002732。同理，B、C 同天和 A、C 同天的機率也分別是 0.002732。而 A、B、C 同天的機率為 (1/365) ×(1/365) = 0.000008。我們把所有的機率加起來，就是三個人至少有兩個人同一天生日的機率：0.008204。這個機率似乎還是很小，不到 1%，但已經是兩個人情況的 3 倍了，因此我們似乎察覺到什麼，至少可以預測到一個趨勢。

沿著這條思路再往下看，如果有四個人 A、B、C、D，那麼就可以分為 A、B 同天，A、C 同天，A、D 同天，B、C 同天，B、D 同天，C、D 同天，A、B、C 同天，A、B、D 同天，A、C、D 同天，B、C、D 同天，A、B、C、D 同天。情況多了很多。試想如果按照這種方法計算到 40 個人，那將是一件相當複雜的事情。其實我們可以換個思路解決。如圖 2-1 所示，整個圖表示所有的可能，即機率 1，其中外層的圓圈（不含內層圓圈）表示至少有兩人生日同天的可能，那麼內層的圓圈就表示所有人生日都不是同一天的可能。既然外層圓圈很難求，我們就要逆向思維，求內層圓圈的部分，然後用整體減掉內層圓圈部分，就得到我們想要的外層圓圈部分了。

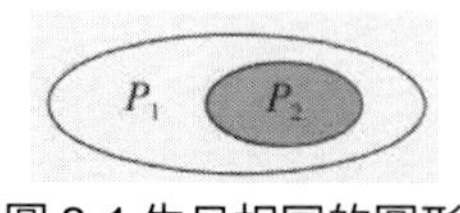

圖 2-1 生日相同的圖形

如圖 2-1 所示，我們將至少兩個人同一天生日的機率稱為 P_1，將所有人生日都不同天的機率稱為 P_2，可知 $P_1 + P_2 = 1$，因此 $P_1 = 1 - P_2$。這樣我們就成功地將求 P_1 的問題，轉換成求 P_2 的問題。

為了簡單起見，我們還是先以一個班兩個人為例。現在我們先求 A、B 生日不是同一天的機率，然後再求 A、B 生日同天的機率。無論 A 哪天出生，B 只要不和 A 同天即可，那麼 365 天中，B 就有 364 天可以選擇，因此 A、B 不同天的機率為 $364/365 = 0.997260$。A、B 同天機率為 $1 - 0.997260 = 0.002740$。

那麼班上如果有三個人呢？在我們換成求 A、B、C 三個人生日都不同天的機率後，與兩個人的情況相比，也並沒有多複雜。無論 A 哪天出生，B 都有 364 天可以選擇，C 要保證跟 A、B 都不同天，所以 C 在 365 天中有 363 天可以選擇，也就是 A 的生日和 B 的生日這兩天都不能選擇，因此 A、B、C 三個人不同天出生的機率為 $(364/365)\times(363/365) = 0.991796$。A、B、C 至少有兩人同天的機率為 $1 - 0.991796 = 0.008204$。

如果班上人數更多，演算法都是一樣的，一點也不複雜。計算所有人生日不同天機率時，第一個人總是可以選擇任意一天，第二個人可以選擇 $365 - 1 = 364$ 天，第三個人可以選擇 $365 - 2 = 363$ 天，第四個人可以選擇 $365 - 3 = 362$ 天，第十個人可以選擇 $365 - 9 = 356$ 天，第 n 個人可以選擇 $365 - n + 1$ 天。

根據上述機率計算公式，我們很容易得出表 2-3 的結論：

表 2-3 至少兩人同天生日的機率

人數	至少兩人生日同天機率
2	$P=1-\frac{364}{365}=0.002\ 740$
3	$P=1-\frac{364}{365}\times\frac{363}{365}=0.008\ 204$
10	$P=1-\underbrace{\frac{364}{365}\times\frac{363}{365}\times\cdots\times\frac{357}{365}\times\frac{356}{365}}_{9個}=0.116948$
23	$P=1-\underbrace{\frac{364}{365}\times\frac{363}{365}\times\cdots\times\frac{344}{365}\times\frac{343}{365}}_{22個}=0.507\ 297$
40	$P=1-\underbrace{\frac{364}{365}\times\frac{363}{365}\times\cdots\times\frac{327}{365}\times\frac{326}{365}}_{39個}=0.891\ 232$

根據計算結果可以看出，當班級人數只有 10 人時，出現重複生日的機率剛剛超過 10%，當班級人數達到 23 人時，出現重複生日的機率就已經過半了，如果班級人數達到 40 人，出現重複生日的機率就接近 90% 了。

這麼一看，有兩人的生日是同一天，真的一點也不稀奇！

2.3
單眼皮的基因密碼

單眼皮的小明看起來非常有精神，也很討人喜歡，但他卻怎麼也高興不起來，因為小明喜歡雙眼皮，特別羨慕雙眼皮的小朋友。讓小明更加疑惑不解的是，爸爸、媽媽都是雙眼皮，為什麼唯獨自己是單眼皮呢？夜深人靜時，躺在床上輾轉反側的小明，甚至懷疑自己是爸爸、媽媽從孤兒院領養的。媽媽知道後，從遺傳學的機率角度，為小明分析他是單眼皮的原因，解開了小明的心結。你知道小明的媽媽是怎樣跟小明解釋的嗎？

分析

首先簡單了解一下遺傳學的基本知識。我們身體上的許多特徵都是從父母身上遺傳過來的，比如單眼皮還是雙眼皮，捲舌還是平舌，翹拇指還是直拇指等。這些特徵都是由基因決定的，而這些具有遺傳特徵的基因，都是成對存在的。如果我們用單個字母表示一個基因，那麼成對的基因就可以表示成 XY 的形式。這裡面最重要的一句話是 —— 遺傳基因成對存在，X 和 Y 共同決定人體的某一個特徵。

還有一個要點是顯性基因和隱性基因，為了更容易理解這個概念，我們來看一個例子。

如果雙眼皮是隱性基因的話，意味著爸爸的基因是 aa，媽媽的基因是

aa，那麼無論怎麼組合，小明的基因必然是 aa，也就是說，小明是雙眼皮的機率為 100%。那小明豈不是真的是爸爸、媽媽從孤兒院領養的了？事實並非如此。由於小明是單眼皮，因此可以推斷雙眼皮是顯性基因。已知父母都是雙眼皮，那麼各種遺傳基因組合，如表 2-4 所示。

表 2-4 雙眼皮遺傳基因組合

爸爸	媽媽	組合 1	組合 2	組合 3	組合 4
AA	AA	AA	AA	AA	AA
AA	Aa	AA	Aa	AA	Aa
Aa	Aa	AA	Aa	Aa	aa

在遺傳中，爸爸從自己的一對基因中提供一個，媽媽也從自己的基因中提供一個。即孩子的一對基因中，一個來自爸爸，一個來自媽媽。因此父母結合生育後代的基因組合，會有 2×2 ＝ 4 種可能。

如果爸爸基因是 AA，媽媽基因也是 AA，從表 2-4 中可知，小明的基因組合只能是 AA，即小明基因是 AA 的機率就是 100%，因此小明是雙眼皮的機率為 100%，這種假設與實際情況不符。

如果爸爸基因是 AA，媽媽基因是 Aa，那麼小明基因是 AA 的機率為 50%，基因是 Aa 的機率也為 50%，因此小明是雙眼皮的機率仍為 100%，這種假設也與實際情況不符。

如果爸爸基因是 Aa，媽媽基因也是 Aa，那麼小明基因是 AA 的機率為 25%，基因是 Aa 的機率為 50%，基因是 aa 的機率為 25%，因此小明是雙眼皮的機率為 75%，是單眼皮的機率為 25%。也就是說，只有在爸爸、媽媽的基因都是 Aa 的情況下，才有可能出現單眼皮的子女。既然小明是單眼皮，那麼爸爸、媽媽的基因一定都是 Aa。

這樣看來，小明大可不必擔心自己的身世，因為即使他的爸爸、媽媽都是雙眼皮，小明本人仍然有 25%的機率是單眼皮。

基因研究的一個重大成果，就是解釋許多遺傳性疾病的原理。對於隱性基因的遺傳疾病，如果父親為該遺傳性疾病患者，其基因一定是 aa（我們仍用 A 表示顯性基因，a 表示隱性基因），而母親正常，其基因就可能是 Aa 或者 AA。這樣可能的組合，如表 2-5 所示。

表 2-5 隱性遺傳基因組合

父親	母親	組合 1	組合 2	組合 3	組合 4
aa	AA	Aa	Aa	Aa	Aa
aa	Aa	Aa	aa	Aa	aa

如果母親的基因是 AA，那麼子女的基因必然為 Aa，也就是說，子女的患病機率為 0%。但 100%是遺傳性疾病基因帶原者，這意味著子女如果今後結婚生子，孫子、孫女就有隔代患病的可能，當然這也取決於子女配偶是否攜帶該遺傳性疾病基因。如果母親的基因是 Aa，那麼子女的基因是 Aa 的機率為 50%，基因是 aa 的機率為 50%，因此子女的患病機率為 50%，而且 100%是遺傳性疾病基因帶原者。

表 2-6 顯性遺傳基因組合及患病機率

父親	母親	組合 1	組合 2	組合 3	組合 4	患病機率
AA	AA	AA	AA	AA	AA	100
AA	Aa	AA	Aa	AA	Aa	100
AA	aa	Aa	Aa	Aa	Aa	100
Aa	Aa	AA	Aa	Aa	aa	75
Aa	aa	Aa	aa	Aa	aa	50
aa	aa	aa	aa	aa	aa	0

表 2-6 給出顯性基因遺傳疾病的所有可能基因組合以及對應的患病機率，讀者如果有興趣，可以自己計算一下隱性基因遺傳疾病對應的患病機率。

知識擴展

色盲的遺傳圖譜

色盲是一種先天性的色覺障礙，人們已經對這個疾病有了深入的研究。一般認為紅綠色盲屬於 X 性聯隱性遺傳，這是怎麼一回事呢？我們在這裡簡單地介紹一下。

人體中只有一對性染色體，它決定人的性別。男人的性染色體為 XY，女人的性染色體為 XX。因此，一對夫婦生下的小孩是男孩或女孩的機率都是 1/2，如圖 2-2 所示。

父親的性染色體一定是 XY，母親的性染色體一定是 XX，這樣他們生下孩子的性染色體來源及性別，就有以下幾種可能：

（1）父親的 X 染色體＋母親的第一個 X 染色體＝ XX，女孩；（2）父親的 X 染色體＋母親的第二個 X 染色體＝ XX，女孩；（3）父親的 Y 染色體＋母親的第一個 X 染色體＝ XY，男孩；（4）父親的 Y 染色體＋母親的第二個 X 染色體＝ XY，男孩。

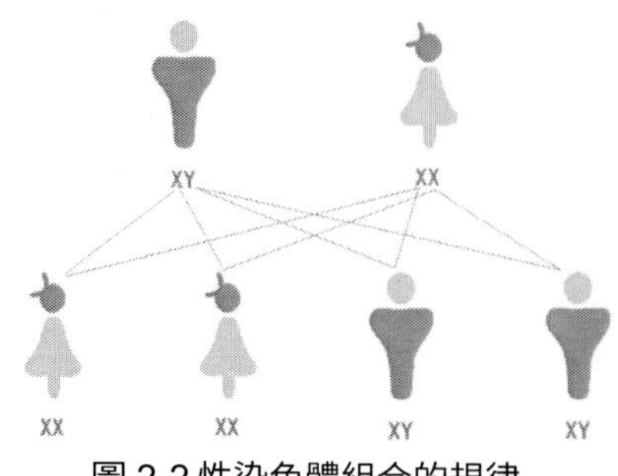

圖 2-2 性染色體組合的規律

男孩的 Y 染色體來自父親，X 染色體來自母親；女孩的一個 X 染色體來自父親，一個 X 染色體來自母親。因此一對夫婦生下的小孩是男孩或女孩的機率都是 1/2，也正因如此，人類的男女人數比例應保持在 1：1 左右才算正常。

每個性染色體上都有基因。由位於 X 染色體上的隱性致病基因引起的遺傳性疾病，稱為 X 性聯隱性遺傳疾病，常見的 X 性聯隱性遺傳疾病有血友病、色盲、家族性遺傳性視神經萎縮等。

色盲就是一種典型的 X 性聯隱性遺傳疾病。我們用 b 表示色盲致病基因，B 表示色盲非致病基因。b 或 B 都需要附著在 X 染色體上，我們用 X^b 表示附著了色盲致病基因 b 的 X 染色體，用 X^B 表示附著了色盲非致病基因 B 的 X 染色體。色盲基因屬於隱性基因，對男性而言，因為僅有一條 X 染色體，所以如果他的性染色體為 X^bY，那麼他一定就是色盲患者，如果他的性染色體為 X^BY，那他就不是色盲患者；對女性而言，因為有兩條 X 染色體，因此需有一對致病的等位基因才會表現異常，即只有她的性染色體為 X^bX^b 才會表現為色盲，其他的情況下（X^BX^b，X^BX^B，X^bX^B）都表現正常。

了解以上的知識後，我們就可以釐清色盲的遺傳規律。

一對夫婦，如果丈夫和妻子都正常，那麼他們的孩子是色盲患者的機率有多少呢？

因為丈夫正常，所以丈夫的性染色體為 X^BY。雖然妻子表現正常，但因為色盲基因是隱性基因，妻子的性染色體可以是 X^BX^b 或 X^BX^B。所以孩子患色盲機率需要分類討論。

（1）妻子的性染色體為 X^BX^B。

這種情況下，孩子是不會遺傳色盲基因的，因為父母的染色體中都不具有色盲的致病基因。

(2) 妻子的性染色體為 X^BX^b。

這種情況下，孩子患色盲的機率如圖 2-3 所示。

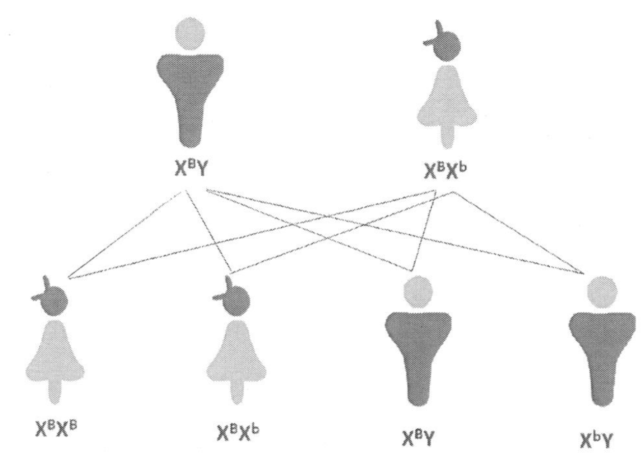

圖 2-3 孩子患色盲的機率圖譜

如圖 2-3 所示，如果妻子的性染色體為 X^BX^b，那麼他們的女兒不會患有色盲，但會有 1/2 的可能攜帶致病基因而遺傳給後代。相比之下，他們的兒子有 1/2 的可能患有色盲，另有 1/2 的可能是正常且不帶色盲的致病基因。

一對夫婦，如果丈夫和妻子都是色盲患者，那麼他們的孩子是色盲患者的機率是多少呢？答案是他們的孩子（無論男孩還是女孩）都會是色盲患者。

如果一對夫婦，丈夫是色盲患者，妻子正常，他們的孩子是色盲患者的機率是多少呢？如果一對夫婦，丈夫正常，妻子是色盲患者，他們的孩子是色盲患者的機率又是多少呢？有興趣的讀者可以自己算一下。

2.4
街頭的騙局

記得小時候在街頭巷尾經常有一群人以免費為噱頭，吸引大家參與抽獎，參與者一般都會被花言巧語所欺騙，以為自己撿到大便宜了，殊不知裡面暗藏了機關。我們下面就來看看這種抽獎遊戲是怎麼騙人的。

一種比較常見的抽獎遊戲是摸棋子。遊戲規則是在一個單面敞開的盒子裡，有十二個象棋子，六個紅色的兵和六個黑色的卒，遊戲參與者從盒子裡隨機摸出六個棋子，中獎規則如表 2-7 所示。

表 2-7 中獎規則

獎項	中獎方式	獎勵
特等獎	六個紅兵或者六個黑卒	免費獲得五百元
一等獎	五個紅兵、一個黑卒或者一個紅兵、五個黑卒	免費獲得一百元
二等獎	四個紅兵、兩個黑卒或者兩個紅兵、四個黑卒	免費再來一次
三等獎	三個紅兵、三個黑卒	僅需一百元換購價值三百元的進口沐浴組

乍聽這個遊戲非常划算，在所有的抽獎結果裡，只有一種結果需要花錢買東西，聽起來好像穩賺不賠，可實際情況卻大相逕庭，大多數的遊戲參與者，最後都乖乖掏錢買了進口沐浴組，這個所謂的進口商品，只是一個包裝上全是英文的產品，價值不超過二十元。其實這個結果並不奇怪，我們從機率的角度就可以輕而易舉地揭穿這個騙局。

分析

看起來只有一種情況需要花錢買東西，實際上由於每種情況的機率不同，因此不能簡單以種類的多少來衡量中獎的比例。我們在圖 2-4 中，用黑白兩色表示黑卒和紅兵，下面就計算一下每種結果的機率各是多少。

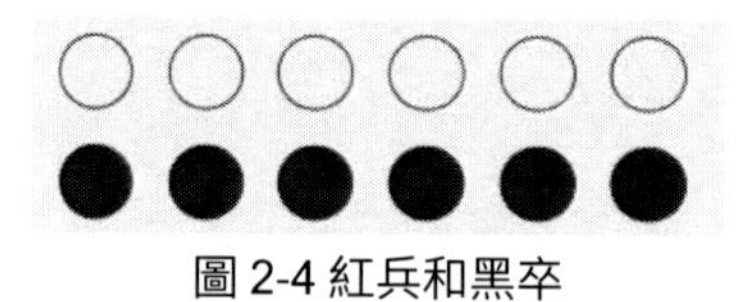
圖 2-4 紅兵和黑卒

首先看一下一共有多少種抽取結果。遊戲規則是從十二個棋子中隨機抽取六個，這符合排列組合中組合的概念，因此抽取結果可能有

$$C_{12}^{6}=\frac{12\times11\times10\times9\times8\times7}{6!}=924$$

我們再看一下抽取五個紅兵和一個黑卒有多少種可能，這其實等價於抽取一個紅兵和五個黑卒的可能。抽取方法相當於從六個紅兵中抽取五個紅兵，然後再從六個黑卒中抽取一個黑卒，因此抽取結果可能有：

$$C_{6}^{5}\times C_{6}^{1}=\frac{6\times5\times4\times3\times2}{5!}\times\frac{6}{1!}=36$$

透過上面得到的結果，我們可以算出一等獎的中獎機率為 7.7922%。根據同樣的計算方法，我們可以得到表 2-8 所示各個獎項的中獎機率。

表 2-8 各個獎項的中獎機率

獎項	中獎機率
特等獎	$P_0=2\times\frac{C_6^6}{C_{12}^6}=\frac{2}{924}=0.216\,5\%$
一等獎	$P_1=2\times\frac{C_6^5\times C_6^1}{C_{12}^6}=\frac{72}{924}=7.792\,2\%$
二等獎	$P_2=2\times\frac{C_6^4\times C_6^2}{C_{12}^6}=\frac{450}{924}=48.701\,3\%$
三等獎	$P_3=\frac{C_6^3\times C_6^3}{C_{12}^6}=\frac{400}{924}=43.290\,0\%$

透過計算各個獎項的中獎機率，不難看出，超過九成的參與者，會處於獲得二等獎和三等獎的區間，只有一小部分會落入最終免費得到獎金的特等獎和一等獎區間。所以說天下沒有白吃的午餐，這種看起來穩賺不賠的遊戲背後，竟然也隱藏著一個陷阱，小便宜還是不要貪圖為好。

知識擴展

排列與組合

排列組合是數學中的一個基本概念，也是研究機率統計的基礎。排列與組合二者既有關聯又有差別。所謂排列，就是指從給定個數的元素中，取出指定個數的元素進行排序；而組合指的是從給定個數的元素中，僅僅取出指定個數的元素，而不考量排序問題。我們可以透過下面這兩個例子來理解排列與組合的概念。

問題一：從編號為 1 ～ 5 的 5 個球中，任意摸取 3 個球，共有多少種可能的結果？

這就是一個典型的組合問題。因為題目中要求計算摸到 3 個球有多少種可能的結果，而每一個結果只是一組編號的組合，與這組編號的排列無關。例如摸到的三個球編號分別是 1，3，5，那麼這個組合就是一種結果，它完全等價於組合（1，5，3），（3，1，5），（3，5，1），（5，1，3），（5，3，1）。也就是說，這裡我們考量的重點是摸到的 3 個球包含了哪些編號，而並不考量這些編號的球是怎樣排列的。

計算組合數的方法很簡單，可以套用下面的公式：

$$C_m^n = \frac{m\times(m-1)\times\cdots\times(m-n+1)}{n!}$$

其中C_m^n表示從 m 個數中任取 n 個數可能的組合數。很顯然，當 m = n 時，上述公式變為：

$$C_m^m = \frac{m\times(m-1)\times\cdots\times 1}{m!} = \frac{m!}{m!} = 1$$

這裡要計算從編號為 1 ～ 5 的 5 個球中，任取 3 個球可能的組合數，應用上面的公式便可以很容易地計算出組合數為

$$C_5^3 = \frac{5\times 4\times 3}{3!} = 10$$

對應的每種組合結果，如表 2-9 所示。

表 2-9 從編號為 1 ～ 5 的 5 個球中任取 3 個球可能的組合

結果編號	球的編號組合
第 1 組結果	1，2，3
第 2 組結果	1，2，4
第 3 組結果	1，2，5

第 4 組結果	1，3，4
第 5 組結果	1，3，5
第 6 組結果	1，4，5
第 7 組結果	2，3，4
第 8 組結果	2，3，5
第 9 組結果	2，4，5
第 10 組結果	3，4，5

問題二：抽獎箱中共有 5 個球，編號為 1 ～ 5，隨機摸取 3 個球，並組成一個 3 位數號碼，請問有多少種中獎號碼？

與問題一不同，這是一個典型的排列問題。從問題一的答案中，我們知道從 5 個球中摸取 3 個球，可能有 10 種不同的結果。但這裡還要將摸到的 3 個球的編號組成一個 3 位數號碼作為中獎號碼，因此我們還要考量這 3 個球編號的排列問題。例如摸到的三個球的編號分別是 1，3，5，那麼將這 3 個編號組成一個 3 位數，就可能有 135、153、315、351、513、531 這 6 種排列方式，因此，這裡不但要考量摸到的 3 個球編號是什麼，還要考量這 3 個編號如何排列組成一個 3 位數。

計算排列數的方法也可以套用下面這個公式：

$$P_m^n = m\times(m-1)\times\cdots\times(m-n+1)$$

其中 P_m^n 表示從 m 個數中任取 n 個數並進行排列，所得到的全部結果的個數。很顯然，當 m ＝ n 時，上述公式變成：

$$P_m^m = m\times(m-1)\times\cdots\times1 = m!$$

這樣的排列也稱為 m 的全排列。

問題二的描述是從編號為 1 ～ 5 的 5 個球中任取 3 個球，並將其編號進行排列，組成一個 3 位數號碼，要計算 3 位數號碼共有多少個，根據上述公式，可得

$$P_5^3=5\times 4\times 3=60$$

也就是說，共有 60 種中獎號碼。

2.5
先抽還是後抽

班導想在班上選一名同學代表整個班級參加升旗典禮，同學們報名非常踴躍，大家都想爭得這個榮譽。最後僵持不下，有八名同學符合申請資格，為了公平起見，班導用抽籤決定最終的結果。八名同學爭先恐後地想第一個抽籤，沒有人願意排在最後，因為大家都覺得先抽籤比較有利，抽中的機率更大，事實真的是這樣嗎？抽籤的先後順序會不會影響抽籤結果呢？

分析

我們為每位同學定一個抽籤順序，從第一位抽籤的同學開始，計算每一位同學抽中的機率是多少。

同學甲第一個抽籤，這時候處於圖 2-5 所示的狀態 —— 八個籤都還沒有被抽取，其中有一個籤代表被抽中（實心的圓圈），可以參加升旗典禮，其餘七個籤代表未抽中（空心的圓圈），不能參加升旗典禮。同學甲從八個籤裡面選擇一個籤，只有一種可能中籤，因此中籤機率是 $1/8 = 0.125$，而未中籤機率是 $7/8 = 0.875$。

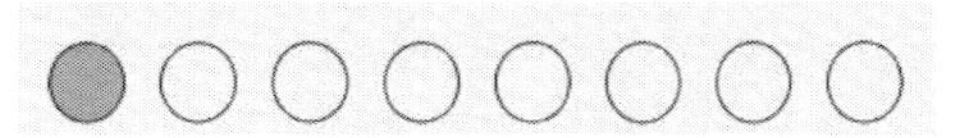

圖 2-5 同學甲抽籤的初始狀態

同學乙第二個抽籤，這時還剩七個籤，我們分兩種情況計算機率。如果同學甲已經抽中，狀態如圖 2-6 所示，那麼剩餘的七個籤，無論同學乙如何選擇，都不可能抽中；如果同學甲沒有抽中，狀態如圖 2-7 所示，那麼剩餘的七個籤裡，有一個代表中籤，同學乙需要在剩餘七個籤中抽取一個。我們把兩種情況的機率相加，就是同學乙的中籤機率。

$$P = P_1 + P_2 = \frac{1}{8}\times 0 + \left(1-\frac{1}{8}\right)\times\frac{1}{7} = \frac{1}{8} = 0.125$$

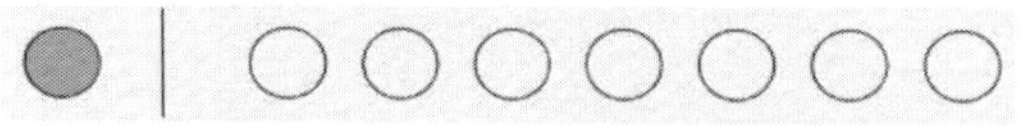

圖 2-6 同學甲中籤後的狀態

圖 2-7 同學甲未中籤的狀態

透過上述的機率計算，我們發現同學甲和同學乙的中籤機率是相同的，也就是第一個抽籤和第二個抽籤的中籤機率相同，這個難道是巧合嗎？為了證明這一點，我們再計算一下同學丙的中籤機率。

同學丙第三個抽籤，這時還剩六個籤，我們同樣用計算同學乙的方法來計算同學丙，還是分兩種情況計算機率。如果同學甲或同學乙已經抽中，狀態如圖 2-8 所示，那麼剩餘的六個籤，無論同學丙如何選擇，都不可能抽中；如果同學甲和同學乙都沒有抽中，狀態如圖 2-9 所示，那麼剩餘的六個籤裡，有一個代表中籤，同學丙需要在剩餘六個籤中抽取一個。我們把兩種情況的機率相加，就是同學丙的中籤機率。

$$P=P_1+P_2=\left(\frac{1}{8}+\frac{1}{8}\right)\times 0+\left(1-\frac{1}{8}-\frac{1}{8}\right)\times\frac{1}{6}=\frac{1}{8}=0.125$$

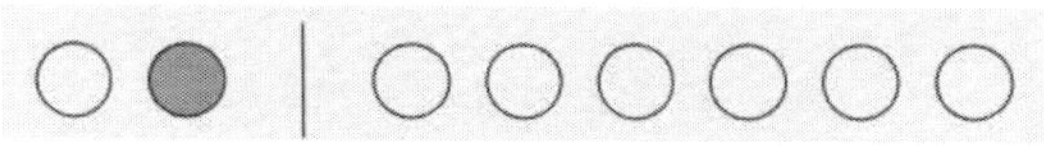

圖 2-8 甲或乙中籤後的狀態

圖 2-9 甲和乙都沒中籤的狀態

我們用同樣的方法可以計算出其他六名同學的中籤機率。我們將全部八位同學的中籤機率，用表 2-10 記錄下來。

表 2-10 每位同學的中籤機率

	中籤機率
同學甲	$P=\frac{1}{8}=0.125$
同學乙	$P=P_1+P_2=\frac{1}{8}\times 0+\left(1-\frac{1}{8}\right)\times\frac{1}{7}=\frac{1}{8}=0.125$
同學丙	$P=P_1+P_2=\frac{2}{8}\times 0+\left(1-\frac{2}{8}\right)\times\frac{1}{6}=\frac{1}{8}=0.125$
同學丁	$P=P_1+P_2=\frac{3}{8}\times 0+\left(1-\frac{3}{8}\right)\times\frac{1}{5}=\frac{1}{8}=0.125$
同學戊	$P=P_1+P_2=\frac{4}{8}\times 0+\left(1-\frac{4}{8}\right)\times\frac{1}{4}=\frac{1}{8}=0.125$
同學己	$P=P_1+P_2=\frac{5}{8}\times 0+\left(1-\frac{5}{8}\right)\times\frac{1}{3}=\frac{1}{8}=0.125$
同學庚	$P=P_1+P_2=\frac{6}{8}\times 0+\left(1-\frac{6}{8}\right)\times\frac{1}{2}=\frac{1}{8}=0.125$
同學辛	$P=P_1+P_2=\frac{7}{8}\times 0+\left(1-\frac{7}{8}\right)\times 1=\frac{1}{8}=0.125$

透過觀察表 2-10 的結果，不難發現同學無論排在第幾個抽籤，中籤機率是相同的。之所以人們在很多情況下願意先抽，多半是因為擔心一旦前面的人抽中，自己就沒有機會了；如果先抽，命運肯定會掌握在自己手中。但是被忽略的一點是，如果前面的人沒有抽中，那麼後面的人抽中的機率就會增加，綜合兩種情況，可以得出中籤機率不受抽籤先後順序影響的結論。

知識擴展

條件機率與全機率

條件機率是指假設有兩個事件 A 和 B，在事件 B 已經發生的情況下，事件 A 發生的機率，也稱為 B 條件下 A 的機率。條件機率用公式表示如下：

$$P(A|B)=\frac{P(AB)}{P(B)}$$

在條件機率公式中，P（A|B）表示條件機率，也就是事件 B 發生的情況下，事件 A 發生的機率；P（AB）表示事件 A 和事件 B 同時發生的機率；P（B）表示事件 B 發生的機率。公式看起來似乎有點抽象，我們透過一個具體的例子來說明條件機率公式是如何運用的。

假設有三個骰子，已知在擲出的結果中，三個骰子的點數都不同，那麼三個骰子中含有六點的機率是多少？

在運用條件機率公式時，首先要確定事件 A 和事件 B，對擲骰子的問題來說，事件 A 是「三個骰子中含有六點」，事件 B 是「三個骰子中點數各不相同」。

確立了兩個事件之後，首先要求解事件 B 發生的機率，也就是三個骰子點數各不相同的機率。這個問題相對比較簡單，我們只需要知道所有點陣列合的種類以及其中三個骰子點數各不相同的組合種類，就能計算出事件 B 的機率。由於每個骰子有六種可能的點數，因此，三個骰子所有的點陣列合有 6×6×6 種。要保證三個骰子點數各不相同，第一個骰子有六種可選的點數；第二個骰子不能與第一個骰子點數相同，因此有五種可選的點數；第三個骰子與前兩個點數都不能相同，因此有四種可選的點數。綜上所述，三個骰子點數各不相同的組合有 6×5×4 種，由此我們可以得到事件 B 發生的機率：

$$P(\mathrm{B})=\frac{6\times5\times4}{6\times6\times6}=\frac{5}{9}$$

接下來就要求解事件 A 和事件 B 同時發生的機率，也就是三個骰子點數各不相同，且其中有一個六點的機率。同理，我們也需要知道所有點陣列合的種類，以及其中三個點數各不相同且包含六點的組合種類，進而計算出事件 A 和事件 B 同時發生的機率。我們已知其中有一個骰子的點數為六點，這個骰子可以是三個骰子中的任意一個；第二個骰子為了點數各不相同，因此只有五種點數選擇；第三個骰子只有四種點數選擇。綜上所述，三個骰子點數各不相同，且其中有一個六點的組合，有 3×5×4 種，由此我們可得事件 A 和事件 B 同時發生的機率：

$$P(\mathrm{AB})=\frac{3\times5\times4}{6\times6\times6}=\frac{5}{18}$$

最後我們再用條件機率公式就可以得到如果三個骰子的點數都不同，那麼其中含有六點的機率：

$$P(\mathrm{A}|\mathrm{B})=\frac{P(\mathrm{AB})}{P(\mathrm{B})}=\frac{1}{2}$$

全機率是將一個複雜的機率問題轉化為不同條件下發生的一系列簡單機率的求和問題，全機率公式如下：

$$P(\mathrm{A})=P(\mathrm{A}|\mathrm{B}_1)\times P(\mathrm{B}_1)+P(\mathrm{A}|\mathrm{B}_2)\times P(\mathrm{B}_2)+\cdots+P(\mathrm{A}|\mathrm{B}_n)\times P(\mathrm{B}_n)$$

在全機率公式中，B_1、$\mathrm{B}_2\cdots\mathrm{B}_n$ 構成了一個完備的事件組，它們兩兩之

間沒有交集，且合併起來成為全集。由於公式是抽象的，不便於理解，我們還是用一個例子來說明全機率公式如何應用。

假設有三架轟炸機分別攜帶一枚導彈對敵軍堡壘進行轟炸，三架轟炸機命中敵軍堡壘的機率分別為 0.4，0.5 和 0.7，如果命中，堡壘被擊中一、二、三次後，被摧毀的機率分別為 0.2，0.6 和 0.8。那麼，在三架轟炸機一輪轟炸結束後，敵軍堡壘被摧毀的機率是多少？

在全機率公式中，我們首先也要確定事件。事件 A 為堡壘被摧毀，事件 B_n 為一共 n 架轟炸機命中堡壘。根據全機率公式，我們可以得到：

$$P(A)=P(A|B_1)\times P(B_1)+P(A|B_2)\times P(B_2)+P(A|B_3)\times P(B_3)$$

其中 $P(A|B_1)\times P(B_1)$ 表示只有一架轟炸機命中堡壘，且將堡壘摧毀的機率；$P(A|B_2)\times P(B_2)$ 表示其中兩架轟炸機命中堡壘，且將堡壘摧毀的機率；$P(A|B_3)\times P(B_3)$ 表示三架轟炸機全部命中堡壘，且將堡壘摧毀的機率。我們將這三個機率相加，就得到三架轟炸機經過一輪轟炸後，堡壘被摧毀的機率。

首先分析只有一架轟炸機命中堡壘的機率。只有一架轟炸機命中堡壘有三種情況，第一架轟炸機命中而第二架、第三架沒有命中，其機率為 $0.4\times0.5\times0.3$；或第二架轟炸機命中而第一架、第三架沒有命中，其機率為 $0.6\times0.5\times0.3$；或第三架轟炸機命中而第一架、第二架沒有命中，其機率為 $0.6\times0.5\times0.7$。綜上所述，三架轟炸機只有一架轟炸機命中堡壘的機率為 $0.4\times0.5\times0.3+0.6\times0.5\times0.3+0.6\times0.5\times0.7=0.36$。

我們再分析有兩架轟炸機命中堡壘的機率。兩架轟炸機命中堡壘仍然有三種情況，第一架、第二架轟炸機命中但第三架沒有命中，其機率為 $0.4\times0.5\times0.3$；或第一架、第三架轟炸機命中而第二架沒有命中，其機率為 0.4×0.5×0.7；或第二架、第三架轟炸機命中而第一架沒有命中，其機率為 0.6×0.5×0.7。綜上所述，三架轟炸機有兩架轟炸機命中堡壘的機率為 0.4×0.5×0.3 ＋ 0.4×0.5×0.7 ＋ 0.6×0.5×0.7 ＝ 0.41。

三架轟炸機全部命中堡壘的機率為 0.4×0.5×0.7 ＝ 0.14。

其實，我們在計算「先抽還是後抽」這個問題時，應用的就是全機率公式。以計算乙同學中籤的機率為例，設 $A_{甲}$表示「甲同學中籤」這個事件，$A_{乙}$表示「乙同學中籤」這個事件，因為乙同學是第二個抽籤者，所以在乙同學抽籤時，只存在兩種可能的情形 —— 甲同學已中籤和甲同學未中籤，這裡事件 $A_{甲}$和事件 $\neg A_{甲}$（表示甲同學未中籤，讀作 A 事件的「非」）構成了一個完備組，即 $P(A_{甲})+P(\neg A_{甲})=1$。因此，這裡可以使用全機率公式求解乙同學中籤的機率：

$$P(A_{乙})=P(A_{乙}|A_{甲})P(A_{甲})+P(A_{乙}|\neg A_{甲})P(\neg A_{甲})$$

因為

$$P(A_{甲})=\frac{1}{8},\ P(A_{乙}|A_{甲})=0,\ P(\neg A_{甲})=\frac{7}{8},\ P(A_{乙}|\neg A_{甲})=\frac{1}{7},$$

所以

$$P(A_{乙})=\frac{1}{8}\times 0+\left(1-\frac{1}{8}\right)\times\frac{1}{7}=\frac{1}{8}=0.125。$$

2.6 賭徒的分錢問題

曾經有一個賭徒對法國數學家帕斯卡提出一個問題：甲、乙兩個人賭博，他們兩人獲勝的機率相等，比賽規則是先勝三局者為贏家，一共進行五局，贏家可以獲得 100 法郎的獎勵。當比賽進行到第四局時，甲勝了兩局，乙勝了一局，這時由於某些原因必須中止比賽（第四局比賽尚未開始），那麼如何分配這 100 法郎才比較公平？請給出你的分配方案。

分析

如何分配這 100 法郎才比較公平呢？因為尚未完成比賽，所以我們無法根據最終的比賽結果來分配這 100 法郎。但我們可以基於已有的比賽結果，對最終勝負做出預測，並根據甲、乙兩人各自獲勝的機率來進行分配，這也是一種公平的分配方案。例如經過計算，得到最終甲獲勝的機率為 60%，乙獲勝的機率為 40%，那麼甲分得 60 法郎，乙分得 40 法郎才是最合理的。

以下我們就來看看如何基於已有的比賽結果，計算最終甲和乙獲勝的機率。

已知比賽採取五局三勝制，同時甲、乙兩人已經比了三局，甲勝兩局，乙勝一局，如果繼續比賽，甲最終獲勝的機率有多大呢？我們可以這樣思考：如果第四局比賽甲獲勝，那麼甲就贏了三局，所以甲最終獲勝。但這並不是全部的可能，如果第四局的比賽是乙獲勝，則第四局後甲、乙各贏兩局，因此還要用第五局比賽定勝負。所以在計算甲的獲勝機率時，必須考量這兩種情況，這其實就是一個全機率問題。

設事件 A 表示甲最終獲勝，事件 B 表示甲贏得了第四局比賽，那麼根據全機率公式，可知 $P(A) = P(A|B)P(B) + P(A|\neg B)P(\neg B)$。接下來只要分別計算出 $P(B)$，$P(A|B)$，$P(\neg B)$ 和 $P(A|\neg B)$ 這四個機率，就可以得到 $P(A)$，也就是甲最終獲勝的機率。

根據題目可知，每一局賭博中，甲、乙兩人獲勝的機率都是相等的，所以甲贏得第四局賭博的機率 $P(B) = 50\%$。同時如果第四局賭博甲獲勝，那麼甲將 100%地贏得最終比賽，即 $P(A|B) = 100\%$，所以 $P(A|B)P(B)$ 的值為 $50\% \times 100\% = 50\%$。

當然甲仍有 50%的機率輸掉第四局，即 $P(\neg B) = 50\%$，一旦甲輸掉了第四局賭博，就要進行第五局，在第五局中甲還有 50%的機率獲勝，因此甲在輸掉第四局的條件下，最終獲勝的機率為 $P(A|\neg B) = 50\%$，所以 $P(A|\neg B)P(\neg B)$ 的值為 $50\% \times 50\% = 25\%$。

綜上所述，甲如果繼續比賽，最終獲勝的機率為 $50\% \times 100\% + 50\% \times 50\% = 75\%$。

至於乙最終獲勝的機率，可直接用 1 減掉甲獲勝的機率 75%，結果是 25%。當然也可以使用全機率公式計算這個機率，設事件 A 表示乙最終獲勝，事件 B 表示乙贏得第四局比賽，根據全機率公式，可知 $P(A) = P(A|B)P(B) + P(A|\neg B)P(\neg B)$。

因為每一局賭博中，甲、乙兩人獲勝的機率都是相等的，所以乙贏得第四局賭博的機率 $P(B) = 50\%$。如果在第四局中乙獲勝，則此時甲、

乙兩方平手，仍要進行第五局定勝負。在第五局中，乙仍有 50%的獲勝機率，因此在乙贏得第四局的條件下，乙最終獲勝的機率為 $P(A|B) = 50\%$。所以 $P(A|B)P(B)$ 的值為 $50\% \times 50\% = 25\%$。

當然乙也有 50%的可能性輸掉第四局的賭博，即 $P(\neg B) = 50\%$。如果在第四局中乙失敗，則宣告甲獲勝，此時乙獲勝的機率為 $P(A|\neg B) = 0$。

綜上所述，乙如果繼續比賽，最終獲勝的機率為 $50\% \times 50\% + 0 \times 50\% = 25\%$。

因此最合理的分配方法是：賭徒甲獲得 $100 \times 75\% = 75$ 法郎，賭徒乙獲得 $100 \times 25\% = 25$ 法郎。

2.7
幾局幾勝

校園裡舉辦乒乓球比賽，對比賽規則，大家都爭論不休，爭論的焦點是應該選擇三局兩勝還是五局三勝。贊成前者的人表示，三局兩勝可以讓比賽快速進行，不會拖得很久；贊成後者的人認為，五局三勝可以讓比賽更加跌宕起伏，增加比賽的可看性。但細心的體育老師發現一個有趣的現象，凡是贊成三局兩勝的，大多是乒乓球實力較差的選手；而贊成五局三勝的，大多是實力較佳的選手，這有什麼奧祕嗎？

分析

為了分析問題，我們先思索一個最簡單的情況。假設同學甲和同學乙進行比賽，同學甲的實力較佳，每局比賽獲勝的機率為 60%，而同學乙的實力稍差，每局比賽獲勝的機率為 40%。這裡只考量兩個人都正常發揮，不考量某人超水準發揮或失常的情況。如果是一局定勝負，也就是只比賽一局，那麼比賽結果只能是 1：0 或 0：1。顯而易見，同學甲獲得比賽勝利的機率為 60%，而同學乙獲得比賽的勝率為 40%，如表 2-11 所示。

表 2-11 一局定勝負的結果機率

甲乙比分	結果機率
1：0	60%
0：1	40%

如果賽制是三局兩勝，那麼比賽結果可能是 2：0，2：1，1：2，0：2。我們分別計算每種比分的機率，如表 2-12 所示，得出同學甲和同學乙獲得比賽勝利的機率。

表 2-12 三局兩勝的結果機率

甲乙比分	結果機率
2：0	$0.6\times0.6=36\%$
2：1	$2\times0.6\times0.4=28.8\%$
1：2	$2\times0.6\times0.4=19.2\%$
0：2	$0.4\times0.4=16\%$

這裡需要解釋一下每種機率的計算方法。先看一下 2：0 的比分機率，該比賽結果表示同學甲連勝兩局，由於同學甲每局比賽獲勝機率為 60%，因此連勝兩局的機率為 60% ×60%，結果為 36%，同理可以計算出 0：2 的比分機率為 16%。

再看一下 2：1 的比分機率，該結果表示三局比賽中，同學甲獲得兩勝，同學乙獲得一勝的機率，很容易想到 60% ×60% ×40%，機率為 14.4%。但是該結果需要乘以 2，原因是同學乙獲勝的一局中，可以是第一局或第二局，也就是同學甲獲勝的兩局中，可以是一、三局或二、三局。對同學甲來說，比賽結果可能是勝、負、勝或者負、勝、勝，因此，最終結果是 2×60% ×60% ×40%，機率為 28.8%，同理可以算出 1：2 的比分機率為 19.2%。

透過計算每種比分出現的機率，進而可以得出在賽制為三局兩勝的情況下，同學甲獲得比賽勝利的機率為 36%＋ 28.8%＝ 64.8%，同學乙獲得比賽勝利的機率為 19.2%＋ 16%＝ 35.2%。與一場定勝負的賽制相比，同學甲獲勝的機率有所提升，而同學乙獲勝的機率反而有所下降，也就是說，實力更強的選手，獲勝的機率更高了。

如果賽制是五局三勝，那麼各種比分的機率如表 2-13 所示。

表 2-13 五局三勝的結果機率

甲乙比分	結果機率
3：0	$0.6\times0.6\times0.6 = 21.6\%$
3：1	$3\times0.6\times0.6\times0.6\times0.4 = 25.92\%$
3：2	$6\times0.6\times0.6\times0.6\times0.4\times0.4 = 20.736\%$
2：3	$6\times0.6\times0.6\times0.4\times0.4\times0.4 = 13.824\%$
1：3	$3\times0.6\times0.4\times0.4\times0.4 = 11.52\%$
0：3	$0.4\times0.4\times0.4 = 6.4\%$

透過計算每種比分出現的機率，進而可以得出在賽制為五局三勝的情況下，同學甲獲得比賽勝利的機率為 21.6%＋ 25.92%＋ 20.736%＝68.256%，同學乙獲得比賽勝利的機率為 13.824%＋ 11.52%＋ 6.4%＝31.744%。與一場定勝負和三局兩勝的賽制相比，同學甲獲勝的機率更高了，而同學乙獲勝的機率進一步下降。

對比三種賽制後不難發現，賽制越短，對實力相對較差的選手越有利，因為爆冷門的機會更大了。而賽制越長，對實力相對較佳的選手越有利，因為賽制越長，越考驗選手的實力，越厲害的選手比賽獲勝的機率更高。

如果讀者感興趣，可以自行計算在七局四勝的賽制下，同學甲和同學乙各自獲得比賽勝利的機率。在這裡，我們可以根據上面得出的結論推斷，同學甲獲勝的機率一定會高於 68.256%。

2.8
彈珠遊戲

有一種遊戲，道具包括一顆彈珠和一塊布滿釘子的木板，木板上的釘子如圖 2-10 所示，呈三角形排列。遊戲參與者將彈珠放入頂端的入口，彈珠碰觸釘子之後，會隨機地向左或向右滾動下落，直到碰觸最底端的釘子之後滾入相應的位置，每個位置對應著某一類獎品。獎品的分布一般是越靠近兩邊區域的獎品越有價值，越靠近中間區域的獎品越廉價。其實這個簡單的遊戲裡就蘊含著機率知識。

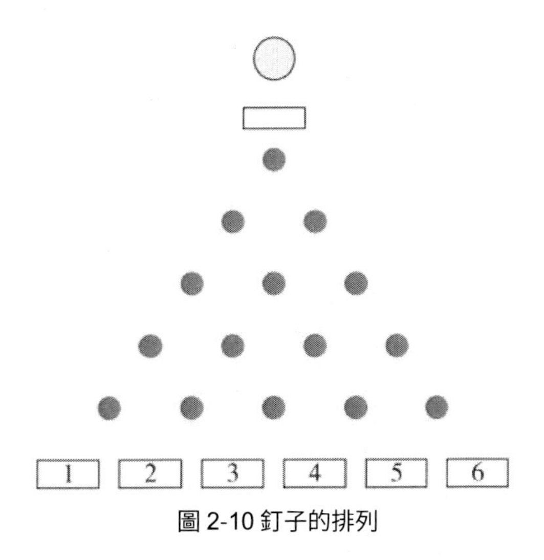

圖 2-10 釘子的排列

分析

在小球下落的過程中，向左滾動和向右滾動完全是隨機的，因此向左滾動的機率等於向右滾動的機率，均為 50%。對於小球任何一種行進路線，其機率是完全相等的。假設行進路線 A 為左右左左右，行進路線 B 為左左右右右，如圖 2-11 所示，無論哪種行進路線，小球都是經過五次選擇，每次選擇向左還是向右的機率都是 50%，因此最終行進路線為 A 的機率等於最終行進路線為 B 的機率：50% ×50% ×50% ×50% ×50% ＝ 3.125%。

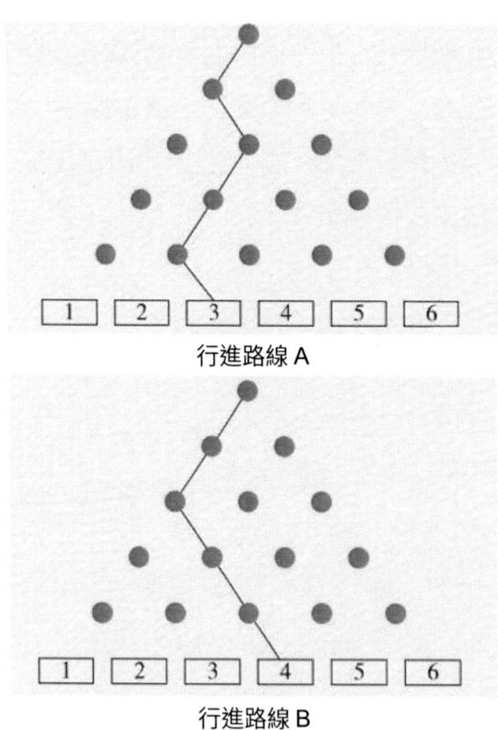

圖 2-11 A 和 B 兩種行進路線

既然每一種行進路線都是相同機率的，那麼問題就轉化為有幾種行進路線會使小球落入某一特定區域。假設有五種行進路線會使小球落入 2 號區域，那麼，小球落入 2 號區域最終的機率就是 5×3.125%。

根據對遊戲規則的描述可以獲知，如果小球最終落入 1 號區域或 6 號區域，遊戲參與者獲得的獎品價值最高，因為落入這兩個區域的機率相對其他區域要低，我們就來看一下小球落入這兩個區域的機率究竟是多少。

如果小球最終落入 1 號區域，其行進路線必然是一路向左，也就是每次與釘子發生碰觸，小球都要向左滾動下落。在落入 1 號區域之前，總共發生五次碰觸，小球具體的行進路線只有一種：左左左左左，因此落入 1 號區域的機率為 1×3.125%＝ 3.125%。我們可以透過同樣的方法，確定小球最終落入 6 號區域的行進路線也只有一種：右右右右右，機率同樣為 1×3.125%＝ 3.125%。

如果小球最終落入 2 號區域，其行進路線必然是下面幾種情況中的一種：右左左左左，左右左左左，左左右左左，左左左右左，左左左左右。經過分析可知，一共有五種行進路線，會令小球最終落入 2 號區域，因此，落入 2 號區域的機率為 5×3.125%＝ 15.625%。同理可以計算出小球最終落入 5 號區域的機率同為 15.625%。

如果小球最終落入 3 號區域，其行進路線必然是下面幾種情況中的一種：右右左左左，右左右左左，右左左右左，右左左左右，左右右左左，左右左右左，左右左左右，左左右右左，左左右左右，左左左右右。經過分析可知，一共有十種行進路線會令小球最終落入 3 號區域，因此落入 3 號區域的機率為 10×3.125%＝ 31.25%。同理可以計算出小球最終落入 4 號區域的機率同為 31.25%。

表 2-14 列出了彈珠遊戲落入 1 ～ 6 號每個區域的機率。

表 2-14 彈珠遊戲落入不同區域的機率

區域編號	落入機率
1	$1\times0.5^5=3.125\%$
2	$5\times0.5^5=15.625\%$
3	$10\times0.5^5=31.25\%$
4	$10\times0.5^5=31.25\%$
5	$5\times0.5^5=15.625\%$
6	$1\times0.5^5=3.125\%$

透過計算小球落入每個區域的機率後，不難發現，由於落入 1 號區域和 6 號區域的機率相比其他區域低很多，因此對應的獎品也最為豐厚，但實際上能夠獲得獎品的人數只占總人數的 $2\times3.125\%=6.25\%$，獲得二等獎的人數也只占總人數的 $2\times15.625\%=31.25\%$，而總人數中有 $2\times31.25\%=62.5\%$只能拿到安慰獎了。

知識擴展

布豐投針與幾何機率

如果每個事件發生的機率只與構成該事件區域的長度、面積或體積成比例，則稱這樣的機率模型為幾何機率模型。在幾何機率模型中，試驗中所有可能出現的基本事件有無窮多個，且每個基本事件出現的可能性相等。

根據上面幾何機率模型的定義，我們可以得到幾何機率模型中機率的計算公式，也就是事件 A 發生的機率：

$$P(\mathrm{A})=\frac{\text{事件A構成的區域長度(面積、體積等)}}{\text{所有基本事件構成的區域長度(面積、體積等)}}$$

我們用一個簡單的射擊問題，看看幾何機率模型在現實生活中的應用。在軍隊的射擊比賽中，參賽者需要對一系列同心圓組成的靶子進行射擊，只有射中靶心才能計分。假設靶子的半徑為 10cm，靶心的半徑為 1cm，如果參賽者射中靶子上任一位置都是等機率的，那麼在不脫靶的情況下，射中靶心的機率是多少？

根據幾何機率模型的機率公式，我們可以知道，想求得射中靶心的機率，首先需要計算靶子的面積和靶心的面積，然後透過兩者面積的比值，得到射中靶心的機率：

$$P(\mathrm{A})=\frac{\text{靶心面積}}{\text{靶子面積}}=\frac{\pi r_{\text{靶心}}^{2}}{\pi r_{\text{靶子}}^{2}}=\frac{\pi 1^{2}}{\pi 10^{2}}$$

第一次用幾何形式表達機率問題的是著名的布豐投針實驗。法國科學家布豐（Buffon）在 18 世紀提出了一種計算圓周率的方法 —— 隨機投針法。

在實驗過程中，布豐首先在一張白紙上畫出許多間距為 a 的平行線，然後用一根長度為 l（l < a）的針，向畫有平行線的紙上投擲 n 次，將針與平行線相交的次數記為 m，並計算出針與平行線相交的機率。

布豐證明了針與平行線相交的機率與圓周率存在一定的數學關係，並推算出這個機率公式為

$$P=\frac{2l}{\pi a}$$

有興趣進一步了解布豐投針試驗及其機率公式的讀者，可以參考相關的專業書籍。

仔細想想，其實「彈珠遊戲」問題的本質，也是一個幾何機率問題。由於木板上釘子的特殊幾何形狀，彈珠落入 1 ～ 6 號不同區域的機會也不盡相同，從而導致得到不同獎品的機率也存在著很大的差異。

2.9
左輪手槍

一個欠債的賭徒被債主用手槍威脅。債主拿的是一把六星左輪手槍，一開始六個膛室（彈膛、彈槽）都空著，然後債主把兩顆子彈裝入膛室，且兩顆子彈是相鄰的，然後債主用手指隨意撥動了一下手槍的轉輪，使之逆時針轉動了幾圈，並把槍口對準賭徒的頭，扣動扳機，幸運的是，第一槍沒有打出子彈。

然後債主對賭徒說：「我還要再開一槍，如果這一槍還是空彈，那麼你欠的錢一筆勾銷，否則你就只能用性命還債了！不過我給你一個機會，你可以選擇讓我直接扣動扳機，或再旋轉（逆時針旋轉）一下轉輪後再扣扳機。」請問賭徒要怎麼選擇，生還的可能性最大？

分析

要解答這個問題，首先要知道左輪手槍的基本構造和原理。如圖 2-12 所示為六星左輪手槍膛室示意圖。可以看到在手槍的轉輪上，均勻排布著 6 個膛室，且轉輪只能逆時針旋轉。手槍的撞針位置是固定的，而膛室會在每一次扣動扳機後，逆時針移動一個位置，當然用手指直接撥動轉輪也可以改變膛室的位置。當扣動扳機時，如果撞針對應的膛室中恰好裝入了子彈，則子彈將會被射出；如果撞針對應的膛室中沒有裝入子彈，則不會有子彈射出。

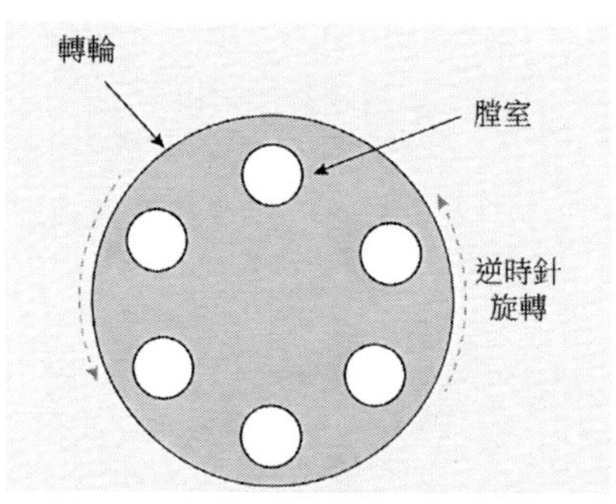

圖 2-12 左輪手槍轉輪的基本結構

了解了左輪手槍的基本構造和原理後，就可以進一步分析本題了。假設債主的左輪手槍如圖 2-13 所示，其中子彈位於膛室 E 和 F 中，但是手槍撞針的位置尚不確定。

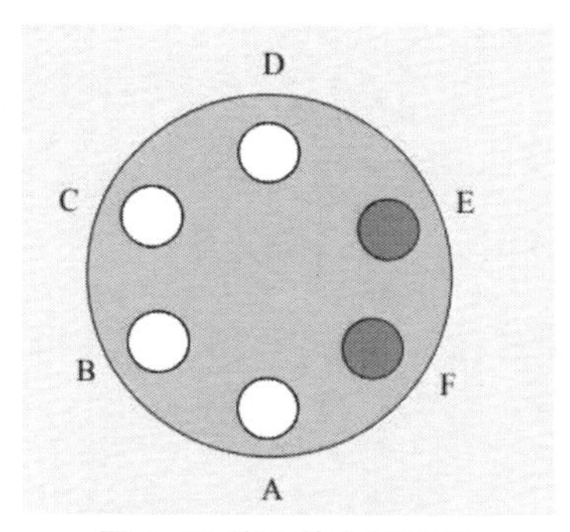

圖 2-13 債主的左輪手槍

下面計算如果債主直接開下一槍，撞針擊中子彈的機率。

因為債主第一次扣動扳機時並沒有射出子彈，所以可以斷定開第一槍時，撞針的位置只可能位於 A、B、C、D 其中一個。接下來如果不再轉動轉輪，而是直接開下一槍，要讓撞針可以擊中子彈，則最初撞針一定位於膛室 D 處。這個道理也是顯而易見的，因為膛室只能逆時針旋轉，且每次扣動扳機轉動一個膛室的位置，所以如果下一槍撞針能夠擊中子彈，則一定是擊中膛室 E 中的子彈，因此開第一槍時，撞針一定位於膛室 D 處。所以直接扣動扳機開下一槍，會射出子彈的機率，就是第一槍沒有射出子彈且撞針位於膛室 D 的機率，這個機率很顯然是 1/4。

其實也可以使用條件機率公式來計算這個機率。假設事件 A 表示第一槍沒有射出子彈，事件 B 表示第二槍射出子彈，現在需要計算的就是 $P(B|A)$ 這個條件機率。根據條件機率公式，$P(B|A) = P(AB)/P(A)$。所以我們要分別求出 $P(AB)$ 和 $P(A)$ 這兩個機率值。$P(AB)$ 表示第一槍沒有射出子彈且第二槍射出子彈的機率。根據左輪手槍的原理，只有第一槍撞針位於膛室 D 處才符合這個要求，所以 $P(AB) = 1/6$。$P(A)$ 表示第一槍沒有射出子彈的機率，顯然只要撞針位於 A、B、C、D 其中任意一點都能滿足要求，所以 $P(A) = 2/3$。所以 $P(B|A) = 1/4$。

下面計算如果債主旋轉轉輪後再扣動扳機，撞針擊中子彈的機率。

如果在開下一槍之前任意轉動轉輪，那麼第二槍能否射出子彈，就與第一槍的結果沒有任何關係了，因為它們是完全獨立的兩個事件，所以第二槍能射出子彈的機率就是 2/6，也就是 1/3。

綜合比較上述兩種情形，如果直接扣動扳機開下一槍，射出子彈的機率為 1/4；如果在開下一槍之前任意轉動左輪，射出子彈的機率為 1/3。因此賭徒應選擇直接開下一槍，這樣生還的機率會更大一些。

2.10 約會問題

甲、乙兩人相約在早上 7 點至 8 點之間見面，先到者等待 10 分鐘，如果 10 分鐘內對方不來，則約會自動取消。已知甲、乙兩人一定都會在 7 點至 8 點的某一時刻到達約會地點，請問兩人碰面的機率是多少？

分析

本題是一個非常經典同時又很有趣的機率問題，看似簡單，但如果思路不正確，則很難得出正確答案。下面我們就來看看一個非常巧妙的解法。

首先如果只考量一個人在早上 7 點至 8 點到達約會地點的情形，那麼這個人到達約會地點的時間會隨機地分布在一個長度為 60 個單位的數軸上。該數軸的原點 0 表示 7 點這個時刻，數軸上的每一個單位表示 1 分鐘，數軸上的 60 對應的時間就是 8 點這個時刻。數軸上的某一點就表示這個人到達約會地點的時間。如圖 2-14 所示。

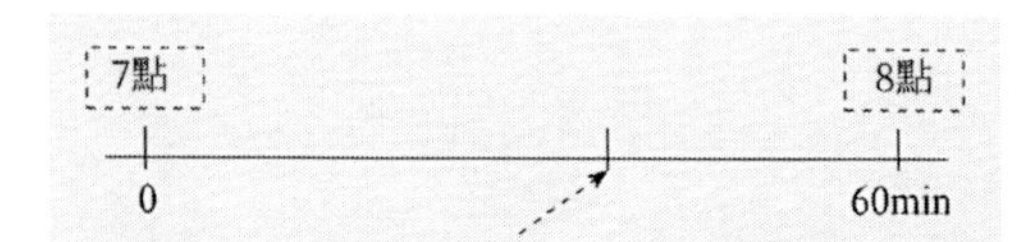

線段上隨機的一個點表示這個人到達約會地點的時間

圖 2-14 一個人到達約會地點的時間分布

如果要考量兩個人的情況，再使用上面這個一維數軸來描述，就比較吃力了。我們不妨將這個問題擴展到二維空間上：再加上一個數軸，橫軸 x 表示甲到達約會地點的時間，縱軸 y 表示乙到達約會地點的時間。如圖 2-15 所示。

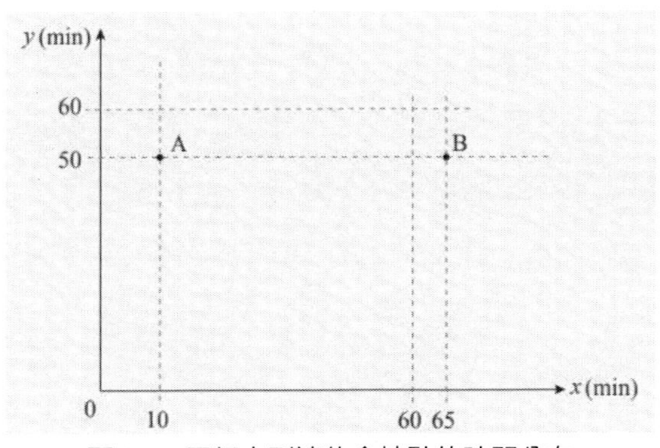

圖 2-15 兩個人到達約會地點的時間分布

如圖 2-15 所示，x 軸限定了甲到達約會地點的時間範圍，y 軸限定了乙到達約會地點的時間範圍，所以座標中框定的這個 60×60 的正方形區域內的每一個點，都對應一個甲、乙二人分別到達約會地點的時間。例如圖 2-15 中的點 A(x, y) = (10,50)，就表示「甲到達約會地點的時間為 7 點 10 分，乙到達約會地點的時間為 7 點 50 分」。當然，如果甲、乙二人在這個點上到達約會地點，他們是無法碰面的，因為這兩個時間點的間隔超過了 10 分鐘。

另外，超出這個 60×60 的正方形區域的點，則不在本題討論的範圍內，例如圖中點 B(x,y) = (65,50)，表示「甲到達約會地點的時間是 8 點 5 分，乙到達約會地點的時間是 7 點 50 分」，這個點是沒有意義的，因為題目規定「甲、乙二人一定都會在 7 點至 8 點的某一個時刻到達約會地點」。

需要注意的是，正方形區域內的點僅表示甲、乙二人分別到達約會地點的時間，並不能說明兩人是否真的碰面。有些點對應的時間是可以碰面的，而有些點對應的時間則無法碰面（例如圖 2-15 中的點 A）。

接下來我們再來思索如何描述「先到者要等待後到者 10 分鐘，如果 10 分鐘內對方不來，則約會自動取消」的問題。這句話有點抽象，如果換一種說法可能會更加清楚。其實這句話要表達的意思就是，如果兩個人到達的時間間隔在 10 分鐘以內，則兩人可以會面，否則兩人無法會面。如果用圖 2-15 所示的二維座標來描述這個問題，則可表述為：x 表示甲到達約會地點的時間，y 表示乙到達約會地點的時間，如果點 (x, y) 落入 $|x-y| \leq 10$ 的範圍內，則甲、乙可以會面，否則甲、乙無法會面。這個範圍在座標系中就是 $y=x-10$ 和 $y=x+10$ 這兩條直線之間的區域，如圖 2-16 所示。

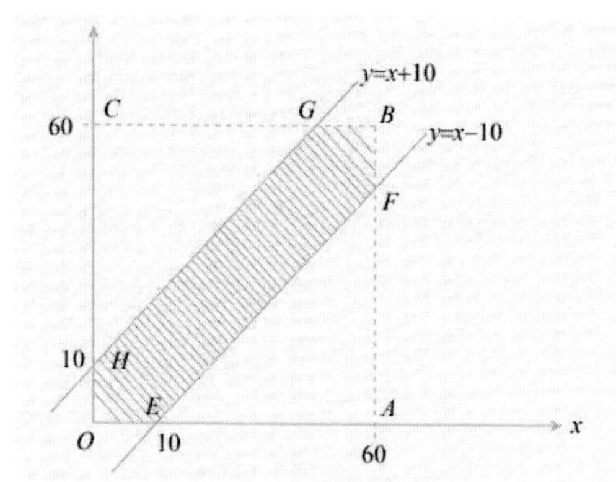

圖 2-16 甲、乙兩人達到約會地點時間間隔在 10 分鐘以內

圖 2-16 中陰影區域表示 $|x-y| \leq 10$，同時 $x \leq 60$ 且 $y \leq 60$，它的含義是，甲、乙二人在 7 點到 8 點到達約會地點，並且二人到達的時間間隔不超過 10 分鐘。也就是說，如果用 (x, y) 表示甲、乙分別到達約會地點的時間，當點 (x, y) 落入圖中的陰影區域時，二人將會碰面，否則二人將無法碰面。

現在的問題就變成計算點 (x, y) 落入陰影區域的機率，這其實是一個幾何機率問題。因為點 (x, y) 是隨機分布在圖中正方形區域的，所以它落入陰影區域的機率就是陰影區域面積與正方形面積之比。這裡有一個大前提，就是點 (x, y) 落入正方形區域中的機率是 100%，這是題目的已知條件。

如圖 2-16 所示，S 正方形 OABC = 60×60 = 3,600，S 六邊形 OEF-BGH = S 正方形 OABC − 2S 三角形 AEF = 1,100，因此甲、乙兩人碰面的機率應為 1,100/3,600 = 11/36。

2.11
鬥地主

有一種遊戲叫鬥地主，遊戲規則本身並不複雜，需要三個人參與，開始發牌的時候，每人有 17 張牌，透過叫牌決定地主和農民，底牌的 3 張由地主獲得，因此地主有 20 張牌。勝負判斷標準是：如果地主先於兩名農民出光手中的牌，就算地主獲勝；而兩名農民中只要有一名農民先於地主出光手中的牌，就算農民獲勝。

主要的出牌規則如下，實際規則可能更複雜一些。

火箭：雙王（大王和小王）

炸彈：四張同數值不同花色的牌（如四個 2 叫 2 炸；四個 K 叫 K 炸）

單牌：一張牌（如黑桃 8）

對子：數值相同的兩張牌（如紅心 9 ＋梅花 9）

三帶：數值相同的三張牌＋一張單牌或一對牌（如 777 ＋ 6 或 555 ＋ 99）

單順：五張或更多的連續單牌（如 78910JQK）

雙順：三對或更多的連續對牌（如 334455）

飛機：連續的三帶＋同數量的單牌或對牌（如 333 ＋ 444 ＋ 2 ＋ 7 或 QQQ ＋ KKK ＋ 55 ＋ 99）

這種看似簡單的紙牌遊戲裡也蘊含著機率問題，這也是數學在生活中無處不在的又一展現。下面我們就看幾個出牌時經常遇到的與機率相關的問題。

分析

1. 如果地主手中沒有大小王，那麼出現火箭的機率是多少？

既然地主沒有大小王，那麼大小王肯定在兩個農民手裡，因此大小王所有可能的分配方式有四種：大小王都屬於農民甲、大小王都屬於農民乙、大王屬於農民甲且小王屬於農民乙、小王屬於農民甲且大王屬於農民乙。透過遊戲規則可知，前兩種情況會出現火箭，因此出現火箭的機率為 $2/4 = 50\%$。所以地主手中沒有大小王時還是很危險的，農民手中有一半的機率擁有火箭。

2. 如果地主手中沒有 K，那麼出現 K 炸的機率是多少？

由於 K 在所有牌中有 4 張，因此比分析出現火箭的機率稍微複雜一些。根據規則，我們知道只有 4 張 K 都在某一個農民手裡才會出現炸彈，因此只有兩種分配方式符合需求：4 張 K 都屬於農民甲、4 張 K 都屬於農民乙。我們再看一下 4 張 K 一共有多少種分配方式，就能計算出出現 K 炸的機率。

計算 4 張 K 一共有多少種分配方式的思路非常簡單。黑桃 K 有兩種分配方式，可以屬於農民甲，也可以屬於農民乙；紅心 K 也有兩種分配方式，可以屬於農民甲，也可以屬於農民乙；梅花 K 和方塊 K 同理。因此，4 張 K 的所有分配方式為 $2\times2\times2\times2 = 16$ 種。而其中有兩種分配方式會出現炸彈，因此出現炸彈的機率為 $2/16 = 12.5\%$。可見，當地主手中缺少某一種數值的牌時，還是要提防農民手中的炸彈。

3. 地主從底牌中直接補到火箭的機率是多少？

這個問題的思路和解法要更加靈活、複雜一些。我們想像有一個具有 54 個空位的牌桌，我們隨機把 54 張牌放到 54 個空位中，一共有多少種排列方式？

放置第 1 張牌時顯然有 54 個選擇；放置第 2 張牌時已經有 1 個空位被占據，因此還剩 53 個選擇；放置第 3 張牌時已經有 2 個空位被占據，因此還剩 52 個選擇……以此類推，放置第 53 張牌時，已經有 52 個空位被占據，因此還剩 2 個選擇；放置最後一張牌時，只剩下一個選擇，因此共有 54×53×52×⋯× 3×2×1 種排列方式。

我們再看一下所有排列方式中，大小王都在底牌中的排列方式有多少種。首先放置大王，由於底牌只有 3 張牌，因此大王只有 3 個選擇；然後放置小王，由於小王也必須出現在底牌中，而且大王已經占據其中一個位置，因此小王只有 2 個選擇。其餘 52 張牌則遵從隨機排列的原則，因此共有 3×2×52×51 ×⋯×3×2×1 種排列方式。

我們將兩種排列方式的數量相除，就得到了底牌中同時出現大小王的機率為 0.21%，因此想憑藉底牌抓到火箭的機率非常低。

4. 地主從底牌中補一張王的機率是多少？

這個問題與上一個問題大同小異，我們可以用同樣的思路來解決。先考量底牌只有大王的情況，由於底牌只有 3 張牌，因此大王有 3 個選擇，而小王不在底牌中，因此小王有 51 個選擇，其餘 53 張牌隨機排列，因此底牌只補到大王有 3×51×52×51×⋯×3×2×1 種排列方式。再考量底牌只有小王的情況，底牌只有小王與底牌只有大王是完全相同的，因此底牌中出現一張王共有 2×3×51×52×51×⋯×3×2×1 種排列方式。

我們已知所有的排列方式有 54×53×52×⋯×3×2×1 種，將兩者相除，可以得到底牌出現一張王的機率為 10.69%。可見，不要輕易指望憑藉底牌翻身。

5. 地主抓牌連續抓到兩張王的機率是多少？

所謂連續抓到兩張王是指在連續的兩手牌中，分別抓到大王和小王，比如第 4 手抓到大王，第 5 手抓到小王，這通常是抓牌中最興奮的時刻，但是這種時刻的確非常罕見，所以一旦遇到，就請珍惜吧！

首先看一下大小王有多少種排列方式，還是透過占空位的方法來計算。第一張王有 54 種選擇，第二張王有 53 種選擇，因此，大小王在洗完牌後，有 54×53 種排列方式。地主想連續抓到大小王，大小王所在位置只能是（1，4），（4，7），（7，10）⋯（46，49）。這種符合要求的位置，一共有 16 種，在每一種位置中，大小王可以顛倒順序，比如在（1，4）位置對中，可以是 1 代表大王，4 代表小王，也可以是 1 代表小王，4 代表大王，因此連續抓到大小王有 16×2 種排列方式。

我們將兩種排列方式的數量相除，就得到了地主連續抓到大小王的機率為 1.12%。

透過以上對五種牌局情況進行分析，我們發現，一個小小的鬥地主遊戲，就包含了這麼多機率的知識，此外，還有很多種牌局也可以透過機率進行分析，所以，了解一些機率方面的知識，對提高牌技還是很有幫助的。

2.12
小機率事件

在日常生活中，存在著各種小機率事件，例如我們真的有幸中了超級大樂透的頭獎，當這些看似巧合的小機率事件發生時，往往伴隨著各式各樣的驚喜，那麼我們就來看看身邊還存在著哪些其他的小機率事件。

分析

場景一：隨機抽籤

就某一次隨機抽籤結果而言，中籤就可以稱作一次小機率事件，畢竟只有很少的參與者被抽中。但當我們看整個隨機抽籤的過程，中籤機率似乎比預計的要高一些。比如一個人抽了三年，終於中籤了，那麼，可以說這個人的運氣非常好嗎？

我們用逆向思維來解釋這個機率問題，也就是說，我們先計算一下三年始終沒有中籤的機率。假設每個月都有一次隨機抽籤的機會，且抽中比例始終維持恆定，三年一共會產生 36 次隨機抽籤事件，對於每一次抽籤，未中籤的機率為 99%，因此連續三年沒有抽中，意味著連續 36 次未中籤，因此機率為

$$P = 0.99^{36} \approx 0.694$$

透過計算結果我們可以看到，連續三年未中籤的機率為 70%，因此那個抽了三年終於中籤的幸運兒，屬於另外 30%的行列。根據這個結果，三年中籤也不能算特別幸運，畢竟幾乎三個人裡面就會有一個人在三年內中籤，比例也不算非常低。表 2-15 中列出幾個隨機抽籤次數與其對應的中籤機率和未中籤機率，供讀者參考。

表 2-15 隨機抽籤次數與中籤機率和未中籤機率

隨機抽籤次數	未中籤機率	中籤機率
1	0.99	0.01
12	$0.99^{12} \approx 0.8864$	0.1136
60	$0.99^{60} \approx 0.5472$	0.4528
120	$0.99^{120} \approx 0.2994$	0.7006

透過表 2-15 可以看出，如果一年內就抽中的話，的確比較幸運，因為十個人裡面才會有一個人這麼快抽中；如果五年抽中的話，基本上很正常，畢竟這時已經有幾乎一半的人已經抽中了；如果連續抽了十年還沒抽中，那就請繼續堅持吧！畢竟還有三成的人和你一樣十年如一日地堅守著……

場景二：墜機事故

墜機是一件非常可怕的事情，我們有時會在報紙上看到某航空公司的班機發生墜機事故，機上乘客和機組人員全部遇難，駭人聽聞。但有人又稱飛機是最安全的交通工具，因為與其他交通工具相比，飛機發生事故的機率最低。根據不完全統計，飛機發生重大事故的機率為一百萬分之一，的確算得上名副其實的小機率事件。

一百萬是什麼概念？就是如果每天都搭一次飛機，大約需要三千年才能搭到一百萬次。但我們顯然不能用這種簡單的算術說明需要三千年才會有一次飛機事故，這樣非常不嚴謹，需要透過機率闡述飛機的安全性。

假設一個人一生中每週都要搭一次飛機，按照平均壽命 80 年計算，這個人一生要搭 4,160 次飛機，這個數字相對普通人來說，已經是非常高了，以下就來計算看看這個人一生平安飛行的機率：

$$P = 0.999999^{4160} \approx 0.9958$$

透過計算結果，我們可以看到，即便每週都要搭飛機，在連續 80 年的情況下，仍然有相當高的機率始終不會發生飛機事故，所以說搭飛機還是很安全的。對一般人來說，恐怕只有在長途旅行和偶爾出差時會搭飛機，因此一生中搭飛機的次數要少得多，即便平均每個月都會搭一次飛機，同樣按照 80 年進行對照，一共需要搭 960 次飛機，我們再看一下機率：

$$P = 0.999999^{960} \approx 0.9990$$

計算結果告訴我們，普通人即便搭近千次飛機，發生事故的機率也只有千分之一。人們之所以對搭飛機有所擔心，主要是因為飛機一旦發生事故，存活的可能性很小，因此，有人寧願選擇速度更慢的火車或其他交通工具。

場景三：計程車交通事故

我們假設計程車司機每次出車發生交通事故的機率為千分之一，單看這個機率，顯然也是小機率事件，再看看一年無事故的機率是多少。還是透過逆向思維分析這個問題，很容易就能得到每次出車未發生交通事故的機率為 99.9%，那麼連續行駛一年，也就是出車 365 次，安全無事故的機率為：

$$P = 0.999^{365} \approx 0.6941$$

結果有點出人意料，一年內居然有三成的司機可能會發生或大或小的交通事故，可見安全行駛一次很容易，一直保持安全行駛就沒那麼容易了。那安全行駛 20 多年究竟有多不容易呢？我們算一下機率：

$$P = 0.999^{8000} \approx 0.0003341$$

我們看到小數點後有這麼多零，就知道這個機率非常低，具體來說，一萬名司機中，只有不到 4 個人能做到連續 20 多年始終安全行駛，真可謂鳳毛麟角。

如果我們善於觀察，就會在生活的點滴中發現許多這樣的小機率事件，我們不妨拿起筆算一算它們的機率究竟是多少，這樣就會對周遭的事情了解得更加清晰透澈。

2.13
瘋狂的骰子

打麻將是一種大眾娛樂方式，在開始時，首先要確定哪一方先做莊家，這時一般是用擲骰子比點數大小的方式來決定，點數大的一方先做莊，這看似簡單的擲骰子，實則暗藏機率的知識。

老張、老李、老王、老趙在晚餐後，像往常一樣聚在一起打麻將，老張首先擲骰子，結果擲出最大點 —— 兩個六。旁邊老李驚呼一聲：「一開始運氣就這麼好啊！連這十二分之一的機率，都讓你骰到了。」這裡老李犯了一個原則性的錯誤，就是用兩個骰子擲出十二點的機率並非十二分之一，那正確的機率是多少呢？

分析

首先我們分析一個骰子的情況。如果只擲一個骰子，那麼結果有 6 種，即 1 ～ 6，這是顯而易見的。由於 6 種結果的任何一種，擲出的機率都相等，因此，我們可以得到一個骰子擲出所有點數的機率：

$$P_1 = P_2 = P_3 = P_4 = P_5 = P_6 = \frac{1}{6} \approx 0.166\,7$$

但是兩個骰子就沒有那麼簡單了。這裡要先解釋的是，兩個骰子的所有點數，結果一共有 11 種，即 2 ～ 12。且每一種點數的機率是不同的，我們簡要地分析一下，就可以得出這個結論。比如擲出 12 點只有一種方式，也就是骰子 A 是 6 點，骰子 B 是 6 點，除此之外，沒有其他組合方式；而擲出 8 點的方式就很多了，例如骰子 A 是 6 點，骰子 B 是 2 點，或骰子 A 是 3 點，骰子 B 是 5 點，還有其他組合，就不在這裡逐一列出。我想說明的是，每種結果的組合數量不同，因此機率也不一樣。

那麼問題來了，兩個骰子一共有多少種組合方式呢？答案是 36 種。因為骰子 A 可以有 6 種選擇，骰子 B 同樣可以有 6 種選擇，我們將兩個骰子的選擇種類相乘，就得到了兩個骰子的所有組合方式。例如 12 點的組合只有一種方式，因此擲出 12 點的機率為：

$$P_{12}=\frac{1}{36}\approx 0.027\ 8$$

再看一下 8 點的所有組合。為了便於說明，在這裡我們用（a，b）表示骰子 A 和骰子 B 的點數。使用這種表達方式，可以寫出所有組合（2，6），（3，5），（4，4），（5，3），（6，2）。透過窮舉法，我們知道組成 8 點一共有 5 種方式，需要說明的是（2，6）和（6，2）是兩種不同的組合方式，前者代表骰子 A 是 2 點而骰子 B 是 6 點，後者代表骰子 A 是 6 點而骰子 B 是 2 點，因此，我們得到擲出 8 點的機率為：

$$P_{8}=\frac{5}{36}\approx 0.138\ 9$$

可見擲出 12 點的機率和擲出 8 點的機率是不同的。仿照上面計算擲出 8 點機率的方式，我們計算出擲出 2 ～ 12 點各種結果的機率。

表 2-16 擲出 2 ～ 12 點各種結果的機率

點數	組合方式	機率
2	(1, 1)	$P_2=\frac{1}{36}\approx 0.0278$
3	(1, 2) (2, 1)	$P_3=\frac{2}{36}\approx 0.0556$
4	(1, 3) (2, 2) (3, 1)	$P_4=\frac{3}{36}\approx 0.0833$
5	(1, 4) (2, 3) (3, 2) (4, 1)	$P_5=\frac{4}{36}\approx 0.1111$
6	(1, 5) (2, 4) (3, 3) (4, 2) (5, 1)	$P_6=\frac{5}{36}\approx 0.1389$
7	(1, 6) (2, 5) (3, 4) (4, 3) (5, 2) (6, 1)	$P_7=\frac{6}{36}\approx 0.1667$
8	(2, 6) (3, 5) (4, 4) (5, 3) (6, 2)	$P_8=\frac{5}{36}\approx 0.1389$
9	(3, 6) (4, 5) (5, 4) (6, 3)	$P_9=\frac{4}{36}\approx 0.1111$
10	(4, 6) (5, 5) (6, 4)	$P_{10}=\frac{3}{36}\approx 0.0833$
11	(5, 6) (6, 5)	$P_{11}=\frac{2}{36}\approx 0.0556$
12	(6, 6)	$P_{12}=\frac{1}{36}\approx 0.0278$

透過觀察表 2-16 中的結果，我們不難發現一個有趣的現象，所有機率都是對稱出現的，例如擲出 11 點的機率等於擲出 3 點的機率；擲出 5 點的機率等於擲出 9 點的機率。還有一個現象是頭、尾的機率最低，也就是擲出 2 點和擲出 12 點的機率最低，越向中間靠攏機率越高，處於中間的機率達到最高值，也就是擲出 7 點的機率最高。

2.14
莊家的絕招

賭博遊戲中莊家總是最大的贏家，這個道理相信大家早已心知肚明。如果上帝垂青，你有幸中了大獎，在這一局中，莊家可能會有所損失，但從長遠收益來看，莊家總是可以攫取更多利益。

這一節將帶你領略一下莊家的絕招，看看莊家是如何制定遊戲規則，才使利益的天秤永遠向自己一方傾斜。

分析

賽馬遊戲是一項風靡香港、澳門等地的賭博遊戲。莊家在制定遊戲規則時，通常會為每一匹馬設定一個賠率。如果賭注者投注的這匹馬在比賽中獲勝，那麼他將獲得投注的本金加上賠率倍數的獎金。例如一匹馬的賠率為（3/1），賭注者向這匹馬投注了 100 元，一旦此馬獲勝，賭注者將獲得本金 100 元加上 3 倍於本金的獎金 300 元，共計 400 元。

一般情況下，那些健壯又跑得快的馬，賠率會比較低，而那些體格一般、獲勝機率不大的馬，賠率則會較高。所以，為每匹馬設定賠率是很需要技巧的。如果賠率設定得好，莊家獲利的掌握度會更大；相反，如果賠率設定有誤，可能會為莊家帶來巨大的經濟損失。那麼，莊家在設定每匹馬的賠率時，究竟有哪些技巧呢？

我們先看下面這場賽馬比賽中莊家為每匹馬設定的賠率是否合理，如表 2-17 所示。

表 2-17 某場賽馬比賽中各匹馬的賠率

賽馬編號	賠率
A	4/1
B	5/1
C	2/1
D	6/1
E	9/1

參與這次賽馬比賽的馬共有 5 匹，分別編號為 A、B、C、D、E。每匹馬的賠率在表中已標注清楚。籠統地看，這個莊家設定的賠率似乎並無不妥之處。可能在這 5 匹馬中，C 馬獲勝的機率最高、懸念最小，於是莊家設定的賠率為 2/1，也就是說，投注該馬的人如果猜中，將會獲得 2 倍於本金的獎金和投注的本金。E 馬獲勝的機率應該是最低的，因此賠率設定最高，這樣可以吸引更多投注者將籌碼押到 E 上，於是莊家就可能從中獲得巨大的利益。但是如果你夠聰明，就會從這張賠率表中找到破綻。

如果我們按照下面的方式投注，結果將會如表 2-18 所示的那樣。

表 2-18 一種投注方式及所得的獎金

賽馬編號	賠率	投注金額（元）	獲勝可得獎金（元）
A	4/1	200	1,000
B	5/1	170	1,020
C	2/1	350	1,050
D	6/1	140	980
E	9/1	100	1,000

如果投注者按照表 2-18 中列出的數字為每匹馬都投注資金，那麼該投注者所花費的賭金總共為 200 ＋ 170 ＋ 350 ＋ 140 ＋ 100 ＝ 960 元。而不論哪匹馬獲勝，該投注者都會得到獎金（因為他為每匹馬都投注了賭金），且獎金的金額最少為 980 元，最多為 1,050 元。這樣就出現一個嚴重的問題 —— 如果投注者以這種方式投注每一匹馬，那麼該投注者一定能從中獲得利益（賺到錢），獲得利益的數額是 20 ～ 70 元，也就是說，莊家必然會遭受損失。

所以按照表 2-17 所示制定出來的賠率顯然是不合理的，因為它存在能使投注者必勝的投注方法。因此莊家在制定賠率時，首先要遵循的「黃金法則」就是：制定的賠率不能使投注者有必勝的投注方法。這條「黃金法則」也是莊家制定遊戲規則的底線，如果莊家在制定遊戲規則時越過這條底線，將會面臨嚴重的經濟損失。

如何保證為每匹馬制定的賠率不會讓投注者找到必勝的投注方法呢？我們可以用數學方法推導出來。

假設投注者希望獲得獎金的金額為 x 元，那麼，他可以按照下面的方式進行投注。

$$S=\frac{x}{n_1+1}+\frac{x}{n_2+1}+\frac{x}{n_3+1}+\frac{x}{n_4+1}+\frac{x}{n_5+1}$$

在該式中，n_1，n_2，…，n_5 為 5 匹馬的賠率，$\frac{x}{n_i+1}$表示如果第 i 匹馬獲勝，投注者希望得到 x 元的獎金所需要下注的賭金。例如第一匹馬的賠率為（4/1），如果投注者希望得到 1,000 元的獎金，那麼他必須下注 $\frac{1\,000}{4+1}=200$元，當然投注者可以得到這筆獎金的前提是第一匹馬獲勝。因此上式中 $S=\frac{x}{n_1+1}+\frac{x}{n_2+1}+\frac{x}{n_3+1}+\frac{x}{n_4+1}+\frac{x}{n_5+1}$ 就表示投注者為 5 匹馬分別下注的總賭金，且按照這種方式下注，投注者必然能夠獲得 x 元的獎金。這一點相信讀者都可以理解，因為投注者為 5 匹馬都下了注，所以必然有且僅有一匹馬能夠勝出，而只要這匹馬勝出了，投注者即可獲得 x 元的獎金。

但是投注者獲得 x 元的獎金，並不意味著他一定能夠獲利，因為投注者還付出了$\frac{x}{n_1+1}+\frac{x}{n_2+1}+\frac{x}{n_3+1}+\frac{x}{n_4+1}+\frac{x}{n_5+1}$元的賭金。因此只要滿足

$$S=\frac{x}{n_1+1}+\frac{x}{n_2+1}+\frac{x}{n_3+1}+\frac{x}{n_4+1}+\frac{x}{n_5+1}>x$$

投注者就不可能獲得利益，因為投注者需要支付的總賭金$\frac{x}{n_1+1}+\frac{x}{n_2+1}+\frac{x}{n_3+1}+\frac{x}{n_4+1}+\frac{x}{n_5+1}$比獲得的獎金 x 還要多。

將上式左右兩邊同時除以 x，即可得

$$S=\frac{1}{n_1+1}+\frac{1}{n_2+1}+\frac{1}{n_3+1}+\frac{1}{n_4+1}+\frac{1}{n_5+1}>1$$

也就是說，如果按照上面這個公式制定每匹馬的賠率（n_1，n_2，…，n_5），投注者就無法找到必勝的投注方法，也就不會出現表 2-17 所示的那種情況了。

聰明的讀者可能會看出一些問題。上面的推導有一個大前提，那就是：投注者希望僅獲得 x 元的獎金。所以對於每匹馬，投注者下注的賭金都是$\frac{x}{n_i+1}$元，這樣，其中一匹馬獲勝，投注者就可獲得 x 元的獎金，同時損失$\frac{x}{n_1+1}+\frac{x}{n_2+1}+\frac{x}{n_3+1}+\frac{x}{n_4+1}+\frac{x}{n_5+1}-x$元的賭金。但在實際投注過程中，投注者往往會根據每匹馬的實際條件，選擇不同的投注資金，從而獲得不同的收益。比如對賠率為（9/1）的馬，有的投注者可能會認為雖然牠獲勝的機率低，但是一旦獲勝，獎金可觀，所以也會鋌而走險多下注一些；對賠率為（2/1）的馬，有的投注者會認為之所以牠的賠率低，是因為這匹馬獲勝的機率大，因此，這位投注者可能會不惜一擲千金，為這匹馬下注更多。所以，這種「投注者希望僅獲得 x 元的獎金，而不考量馬的實際狀

況」的假設，是難以令人信服的。

還是以 5 匹馬為例，如果投注者為這 5 匹馬分別下注，但是希望得到的獎金會根據馬的實際條件而有所不同，我們不妨假設如果第 i 匹馬獲勝，可以為投注者帶來 x_i 元的獎金。這樣，投注者需要支付的總賭金為

$$S=\frac{x_1}{n_1+1}+\frac{x_2}{n_2+1}+\frac{x_3}{n_3+1}+\frac{x_4}{n_4+1}+\frac{x_5}{n_5+1}$$

這種情況下，制定賠率的 $\frac{1}{n_1+1}+\frac{1}{n_2+1}+\frac{1}{n_3+1}+\frac{1}{n_4+1}+\frac{1}{n_5+1}>1$ 法則，是否還有效呢？

答案是肯定的。這是因為如果投注者下注的賭金為

$$S=\frac{x_1}{n_1+1}+\frac{x_2}{n_2+1}+\frac{x_3}{n_3+1}+\frac{x_4}{n_4+1}+\frac{x_5}{n_5+1}$$

那麼莊家只要確保

$$S=\frac{x_1}{n_1+1}+\frac{x_2}{n_2+1}+\frac{x_3}{n_3+1}+\frac{x_4}{n_4+1}+\frac{x_5}{n_5+1}>\min\{x_1,x_2,x_3,x_4,x_5\}$$

就可以保證投注者沒有必勝的投注方法。這個道理很簡單，下注的賭金只要比最小的獲勝獎金多，投注者就不能 100% 地從這場賽馬中獲利，因為一旦獲勝獎金最小的那匹馬勝出，投注者就會損失了。不妨假設 x_3 是最小值，將上式左右兩邊同時除以 x_3，可得下式，

$$\frac{1}{\frac{x_3}{x_1}(n_1+1)}+\frac{1}{\frac{x_3}{x_2}(n_2+1)}+\frac{1}{\frac{x_3}{x_3}(n_3+1)}+\frac{1}{\frac{x_3}{x_4}(n_4+1)}+\frac{1}{\frac{x_3}{x_5}(n_5+1)}>\frac{x_3}{x_3}=1$$

因為 x_3 是最小值，所以 $\frac{x_3}{x_i}<1.$ ，其中 $i\neq 3$，所以就有

$$\frac{1}{\frac{x_3}{x_1}(n_1+1)}+\frac{1}{\frac{x_3}{x_2}(n_2+1)}+\frac{1}{\frac{x_3}{x_3}(n_3+1)}+\frac{1}{\frac{x_3}{x_4}(n_4+1)}+\frac{1}{\frac{x_3}{x_5}(n_5+1)}$$
$$>\frac{1}{n_1+1}+\frac{1}{n_2+1}+\frac{1}{n_3+1}+\frac{1}{n_4+1}+\frac{1}{n_5+1}$$

因此，只要$\frac{1}{n_1+1}+\frac{1}{n_2+1}+\frac{1}{n_3+1}+\frac{1}{n_4+1}+\frac{1}{n_5+1}>1$，則一定有$\frac{x_1}{n_1+1}+\frac{x_2}{n_2+1}+\frac{x_3}{n_3+1}+\frac{x_4}{n_4+1}+\frac{x_5}{n_5+1}>\min\{x_1,x_2,x_3,x_4,x_5\}$，即無論投注者怎樣下注，都不可能 100%獲勝。

推而廣之，如果本場賽馬比賽共有 m 匹馬，莊家在制定每匹馬的賠率時，必須遵循

$$\frac{1}{n_1+1}+\frac{1}{n_2+1}+\dots+\frac{1}{n_{m-1}+1}+\frac{1}{n_m+1}>1$$

這樣才能確保投注者無法找出必勝的投注策略。同時$\frac{1}{n_1+1}+\frac{1}{n_2+1}+\dots+\frac{1}{n_{m-1}+1}+\frac{1}{n_m+1}$的值越大，莊家賺錢的機率就越高，這個值越小，就越有利於投注者。

莊家的絕招遠不止於此，他們會使用各種方法，讓最終的贏家永遠是自己，從而獲取巨大的利益。所以，不要抱有投機心理，指望「天上掉餡餅」的好事！

2.15
檢驗報告也會騙人

當今的世界，醫療事業迅速發展，許多從前認為的「不治之症」，現在看來都已是無足輕重的小問題。

但是時至今日，仍然有一些疾病尚無法被治癒。比如愛滋病就是最令人們恐懼的疾病之一。當一個人看到檢驗報告上顯示 HIV 陽性時，他會是什麼心情呢？

恐怕除了恐懼和悲傷，剩下的就只能是無助和萬念俱灰了。但是檢驗報告真的準確無誤嗎？一張 HIV 陽性的檢驗報告，真的等同於一張死亡判決書嗎？

其實事情並不像我們想像的那麼糟。即便是 HIV 陽性的檢驗報告，也有很大機率是誤判，我們現在就用機率的知識來分析一下這個問題。

分析

在分析這個問題前，我們需要先了解幾個關於愛滋病的流行病學機率，這些機率對後面的計算是有用的，如表 2-19 所示。

表 2-19 關於愛滋病的幾個流行病學機率

統計內容	機率
愛滋病毒帶原者	0.1%
愛滋病毒帶原者血檢呈 HIV 陽性	95%
未感染愛滋病毒的人血檢呈 HIV 陽性	1%

這些機率應當是由權威的機構根據流行病學調查，透過大樣本數據分析統計而得出的。我們這裡提供的機率並不一定準確和權威，只是為了分析這個問題而做出一些假設，如果想要更加科學、準確地分析這個問題，還需要從權威機構得到更加準確的數據。

有了上述數據，我們現在需要計算，如果一個人的檢驗報告上顯示 HIV 陽性，那麼這個人真正感染愛滋病毒的機率是多少。

設 A 表示「某人是愛滋病毒帶原者」這個事件，B 表示「某人驗血檢出呈 HIV 陽性」這個事件。那麼我們現在要計算的就是 P（A|B）這個條件機率，也就是在這個人的血液檢查呈 HIV 陽性的前提下，該人為愛滋病毒帶原者的機率是多少。

根據前面介紹的條件機率知識，我們知道

$$P(\mathrm{A}|\mathrm{B})=\frac{P(\mathrm{AB})}{P(\mathrm{B})}$$

也就是說，要計算 P（A|B），首先要知道 P（AB）和 P（B）各是多少，其中 P（AB）表示這個人是愛滋病毒帶原者，同時又在血液檢查中檢出 HIV 陽性的機率，P（B）表示某人血液檢查檢出 HIV 陽性的機率。我們先來計算 P（AB）是多少。

這裡要先說明一點，「某人是愛滋病毒帶原者，同時又在血液檢查中檢出 HIV 陽性」的機率，指的是隨便在人群中選擇一個人進行檢查，結果

他的確為愛滋病毒帶原者，同時血檢也呈 HIV 陽性的機率。這個機率並不是表 2-19 給出的愛滋病毒帶原者血檢呈 HIV 陽性的機率值 95%，而是要透過 P（B|A）×P（A）來計算。其中 P（A）表示愛滋病毒帶原者占全體人群總數的機率，根據表 2-19 所示，這個值為 0.1%。P（B|A）表示在一個人確定是愛滋病毒帶原者的前提下，這個人血檢呈 HIV 陽性的機率，根據表 2-19 所示，這個值為 95%。因此

$$P(AB) = P(A|B)\,P(A) = 95\% \times 0.1\% = 0.00095$$

我們再來計算一下 P（B）的值。P（B）表示某人血液檢查檢出 HIV 陽性的機率，所以這裡有兩種情況需要考量：

1. 這個人本身就是愛滋病毒帶原者，同時他血檢呈陽性；
2. 這個人本身不是愛滋病毒帶原者，但血檢也呈陽性。因此，計算 P（B）應當用全機率公式：

$$P(B) = P(B|A)\,P(A) + P(B|\neg A)\,P(\neg A) = 0.95 \times 0.001 + 0.01 \times 0.999 = 0.01094$$

這樣，我們就能很容易地求出 P（A|B）了，

$$P(A|B) = \frac{P(AB)}{P(B)} = \frac{0.000\,95}{0.010\,94} \approx 0.086\,8$$

也就是說，如果一個人的血液檢查報告中顯示 HIV 陽性，那麼，他真正感染愛滋病毒的機率其實只有 8.68%，也就是不到十分之一的可能性（這裡的數據並不一定權威）。

這樣看來，檢驗報告有時也會欺騙人，所以在遇到類似的問題時，大家不必過度緊張，認真地複查、積極地面對結果，才是正確的態度。

知識擴展

貝氏定理

在上面這個例子中，我們計算「如果一個人的血液檢查報告顯示 HIV 陽性，那麼該人真的感染愛滋病毒」的機率是多少。如果用 A 表示「某人是愛滋病毒帶原者」這個事件，用 B 表示「某人驗血檢出呈 HIV 陽性」這個事件，那麼，實際上就是要計算條件機率 P（A|B）。於是我們應用條件機率的公式計算出這個機率是多少。

$$P(\mathrm{A}|\mathrm{B})=\frac{P(\mathrm{AB})}{P(\mathrm{B})}$$

在求解的過程中，無法依據表 2-19 給出的統計機率，直接計算出這個條件機率，所以，我們分別計算了 P（AB）和 P（B）的值。如果我們將計算 P（AB）和 P（B）的過程展開，並代入上面這個條件機率的公式中，可得到下面這個公式：

$$P(\mathrm{A}|\mathrm{B})=\frac{P(\mathrm{B}|\mathrm{A})P(\mathrm{A})}{P(\mathrm{A}|\mathrm{B})P(\mathrm{A})+P(\mathrm{B}|\neg\mathrm{A})P(\neg\mathrm{A})}$$

這個公式就是著名的貝氏定理（Bayes' theorem），也稱為逆機率公式。

貝氏定理揭示了兩個相反的條件機率之間的關係。通常情況下，事件 A 在事件 B 發生的條件下的機率，與事件 B 在事件 A 發生的條件下的機率是不一樣的。然而，這兩個條件機率之間卻有著明確的關係，這正是貝氏定理所表達的內容。

一般情況下，如果計算 P（B|A）比較容易，而計算 P（A|B）卻比較困難，甚至無法直接計算出 P（A|B），這時我們就可以應用貝氏定理

得到P（B|A）與P（A|B）之間存在的關係，從而比較輕鬆地計算出P（A|B）的值。我們來看下面這個例子。

有A、B兩個容器，在容器A中放有7個紅球和3個白球，在容器B中放有1個紅球和9個白球，現在不知是誰從哪個容器中取出了一個紅球，請問，這個紅球來自容器A的機率是多少？

設A表示「取出的球是紅球」這個事件，B表示「從容器A中取球」這個事件，現在就是要計算P（B|A）這個條件機率。要計算P（B|A）似乎不是一件很容易的事情，但是我們發現計算P（A|B）卻比較容易，所以，我們不妨應用貝氏定理求解此題。

根據貝氏定理，需要分別計算出P（A|B）、P（B）、P（A|B）P（B）＋P（A|¬B）P（¬B）這幾個機率值，下面我們分別計算一下。P（A|B）表示在從容器A中取球的條件下，取出的球是紅球的機率。因為容器A中放有7個紅球和3個白球，所以這個機率為

$$P(\mathrm{A}|\mathrm{B})=\frac{7}{10}$$

P（A|B）、P（B）、P（A|B）P（B）＋P（A|¬B）P（¬B）是一個全機率，它表示，不管取出的球是來自容器A還是容器B，這個球是紅球的機率。這個機率為

$$P(\mathrm{A}|\mathrm{B})\mathrm{P}(\mathrm{B})+P(\mathrm{A}|\neg\mathrm{B})P(\neg\mathrm{B})=\frac{7}{10}\times\frac{1}{2}+\frac{1}{10}\times\frac{1}{2}=\frac{2}{5}$$

所以，P（B|A）的機率就等於：

$$P(\mathrm{B}|\mathrm{A})=\frac{P(\mathrm{A}|\mathrm{B})P(\mathrm{B})}{P(\mathrm{A}|\mathrm{B})P(\mathrm{B})+P(\mathrm{A}|\neg\mathrm{B})P(\neg\mathrm{B})}=\frac{\frac{7}{10}\times\frac{1}{2}}{\frac{2}{5}}=\frac{7}{8}$$

也就是說，這顆紅球來自容器 A 的機率為 0.875。

第3章

囚犯的困局 —— 邏輯推理、決策、爭鬥與對策

邏輯推理、決策、鬥爭與對策，是我們在日常生活中經常遇到的問題，也是十分有趣的問題。解決它們需要一種理性的思維過程，這個過程需要從一些給定的已知條件出發，透過一系列符合邏輯關係、常識的合理推斷，從零星散落的線索中抽絲剝繭，經過一系列假設、判斷、推論，或是建立數學模型進行演算，最終得出一個滿足要求的結論。

本章將向讀者介紹一些有趣的邏輯推理、決策、鬥爭與對策的題目。透過這些題目的訓練，可以培養讀者科學、正確的邏輯思維，開闊眼界，增長知識。現在就讓我們走進這個令人興奮的探索旅程吧！

3.1 教授們的與會問題

一個國際研討會在某地舉行，哈克教授、馬斯教授和雷格教授至少有一個人參加了這次大會。已知：

1. 報名參加大會的人必須提交一篇英文學術論文，經專家審查通過後，才會接收到邀請函；
2. 如果哈克教授參加這次大會，那麼馬斯教授一定會參加；
3. 雷格教授只向大會提交了一篇德文的學術報告。

請根據以上條件，推斷馬斯教授是否參加這次大會。

分析

這個題目看起來有點零亂，讓人摸不到頭緒，但其實仔細分析每個已知條件的內在邏輯，答案是很容易得出的。首先我們要盡可能地從題目中找出已知訊息。

透過閱讀已知訊息，我們馬上就能得出：雷格教授無法參加會議，因為他只向大會提交了一篇德文的學術報告，而根據已知訊息，教授們必須提交一篇英文學術論文，審查通過後才能被邀請。也就是說，提交英文論文是參加會議的必要而非充分條件，如圖 3-1。

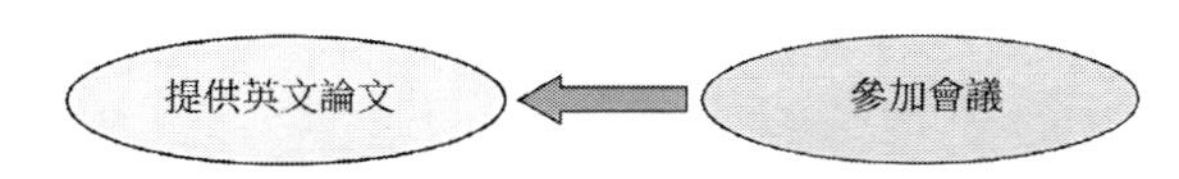

圖 3-1 提供英文論文是參加會議的必要而非充分條件

圖 3-1 的意思是：參加會議就意味著教授提供了英文論文，而即便提供了英文論文，也不一定意味著就能參加會議（因為還要經專家審查通過）。

雷格教授只提供了德文學術報告，因此是沒有資格參加會議的。

那麼哈克教授和馬斯教授是否參加會議呢？透過已知訊息，我們可以知道：如果哈克教授參加這次大會，那馬斯教授一定參加。那麼我們馬上就能推導出結論：如果馬斯教授不參加會議，則哈克教授也不會參加會議，這是因為原命題為真，其逆否命題亦為真。

假設：命題 A ＝哈克教授參加這次大會；命題 B ＝馬斯教授參加這次大會。

則根據已知：$A \rightarrow B$ 為真命題，因此：$B \rightarrow A$ 一定為真命題。

其實仔細想一下就很容易理解了，假設馬斯教授不參加大會，而哈克教授參加了大會，則馬斯教授又一定參加大會（因為哈克教授參加了大會），這樣就會產生矛盾。邏輯推理的前提是不能產生邏輯矛盾，因此這個假設一定是錯誤的。所以我們可以得出結論：如果馬斯教授不參加會議，則哈克教授也不會參加會議。

又因為已知訊息告訴我們：哈克教授、馬斯教授和雷格教授至少有一個人參加了這次大會。所以，我們可以得出最終結論：馬斯教授一定參加大會。這是因為從上面的推論中已經知道：（1）雷格教授不參加大會；（2）如果馬斯教授不參加會議，則哈克教授也不參加會議。所以，如果馬斯教授不參加大會，就沒人參加了，這與三個教授至少有一個人參加了這次大會的已知條件相矛盾，因此，馬斯教授一定參加了這次大會。

3.2
珠寶店的盜賊

一家珠寶店的珠寶被盜，經過調查，可以肯定是甲、乙、丙、丁中的某一個人所為。審訊中，甲說：「我不是罪犯。」乙說：「丁是罪犯。」丙說：「乙是罪犯。」丁說：「我不是罪犯。」經調查證實，四個人中只有一個人說的是真話。請問誰說的是真話？誰是真正的罪犯？

分析

這類邏輯推理問題大都可以用假設的方法，如果推導出矛盾，就可以斷定假設是錯誤的，這樣逐一排除，最終推導出正確的結論。

從題目給出的條件，我們可以得到以下確認的訊息：

▷ 珠寶店被盜一定是甲、乙、丙、丁中的某一個人所為；

▷ 甲、乙、丙、丁四人中只有一個人說的是真話。

另外還有未查證的甲、乙、丙、丁四人的供詞：

▷ 甲說：「我不是罪犯。」

▷ 乙說：「丁是罪犯。」

▷ 丙說：「乙是罪犯。」

▷ 丁說：「我不是罪犯。」

我們可以根據以上的訊息，從甲、乙、丙、丁四人的供詞出發，逐一假設推斷，找出真正的珠寶店盜賊。

(1) 假設甲說的是真話

那麼根據確認的已知條件，可以得出：乙、丙、丁都在說謊。則有：

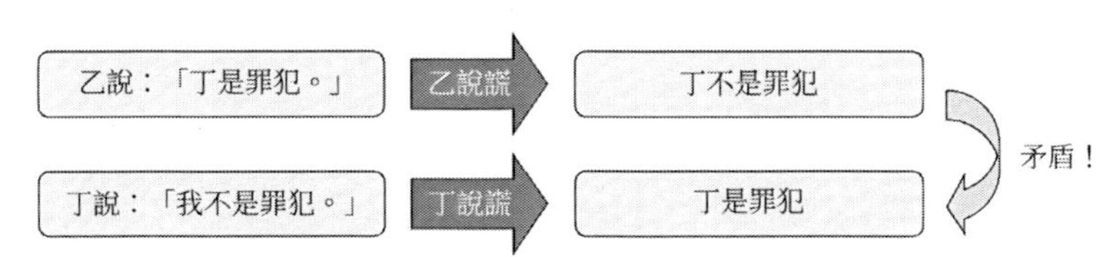

圖 3-2 假設「甲說的是真話」推出矛盾的過程

顯然甲說的是謊話。

(2) 假設乙說的是真話

那麼根據確認的已知條件，可以得出：甲、丙、丁都在說謊。則有：

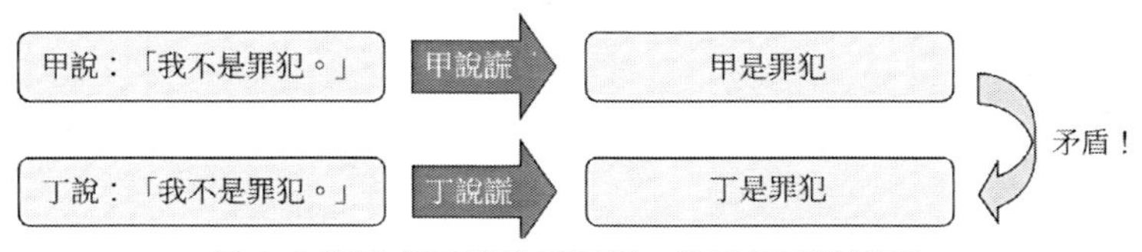

圖 3-3 假設「乙說的是真話」推出矛盾的過程

因為確認的已知條件中說：珠寶店被盜一定是甲、乙、丙、丁中的某一個人所為。所以，甲和丁不可能都是罪犯，推出了矛盾，這說明乙也在說謊。

(3) 假設丙說的是真話

那麼根據確認的已知條件，可以得出：甲、乙、丁都在說謊。則有：

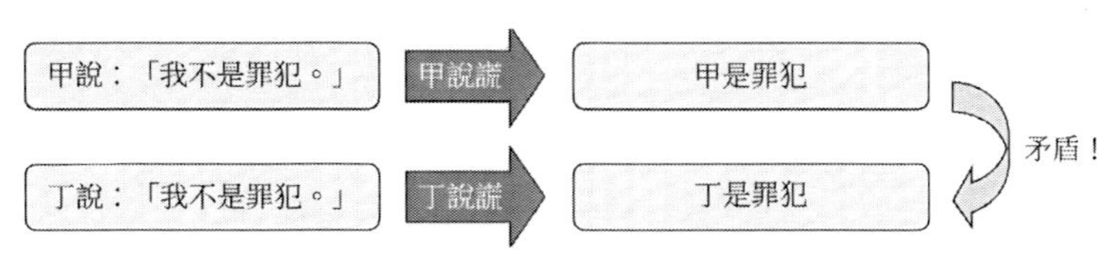

圖 3-4 假設「丙說的是真話」推出矛盾的過程

顯然又推出了矛盾，所以丙也在說謊。

因此只有丁說的是真話。

那麼誰是真正的罪犯呢？其實這個答案一開始我們就可以得到了。從推斷（1）中，我們得知甲在說謊，因此甲說的「我不是罪犯」是假話，所以可以證明甲就是罪犯。

3.3
史密斯教授的生日

史密斯教授的生日是 m 月 n 日，傑瑞和湯姆是史密斯教授的學生，二人都知道史密斯教授的生日為下列 10 組日期中的一天。史密斯教授把 m 值告訴了傑瑞，把 n 值告訴了湯姆，然後問他們是否猜出自己的生日是哪一天。傑瑞說：「我不知道，但是湯姆肯定也不知道。」湯姆說：「本來我不知道，但是現在我知道了。」傑瑞說：「哦！原來如此，我也知道了。」你能根據傑瑞和湯姆的對話及下列的 10 組日期，推算出史密斯教授的生日是哪一天嗎？

3 月 4 日、3 月 5 日、3 月 8 日

6 月 4 日、6 月 7 日

9 月 1 日、9 月 5 日

12 月 1 日、12 月 2 日、12 月 8 日

分析

這是一道很有意思的邏輯推理題。要解決這個題目，我們需要從湯姆和傑瑞的對話，以及題目給出的這 10 組日期入手。

已知史密斯教授把 m 值告訴了傑瑞，把 n 值告訴了湯姆，所以傑瑞掌握了教授生日的月分，即 3、6、9、12 中的一個；湯姆掌握了教授生日

的日期，即 4、5、8、7、1、2 中的一個。以下我們逐一分析湯姆和傑瑞的對話。

(1) 傑瑞說：「我不知道，但是湯姆肯定也不知道。」

傑瑞說「我不知道」，這看起來很正常，因為他只掌握教授生日的月分，而這 10 組生日中，包含了 3、6、9、12 這 4 個月分，而且每個月分的日期至少有 2 個，因此，傑瑞不可能僅透過已知的月分 m，就能推斷出教授的生日。但是，重點在於傑瑞說「但是湯姆肯定也不知道」。這說明了一個重要訊息 —— 教授生日的月分一定不是 6 月和 12 月。為什麼呢？因為湯姆掌握的是教授生日的日期 n，而仔細觀察這 10 組生日，你會發現，只有 6 月 7 日和 12 月 2 日這兩個生日中，日期數 7 和 2 是唯一的，其他生日的日期數都有重複，即 3 月 4 日和 6 月 4 日、3 月 5 日和 9 月 5 日、3 月 8 日和 12 月 8 日、9 月 1 日和 12 月 1 日。如果傑瑞拿到的 m 值為 6 或 12，那麼一旦湯姆拿到的 n 值為 7 或 2，則湯姆馬上就能猜出教授的生日。正因為傑瑞拿到的月分數 m 不是 6 或 12，他才能斷定湯姆拿到的 n 值一定不是 7 或 2，因此他肯定他也不知道教授的生日。

初步結論 1：史密斯教授的生日月分一定不是 6 月和 12 月。

(2) 湯姆說：「本來我不知道，但是現在我知道了。」

由傑瑞的一句話，我們可推論出教授的生日可能是 3 月 4 日、3 月 5 日、3 月 8 日、9 月 1 日、9 月 5 日這 5 天中的一天。

湯姆當然也能想到這一點，但是湯姆比我們知道得更多，他知道教授生日的日期數 n。因為湯姆說：「本來我不知道，但是現在我知道了」，可以證明教授的生日日期數一定不是 5，因為 3 月 5 日和 9 月 5 日在日期數上面有重複，如果 m 值為 5，湯姆無法斷言「我知道了」。

初步結論 2：史密斯教授的生日日期數一定不是 5 日。

這樣可推論出教授的生日可能是 3 月 4 日、3 月 8 日、9 月 1 日這 3 個生日中的一個。

（3）傑瑞說：「哦！原來如此，我也知道了。」

傑瑞此時也一定知道了教授的生日只可能是上面這 3 個生日其中之一，但是傑瑞比我們知道得更多，因為他知道教授生日的月分數 m。這時傑瑞說：「我也知道了」，就說明史密斯教授的生日只可能是 9 月 1 日，即 m 值為 9。因為如果傑瑞手中的 m 值為 3，他就無法確定是 3 月 4 日還是 3 月 8 日。

最終結論：史密斯教授的生日為 9 月 1 日。

縱觀整個推理過程，我們發現傑瑞和湯姆的每一次對話，都包含了大量的訊息，透過他們的對話，可以推導出一定的結論，從而縮小答案的範圍。在每一次「初步結論」的基礎上，再進行下一次的推導，這樣就一步一步地逼近問題的最終答案。

3.4
歌手、士兵、學生

甲、乙、丙三個人，一個是歌手，一個是大學生，一個是士兵，已知丙的年齡比士兵大，大學生的年齡比乙小，而甲的年齡和大學生不一樣。

請問甲、乙、丙三個人的職業分別是什麼？

分析

要判斷甲、乙、丙三個人的職業，就要從題目中給出的已知條件入手，使用逐一排除的方法，最終確定三個人的身分。題目中給定的已知條件看似雜亂無章，但是只要逐條分析，就能從中找出有用的訊息，進而排除干擾因素，確定三個人的職業。我們下面就根據已知條件逐條進行分析。

丙的年齡比士兵大：說明丙不是士兵，他是歌手或大學生。

大學生的年齡比乙小：說明乙不是大學生，他是歌手或士兵。

甲的年齡和大學生不一樣：說明甲不是大學生。

以上是我們推導出的最基本結論。表 3-1 是對上述推導結論的總結。

表 3-1 初步推導的結論

	歌手	大學生	士兵
甲	√	×	√
乙	√	×	√
丙	√	√	×

只要畫出這個表格，我們馬上就能推導出丙一定是大學生，否則三個人中就沒有人是大學生了。現在我們要分析甲和乙誰是歌手，誰是士兵。

我們再從已知條件入手，進一步分析。

因為已知條件中說明了各自的年齡關係，所以，我們要從年齡的關係入手，找出線索。

丙的年齡比士兵大：說明大學生的年齡比士兵大。

大學生的年齡比乙小：說明乙的年齡最大，大學生的年齡次之，士兵的年齡最小。

從上面這兩個推導，就可以得知乙一定是歌手，而甲一定是士兵。

所以結論是：甲是士兵，乙是歌手，丙是大學生。

其實我們在推導出「丙一定是大學生」後，還可以用排除法繼續推導甲和乙的職業。在邏輯推理中，先假設一個命題（結論），再推出矛盾，是一種常用的推理方式。

假設甲是歌手，乙是士兵。因為丙的年齡比士兵大，所以大學生的年齡比士兵大；因為大學生的年齡比乙小，所以大學生的年齡比士兵小。這顯然是一個矛盾，因此假設是錯誤的，乙不可能是士兵。這樣也能得出結論：甲是士兵，乙是歌手，丙是大學生。

3.5 破解手機密碼

有一支手機設定了四位數的密碼，手機的主人忘記了密碼，他嘗試輸入四位密碼開啟這個手機，但是他連續輸入五次都是錯誤的。他輸入的五次密碼分別是：

6087、5173、1358、3825、2531

已知他每次輸入的密碼中，有兩個數字是正確的，但位置都不對。你能推測出這支手機的密碼是多少嗎？

分析

在本題的已知條件中，為我們提供了兩條訊息：

（1）輸入的五次密碼分別是：6087、5173、1358、3825、2531；

（2）每次輸入的密碼中，有兩個數字正確，但位置都不對。

如果直觀地看這兩個已知條件，似乎看不出什麼有價值的訊息，但我們可以藉助表格，將上面的訊息呈現出來，再從中推理、挖掘出有用的訊息。

首先將輸入的密碼按每一位的訊息展開在表 3-2 中。

表 3-2 將輸入的密碼按每一位的訊息展開

	0	1	2	3	4	5	6	7	8	9
第一位		√	√	√		√	√			
第二位	√	√		√		√			√	
第三位			√	√		√		√	√	
第四位		√		√		√		√	√	

在表 3-2 中使用「√」標記該數字曾在該位置被嘗試輸入過。例如在這五次輸入的密碼中，第一位曾輸入過 6、5、1、3、2 這 5 個數字，所以就在表格的第一行 6、5、1、3、2 這 5 個數字對應的格子裡打「√」。

根據第二個已知條件訊息可知：每次輸入的密碼中，有兩個數字正確，但是位置都不對，所以在表中打「√」的數字，在手機密碼對應的位置上一定不會出現。例如手機密碼中第一位一定不會出現 6、5、1、3、2 這幾個數字，第二位一定不會出現 0、1、3、5、8，否則就違背了「位置都不對」這個已知條件。

由此我們可以推斷出結論 1：數字 3 和數字 5 不會出現在手機密碼中的任何位子上，因為這兩個數字從第一位到第四位的每一項上都打了「√」。

結論 1：手機密碼一定不包含 3 和 5。

接下來，我們再根據上面列出的已知條件，將輸入的密碼按照每一次輸入的資訊，在表 3-3 中展開。

表 3-3 第一個已知條件的表格呈現

	0	1	2	3	4	5	6	7	8	9
第一次	○						○	○	○	
第二次		○		○		○		○		
第三次		○		○		○			○	
第四次			○	○		○			○	
第五次		○	○	○		○				

在表 3-3 中，用「○」標記該數字曾在某次嘗試輸入密碼中被輸入過。例如第一次輸入的密碼為 6087，所以在表格的第一行中 0、6、7、8 對應的表格裡畫「○」。

因為結論 1 告訴我們手機密碼不包含 3 和 5，所以我們可將表 3-3 中數字 3 和 5 對應的兩行去掉，構成表 3-4。

表 3-4 刪除表 2 中數字 3 和數字 5 對應的兩行

	0	1	2	4	6	7	8	9
第一次	○				○	○	○	
第二次		○						
第三次		○					○	
第四次			○				○	
第五次		○	○					

已知條件告訴我們：每次輸入的密碼中，有兩個數字是正確的，再結合表 3-4 中的訊息，我們就會發現：手機密碼一定包含 1、2、7、8 這四個數字。因為在表格的第二、三、四、五次輸入中，每行都只包含兩個「○」，所以對應的數字一定是密碼中的數字。

結論 2：構成手機密碼的四個數字為 1、2、7、8。

接下來就要推斷 1、2、7、8 這四個數字在密碼中所處的正確位置。

前面已經說過，表 3-2 中打「√」的數字在手機密碼對應的位子上一定不會出現，所以回過頭來檢視，就會發現：

第一位不能出現 1、2、3、5、6，所以第一位只可能是 7 或 8；第二位不能出現 0、1、3、5、8，所以第二位只可能是 2 或 7；第三位不能出現2、3、5、7、8，所以第三位只可能是1；第四位不能出現1、3、5、7、8，所以第四位只可能是 2；反推第二位一定是 7，所以第一位一定是 8。

所以手機的密碼為 8712。

3.6 天使和魔鬼

相傳通往天堂的必經之路上，有一個雙叉路口，一條可以讓人如願步入天堂，另一條路則通往十八層地獄。在雙叉路口中間有一對精靈，他們有相同的相貌和截然相反的內心，一個是天使，另一個是魔鬼。對於過往的人，天使總說真話，魔鬼總說假話。如果你是過路的人，在分不清楚天使與魔鬼，且只能問某一個精靈一個問題的情況下，如何提問才能正確找到通往天堂的路呢？

如果有五個精靈，其中一個是天使，四個是魔鬼，天使總說真話，魔鬼總是真話和假話交替著說。也就是說，如果這次說了真話，那麼下次就說假話；如果這次說了假話，下次就說真話。如果你是過路的人，在分不清楚天使與魔鬼，且只能問兩個問題的情況下（兩個問題可以問同一個精靈，也可以分別問不同兩個精靈），如何提問才能把天使找出來呢？

分析 1

第一個問題相對比較簡單，只需問任意一個精靈：「如果我去問另一個精靈，對方會告訴我哪條路通往天堂嗎？」這個問題的答案必然是通往地獄的路，只要走相反的路，就會前往天堂了。

我們深入分析一下這個問題裡蘊含的邏輯。首先提問的時候，我們不知道是在向天使提問還是向魔鬼提問。先假設我們向天使提問，那我們的問題就轉換成「魔鬼會告訴我哪條路通往天堂」，由於天使一定說真話，因此天使就會正確地告訴我們魔鬼會說什麼，也就是說，我們獲得的結果是通往地獄的路。我們可以將這種情況簡單地總結為一真一假，最後的結果就是假。

我們再看另一種情況。假設我們向魔鬼提問，那麼我們的問題就轉換成「天使會告訴我哪條路通往天堂」，由於魔鬼一定說假話，因此魔鬼就會錯誤地告訴我們天使會說什麼，也就是說，我們獲得的結果是通往地獄的路。我們仍然可以將這種情況簡單地總結為一真一假，最後的結果就是假。

由於只包含上述兩種情況，所以，無論是向天使提問還是向魔鬼提問，我們所得到的答案都是通往地獄之路，也就是「假」，因此，我們走另一條路就可以到達天堂。

分析 2

這個問題稍微複雜一些，首先要問任意一個精靈「你是天使嗎？」，如果得到的答案是肯定的，繼續問這個精靈「誰是天使？」，如果得到的答案是否定的，繼續問這個精靈「誰不是天使？」。聽起來有點讓人摸不到頭緒吧！我們分析一下兩個問題的答案及其內在關聯，就能釐清其中的脈絡了。

首先還要再強調一下，天使是說真話的，魔鬼是真話、假話交替說的，因此我們的問題都可以分別轉換成「你是一直說真話的那個精靈嗎？」「誰是一直說真話的精靈？」「誰不是一直說真話的精靈？」這樣更有益於分析問題，便於理解。

當提問「你是天使嗎？」的時候，我們無非會得到兩種答案，一種表示肯定，一種表示否定。如果得到的答案是肯定的，要麼是天使在說真話，要麼是魔鬼在說假話，無論哪種情況，下一個問題天使和魔鬼都會說真話，因為天使一直都會說真話，而魔鬼由於剛剛說了假話，那麼下一個問題也會說真話。這時候如果直接提問「誰是天使？」，肯定會獲得正確的答案，也就是能找到天使。

如果得到的答案是否定的，由於天使一直說真話，因此不可能是天使，那麼就只有一種可能，就是魔鬼在說真話，那麼，下一個問題魔鬼必然要說假話。這時候如果直接提問「誰是魔鬼？」，肯定會獲得錯誤的答案，也就意味著魔鬼必然會指向一直說真話的天使，因此也能正確找到天使。

3.7
愛因斯坦的難題

相傳科學家愛因斯坦（Albert Einstein）在 20 世紀初期曾經出過一道題給自己的學生，用來檢驗學生的邏輯推理能力。愛因斯坦認為，相對於當時人們的邏輯推理能力而言，大約只有 10%的人能夠給出問題的正確答案。現在我們趕快來看看這道近乎被神化了的邏輯題到底是什麼，自己是不是屬於那 10%的聰明人吧！

在一條街上有五棟公寓，外牆刷成五種不同的顏色，每棟房子裡住著不同國籍的人，每個人喜歡抽不同品牌的香菸，喝不同類別的飲料，飼養不同種類的寵物。根據以下 15 個提示，推理出哪個人的寵物是魚。

1. 英國人住紅色公寓
2. 瑞典人養狗
3. 丹麥人喝紅茶
4. 綠色公寓在白色公寓左邊
5. 綠色公寓主人喝咖啡
6. 抽長紅香菸的人養鳥
7. 黃色公寓主人抽登喜路香菸
8. 住在中間公寓的人喝牛奶
9. 挪威人住第一間公寓

10. 抽混合香菸的人住在養貓的人隔壁
11. 養馬的人住抽登喜路香菸的人隔壁
12. 抽藍獅香菸的人喝啤酒
13. 德國人抽王子香菸
14. 挪威人住藍色公寓隔壁
15. 抽混合香菸的人有一個喝白開水的鄰居

分析

初看這個問題，大多數人的第一感覺就是一團亂，條件太多導致理不出頭緒，不知道應該如何下手。遇到這類邏輯問題，我們只要釐清問題的實質，就能了解整個脈絡。針對這個問題，實際上就是要找出五棟公寓、五種顏色、五個國籍、五種香菸、五種飲料、五種寵物之間的對應關係，因此我們很自然地就把問題轉換為對表 3-5 的求解，當把表中的內容填入完畢後，答案自然迎刃而解。

表 3-5 愛因斯坦問題表格的初始狀態

編號	一	二	三	四	五
顏色					
國籍					
香菸					
飲料					
寵物					

表3-5中橫向編號為五棟公寓的號碼，縱向依次為「顏色」、「國籍」、「香菸」、「飲料」、「寵物」這 5 個訊息。我們看上述 15 個條件中，絕大多數都無法直接填入表中。比如德國人抽王子香菸，由於不知道德國人住

在幾號公寓，又不知道幾號公寓的主人抽王子香菸，因此該條件暫時無法直接使用。但是透過細心觀察，我們發現其中有兩個條件是可以直接在表中填入數據的，這兩個條件是「08. 住在中間公寓的人喝牛奶」和「09. 挪威人住第一間公寓」。第一步推理後的結果見表 3-6。

表 3-6 第一步推理後的結果

編號	一	二	三	四	五
顏色					
國籍	挪威				
香菸					
飲料			牛奶		
寵物					

透過已經填入表中的數據，我們可以根據條件進一步推理，得到更多的數據。以下考量條件「14. 挪威人住藍色公寓隔壁」，由於挪威人已經確定住一號公寓，我們不考慮一條街上五棟公寓圍成一個圈的情況，也就是說一號公寓的隔壁只有二號公寓，因此藍色房子的必然是二號公寓。更新的數據見表 3-7。

表 3-7 第二步推理後的結果

編號	一	二	三	四	五
顏色		藍			
國籍	挪威				
香菸					
飲料			牛奶		
寵物					

我們繼續進行推理，由於二號公寓是藍色的，根據條件「04. 綠色公寓在白色公寓左邊」可知，綠色公寓要麼是三號，要麼是四號；又由於三號公寓的主人喝牛奶，根據條件「05. 綠色公寓主人喝咖啡」，可以排除綠色公寓是三號的可能，因此綠色公寓只能是四號，那麼白色公寓就是五號。

現在沒有確定顏色的公寓只剩下一號和三號，由於挪威人住一號公寓，根據條件「01. 英國人住紅色公寓」，可以確定三號公寓的顏色是紅色的，且住著英國人，最後剩下的黃色屬於一號公寓。至此我們已經把所有公寓的顏色都確定了，這是整個邏輯推理解題過程中具有里程碑意義的一步。

再根據條件「07. 黃色公寓主人抽登喜路香菸」，可以直接推出一號公寓的主人抽登喜路，進一步根據條件「11. 養馬的人住抽登喜路香菸的人隔壁」，可以推出二號公寓的主人養馬。更新的數據見表 3-8。

表 3-8 第三步推理後的結果

編號	一	二	三	四	五
顏色	黃	藍	紅	綠	白
國籍	挪威		英國		
香菸	登喜路				
飲料			牛奶	咖啡	
寵物		馬			

根據條件「12. 抽藍獅香菸的人喝啤酒」，我們知道藍獅香菸和啤酒是成對出現的，在表中只有二號公寓和五號公寓的香菸和飲料均未填入，因此只能是二號公寓或五號公寓的主人抽藍獅香菸並喝啤酒。假設我們選

擇二號公寓，那麼，這會與條件「15. 抽混合香菸的人有一個喝白開水的鄰居」產生矛盾，因為抽混合香菸的人無論在三號公寓、四號公寓還是五號公寓，都無法與喝水的主人做鄰居，因此，只能是五號公寓的主人抽藍獅香菸並喝啤酒，而二號公寓的主人抽混合香菸，一號公寓的主人喝白開水，最後剩下的紅茶屬於二號公寓。

根據條件「03. 丹麥人喝紅茶」，可以直接推出丹麥人住二號公寓。根據條件「13. 德國人抽王子香菸」，可以推出德國人住四號公寓，且抽王子香菸。最後剩下的瑞典人住五號公寓，同理也可以推出三號公寓的主人抽長紅香菸。更新的數據見表 3-9。

表 3-9 第四步推理後的結果

編號	一	二	三	四	五
顏色	黃	藍	紅	綠	白
國籍	挪威	丹麥	英國	德國	瑞典
香菸	登喜路	混合	長紅	王子	藍獅
飲料	白開水	紅茶	牛奶	咖啡	啤酒
寵物		馬			

我們已經把除了寵物之外的所有事項都推理出來，答案已經近在咫尺。根據條件「02. 瑞典人養狗」，可以推出五號公寓的主人養狗；根據條件「06. 抽長紅香菸的人養鳥」，可以推出三號公寓的主人養鳥；根據條件「10. 抽混合香菸的人住在養貓的人隔壁」，可以推出一號公寓的主人養貓，因此，最後剩下的魚屬於四號公寓的主人飼養。至此，我們已將表中所有數據填入完畢，見表 3-10。

表 3-10 最終推理結果

編號	一	二	三	四	五
顏色	黃	藍	紅	綠	白
國籍	挪威	丹麥	英國	德國	瑞典
香菸	登喜路	混合	長紅	王子	藍獅
飲料	白開水	紅茶	牛奶	咖啡	啤酒
寵物	貓	馬	鳥	魚	狗

我們回歸最初的愛因斯坦問題，根據我們的推理結果可知，四號公寓主人的寵物是魚。透過整個推理過程不難看出，看似紛繁複雜的問題，經過抽絲剝繭，透過已知條件一層層地推理，答案就會一步步浮出水面。只要掌握了推理問題的方法，你也能成為那 10%的聰明人！

3.8
賭博遊戲中的決策

現在市面上形形色色的賭博遊戲充斥著人們的眼球。這裡既有令人心跳加快的刺激和賭注，也不乏種種陷阱和機關。我們在玩這種遊戲時應當如何決策呢？到底要不要繼續玩下去，是「懸崖勒馬」或「見好就收」？我們來看下面這個例子。

有一種賭博遊戲的規則如下。

首先參與者要付 20 元，然後從數量比例為 4：6 的白球和紅球中隨機摸一個球，並決定是否繼續玩。如果要繼續玩，需要再支付 30 元，然後進入遊戲的第二階段。如果剛才摸到的是紅球，就從紅瓶子中再摸一球；如果剛才摸到的是白球，就從白瓶子中再摸一球。已知白瓶子中有藍球和綠球，比例是 7：3，紅瓶子中也有藍球和綠球，比例是 1：9。如果最終參與者摸到了藍球，則可以獲得 100 元獎金；如果摸到的是綠球，或中途退出遊戲，則不會得到獎金。如果你是遊戲的參與者，會怎麼玩這個賭博遊戲呢？

分析

我們有時真的會被這種賭博遊戲繁冗的規則弄得眼花撩亂，從而失去判斷能力，認為一切都是運氣，沒有規律可尋，事實上並非如此！只要我們認真分析這個遊戲的規則和步驟，便可以從中找到規律。我們可以用一種叫做「決策樹（Decision Tree）」的工具，幫助我們決策是否應當玩這個遊戲，怎麼玩這個遊戲勝算最大。

決策樹是一種樹狀的分析圖，它是在已知各種情況發生機率的基礎上，透過求取圖中每個結點的期望值，來評估專案風險、判斷其可行性的決策分析方法。因此使用決策樹分析法的前提是要知道每個事件發生的機率。對於例子中描述的這個賭博遊戲，每一步要做的就是從瓶子中「摸球」，而各種顏色的球數比例是已知的，因此摸到某種顏色小球的機率也是已知的，所以，我們可以應用決策樹來進行分析。

在介紹決策樹之前，我們先來了解一下決策樹中的一些符號。

方塊符號「□」：稱為決策點，它表示當前有兩種或兩種以上的策略可供選擇。

三角符號「Δ」：稱為決策終點，它表示決策已完成。

圓圈符號「○」：稱為狀態點，它表示可能出現兩種或兩種以上的可能，但是與決策點不同，這種可能並不是人為（決策者）選擇的，而是受機率等因素影響的。

了解以上符號，我們就可以將例子中描述的賭博遊戲的決策樹畫出來。如圖 3-5 所示。

圖 3-5 畫出了這個賭博遊戲的決策樹。樹根結點 A 是一個決策點，表示需要決策者選擇是否要玩這個遊戲。如果選擇不玩，則進入一個決策終點Δ，連線上的 0 表示這種選擇下消耗的代價為 0，即不用支付任何費用，那麼，決策終點旁邊的 0，就表示最終的收益為 0。如果選擇玩這個遊戲並進行第一次摸球，則進入狀態點 B，這裡用○表示。連線上的－ 20 表示這種選擇下消耗的代價為 20，即需要支付 20 元。在狀態點 B 上要從混

有紅球和白球的瓶子中摸球。已知白球和紅球的比例為 4：6，所以摸到白球的機率為 0.4，摸到紅球的機率為 0.6。

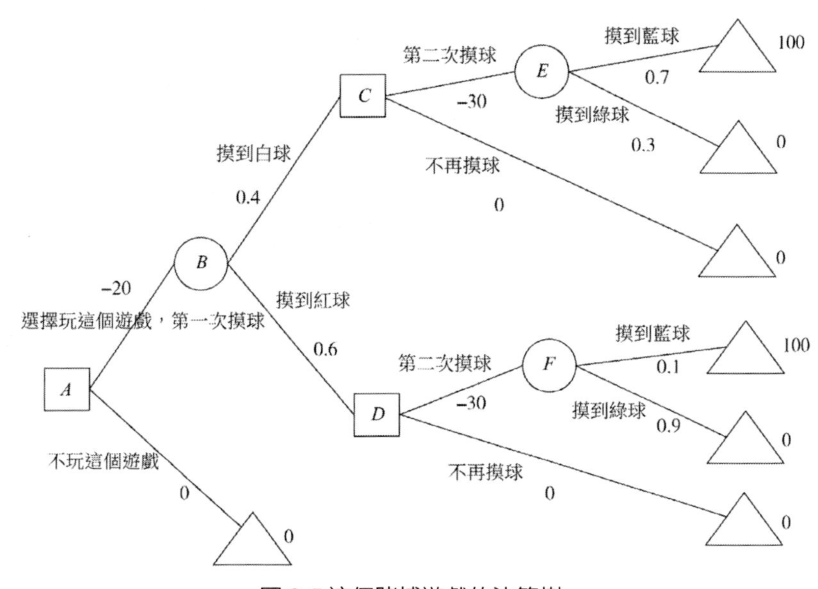

圖 3-5 這個賭博遊戲的決策樹

如果摸到的是白球，則進入決策點 C，此時需要決策者選擇是否繼續玩下去，也就是進行第二次摸球。此時如果決策者選擇不再摸球，則直接進入決策終點，這樣不會有任何收益。如果決策者選擇繼續摸球，則需要支付 30 元，並進入狀態點 E，此時要從白瓶中摸球。已知白瓶中藍球和綠球的比例為 7：3，因此摸到藍球的機率為 0.7，摸到綠球的機率為 0.3。如果摸到了藍球，收益為 100 元，如果摸到綠球，收益為 0 元。

同理，如果第一次摸到的是紅球，則進入決策點 D，後續的畫法跟上面描述的一樣，在此不再贅述。

我們透過圖 3-5 所示的決策樹，便可以清晰地了解到這個賭博遊戲的各種選擇分支及每一個步驟，並能清楚地知道每種情況下收益及支出的多少。接下來，我們就可以透過這棵決策樹來分析每種選擇下的收益期望，從而為我們的決策提供支持。我們總是從決策樹的葉結點向根結點反推。推導過程如圖 3-6 所示。

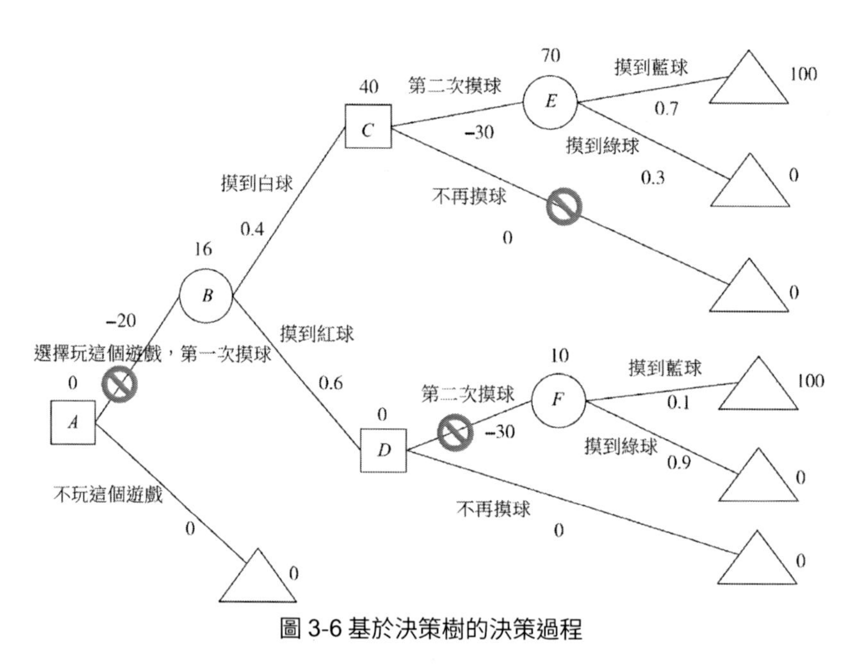

圖 3-6 基於決策樹的決策過程

圖 3-6 給出了決策樹的決策過程，以下我們具體分析一下。

如果第一次摸到了白球，同時選擇了第二次摸球，並幸運地摸到了藍球，那麼按照遊戲規則，參與者可以贏得 100 元獎金。但是這個機率只有 0.7，另外有 0.3 的可能摸到綠球而一無所得，因此，綜合考量狀態點 E 的期望收益為 100×0.7 ＋ 0×0.3 ＝ 70 元，在狀態點 E 旁邊標注其期望收益為 70。又知如果選擇第二次摸球，則需要支付 30 元，這樣選擇第二次摸球的期望收益就是 70 － 30 ＝ 40 元；如果選擇第二次不摸球，不需要支付任何費用，但收益為 0 元；在決策點 C 處應選擇期望收益高的分支，而「剪掉」期望收益低的分支，因此，我們應當選擇第二次摸球，並在決策點 C 旁邊標注其期望收益為 40 元。

如果第一次摸到了紅球，同時選擇了第二次摸球，並幸運地摸到了藍球，那麼按照遊戲規則，參與者可以贏得 100 元獎金。但是這個機率只有 0.1，另外有 0.9 的可能摸到綠球而一無所得，因此，綜合考量狀態點 F 的期望收益為 $100\times0.1+0\times0.9=10$ 元，在狀態點 F 旁邊標注其期望收益為 10。又知如果選擇第二次摸球，則需要支付 30 元，這樣選擇第二次摸球的期望收益就是 $10-30=-20$ 元；如果選擇第二次不摸球，不需要支付任何費用，但收益為 0 元；在決策點 D 處應選擇期望收益高的分支，而「剪掉」期望收益低的分支，因此，我們應當選擇第二次不摸球，並在決策點 D 旁邊標注其期望收益為 0 元。

求解出決策點 C 的期望收益為 40 元，決策點 D 的期望收益為 0 元，我們就可以求出狀態點 B 的期望收益。因為第一次摸球摸到白球的機率為 0.4，摸到紅球的機率為 0.6，所以狀態點 B 的期望收益就是 $40\times0.4+0\times0.6=16$ 元。

又知如果選擇第一次摸球，則需要支付 20 元，這樣選擇第一次摸球的期望收益就是 $16-20=-4$ 元；如果選擇第一次不摸球，不需要支付任何費用，但收益為 0 元；在決策點 A 處應選擇期望收益高的分支，而「剪掉」期望收益低的分支，因此我們應當選擇第一次不摸球，並在決策點 A 旁邊標注其期望收益為 0 元。

透過決策樹的計算，我們知道這個賭博遊戲是「不可靠」的，雖然可能會有些運氣極佳的人摸到藍球而得到 100 元獎金，但這一定是鳳毛麟角的，因為平均下來，玩這個遊戲的玩家每人會賠掉 4 元。看來只要我們懂得這些賭博遊戲的規則，並應用數學工具去分析，就能從中找出破綻，從而避免上當受騙。

3.9
牛奶廠商的生產計畫

隨著生活水準日益提高，人們對自身的營養與健康更加重視，牛奶及奶製品的需求量也隨之增加。因為新鮮的牛奶難以儲存，所以許多廠商會把牛奶加工成各種奶製品，這樣不但可以延長牛奶的有效期限，還可以增加銷售的利潤。但是對牛奶廠商來說，如何制定生產計畫成為一個棘手的問題。多少牛奶用於直接銷售？多少牛奶製成奶製品？以下這個例子或許可以幫你解決這個問題。

假設牛奶廠商現有 9 噸的牛奶存量，若在市場上直接銷售這種鮮牛奶，每噸可獲利 500 元；如果製成優酪乳再銷售，每噸可獲利 1,200 元；如果進行加工，製成牛奶糖銷售，每噸可獲利 2,000 元。牛奶廠商的生產能力是：如果生產優酪乳，每天可加工 3 噸牛奶；如果製成牛奶糖，每天只能加工 1 噸牛奶。由於裝置限制，兩種加工方式不可同時進行，並且要求 4 天之內全部銷售或加工完這批牛奶，利潤越高越好。請問你有什麼好方法幫助這個牛奶廠商處理完這批牛奶？

分析

對於這類制定生產計畫的問題，我們可以先羅列出每一種可能的方案，然後分別計算每種方案可獲得的利潤，從中選出利潤最高者作為最終的結果。

對於本例題，牛奶廠商的生產計畫，不外乎包括以下幾種。

▷ 方案一：不需要加工，銷售全部的鮮奶。

▷ 方案二：全部牛奶都用來製造優酪乳。

▷ 方案三：盡量多製成牛奶糖，其他的鮮奶直接銷售。

▷ 方案四：在 4 天時間內，一部分牛奶製成牛奶糖，一部分製成優酪乳。

由於該工廠每天只能加工 1 噸牛奶製造牛奶糖，所以如果將全部的牛奶用來製造牛奶糖，顯然 4 天之內是無法加工完這批牛奶的，所以「全部牛奶用來製造牛奶糖」的方案不能作為備選方案。

下面就對上述 4 種方案一一進行評估，看看哪種方案獲得的利潤最高。

如果不需要加工，銷售掉全部的鮮奶，這是最簡單的做法，這樣可獲利 500×9 ＝ 4,500 元。

如果全部牛奶用來製造優酪乳，那麼 9 噸牛奶可在 3 天內加工成優酪乳，總利潤為 1,200×9 ＝ 10,800 元。

如果盡量多製成牛奶糖，其他的鮮奶直接銷售，那麼，需要加工 4 噸牛奶製造牛奶糖，其餘的 5 噸牛奶直接銷售。按照這種方案，總利潤為 2,000×4 ＋ 500×5 ＝ 10,500 元。

如果在 4 天時間內，一部分牛奶製成牛奶糖，一部分製成優酪乳，這樣可以假設用 x 噸的牛奶加工牛奶糖，用 y 噸的牛奶加工優酪乳，根據題目的已知條件，可以列出以下的方程組：

$$\begin{cases} x + y = 9 \\ \dfrac{x}{1} + \dfrac{y}{3} = 4 \end{cases}$$

解得 x ＝ 1.5，y ＝ 7.5，也就是說，用 1.5 噸的鮮牛奶加工牛奶糖，用剩餘的 7.5 噸鮮牛奶加工優酪乳，這樣可以保證在 4 天之內全部加工完。而這種方案獲得的總利潤為 1.5×2,000 ＋ 7.5×1,200 ＝ 12,000 元。

綜上所述，比較各種生產計畫的總利潤，方案四＞方案二＞方案三＞方案一。所以，該牛奶廠商應當選擇第四種方案安排生產。

這裡需要強調一點，題目中指出的牛奶、優酪乳、牛奶糖，每噸銷售利潤應當是減去全部成本的淨利潤。這個成本不但包括牛奶自身的成本，還要包括生產技術的成本、人力成本、時間成本等諸多成本因素。例如，如果直接銷售鮮奶而不做任何加工，這個成本就只包含牛奶自身的成本以及銷售的人力成本；而如果製成牛奶糖再銷售，這個成本還要再加上生產技術的成本以及時間成本等。所以，題目中給出的每噸可獲利潤，一定是銷售價格減去這些成本得到的淨利潤才有意義。

另外，從這個題目的結果中，我們也可以得到這樣一個結論：僅靠出售原材料獲利的產業，其利潤率一定是最低的，加工比重越大的產業，其利潤率也會越高。

3.10
決策生產方案的學問

當下市場競爭激烈，各個廠商都希望盡可能減少生產成本，增加銷售利潤。但現實中有些問題的確讓人頭痛，比如有的生產方案固定成本可能比較低，單個產品可變的成本卻較高，這樣少量生產的確划算，但大規模生產就可能導致成本過高。如何決策生產方案呢？實際生產中如何制定生產的數量呢？這些問題是廠商需要思考的重點。以下這個案例就是這樣的問題。

某食品廠要引進一條生產線生產一批食品，有兩套引進方案可供選擇。每種方案的固定投入（裝置費用）以及隨產量而增加的可變費用（人力、原料等費用）如表 3-11 所示。

表 3-11 該工廠生產的固定投入及可變費用

費用	方案一	方案二
固定投入（萬元）	30	60
可變費用（元／件）	12	10

如果你是該工廠的管理者，你會怎樣決策生產方案？

分析

從表 3-11 中我們可以看出，如果選擇方案一，那麼固定投入明顯要比方案二小，但是隨產量而增加的可變費用較多，也就是說，如果產量大到一定程度，總費用可能超過方案二。相比之下，方案二的固定投入較多，但是生產單件產品的費用較方案一少 2 元，因此，如果產量足夠大，這個優勢會更加突出地展現出來。但是如果產量較小，則方案二可能投入的成本會更多。

以上只是簡單的猜想，食品廠當然不能僅靠這樣的猜想來決策生產方案。以下我們透過定量分析，進一步討論該食品廠的生產方案。

設該工廠引進生產線的固定投入為 C 元，可變費用為生產每件產品花費 V 元。如果該工廠生產 x 件產品，總成本投入為 S：

$$S = C + Vx$$

將表 3-11 的具體數字代入該式中，可得：

方案一：$S_1 = 300{,}000 + 12x$

方案二：$S_2 = 600{,}000 + 10x$

也就是說，每種方案對應的總成本投入曲線是不盡相同的。如果將這兩條曲線畫在同一座標系中，可得到圖 3-7 所示的影像。

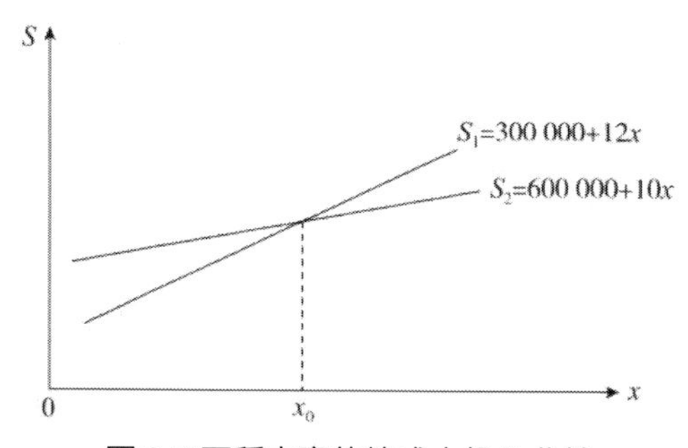

圖 3-7 兩種方案的總成本投入曲線

從圖 3-7 中可以看出曲線 S_1 的斜率較大（斜率為 12），但截距較小（截距為 300,000）；而曲線 S_2 的斜率較小（斜率為 10），但截距較大（截距為600,000）。因此對總成本 S_1 來說，雖然它包含的固定成本較少，但會隨著產量 x 的增加而較快地增長；相比之下，總成本 S_2 雖然包含的固定成本相對較多，但是隨著產量 x 的增加，其變化的速率較 S_1 慢。當產量達到 x_0 時，總成本 S_1 與 S_2 相等，產量小於 x_0 時 S_1 小於 S_2，產量大於 x_0 時 S_1 大於 S_2。

不難計算，x_0 等於150,000。也就是說，當總產量小於150,000時，方案一的總成本投入小於方案二的總成本投入；當總產量大於150,000時，方案一的總成本投入大於方案二的總成本投入；當總產量恰好等於150,000時，方案一與方案二的總成本投入相等。

有了以上的計算分析，我們就不難決策該食品廠的生產方案。如果計劃生產的總量比較小，則最好選擇方案一進行生產。雖然單位產品的可變費用成本較高，但是固定投入較少，這樣小量生產是比較划算的。相反，如果該產品比較熱銷，市場銷量大，則最好採用方案二投入生產。雖然固定成本投入是方案一的兩倍，但是生產過程中單位產品的可變費用成本較低，這樣產量越大就越划算。

3.11 古人的決鬥

相傳古代有甲、乙、丙三個人，他們都認為自己的射箭技術十分了得，吹噓自己天下無二、百步穿楊。但實際上只有丙能夠百發百中，另外兩人射中靶心的機率分別為 30%和 80%，但是為了賭一口氣，口頭上誰也不服誰，於是三個人決定較量一番。由於他們的脾氣相對暴躁，所以比賽的方式也比較血腥。

甲、乙、丙三個人輪流射箭，可以選擇放棄射箭，也可以選擇以另外兩個人中的任意一人當靶心，如果箭穿咽喉，被視為靶心的這個人當即斃命，其餘兩個人則繼續射箭。整個過程共進行兩輪，如果兩輪之後仍然沒有被射死，就是天下第一；如果有兩個人活著，則並列天下第一。身為射箭技巧最差的甲，應該選擇什麼樣的策略，讓自己存活的機率最大呢？

分析

我們先分析一下乙和丙的心態。對乙和丙來說，甲對他們的威脅最小，因為甲是射箭最不準的，因此雙方第一輪都會選擇把對方射死，最後第二輪再跟甲一決雌雄，這樣勝算最大。經過這樣的分析後，我們發現在第一輪中，甲完全可以出於明哲保身的位置，讓乙和丙兩個人大打出手，自己坐享漁翁之利。這已經暗示我們甲在第一輪放棄射箭是最明智的選擇，實際情況真的是這樣嗎？

我們回到對甲的所有選擇進行分析。甲在第一輪中有三種選擇：放棄射箭、射箭並選乙為靶心、射箭並選丙為靶心。我們分別計算一下在這三種情況下，甲在兩輪之後存活的機率。

1. 放棄射箭

透過圖 3-8 我們發現，有三種情況會使甲最後活下來，在圖中已用粗線標出。

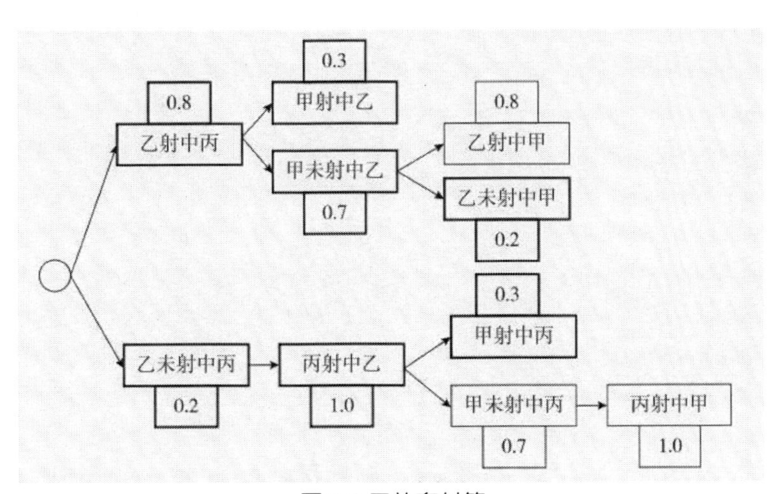

圖 3-8 甲放棄射箭

- ▷ 甲放棄→乙射中丙→甲射中乙：$0.8 \times 0.3 = 0.24$。
- ▷ 甲放棄→乙射中丙→甲未射中乙→乙未射中甲：$0.8 \times 0.7 \times 0.2 = 0.112$。
- ▷ 甲放棄→乙未射中丙→丙射中乙→甲射中丙：$0.2 \times 1.0 \times 0.3 = 0.06$。

如果甲在第一輪選擇放棄射箭，最後存活下來的機率為 41.2%。這對甲來說似乎是一個不差的數字，尤其是在自己射箭命中率只有 30%，比其他兩位低很多的情況下，能獲得如此高的存活機率，已經很難得了。

2. 射箭並選擇丙做靶心

透過圖 3-9 我們發現，有三種情況會使甲最後活下來，在圖中已用粗線標出。

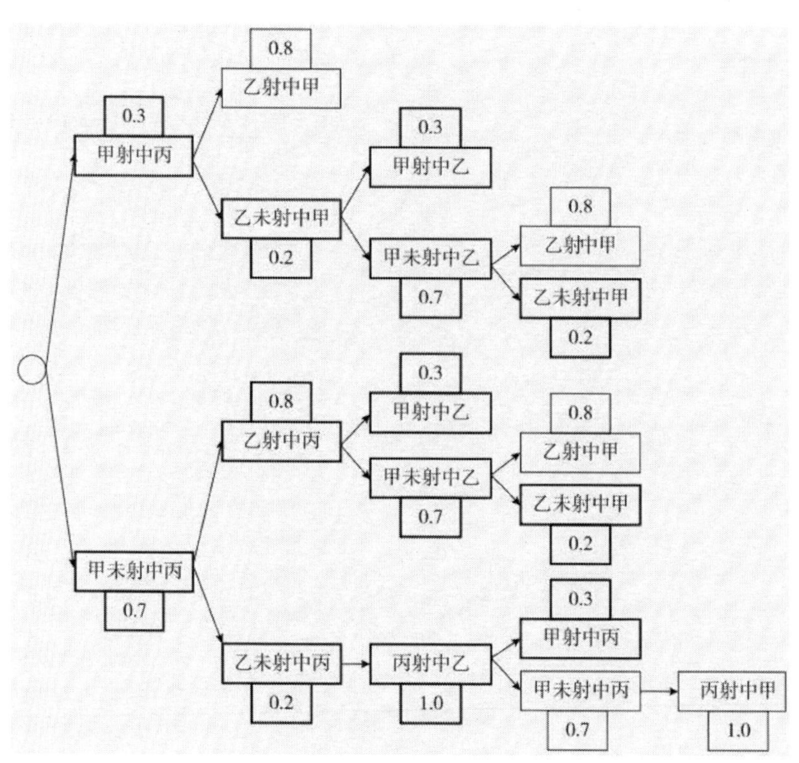

圖 3-9 甲射箭並以丙為靶心

- ▷ 甲射中丙→乙未射中甲→甲射中乙：$0.3 \times 0.2 \times 0.3 = 0.018$。
- ▷ 甲射中丙→乙未射中甲→甲未射中乙→乙未射中甲：$0.3 \times 0.2 \times 0.7 \times 0.2 = 0.0084$。
- ▷ 甲未射中丙→乙射中丙→甲射中乙：$0.7 \times 0.8 \times 0.3 = 0.168$。
- ▷ 甲未射中丙→乙射中丙→甲未射中乙→乙未射中甲：$0.7 \times 0.8 \times 0.7 \times 0.2 = 0.0784$。

▷ 甲未射中丙→乙未射中丙→丙射中乙→甲射中丙：$0.7\times0.2\times1.0\times0.3 = 0.042$。

如果甲在第一輪選擇將丙做靶心，最後存活下來的機率為 31.48%。情況比放棄射箭的選擇還糟糕，但實際上這還不是最糟糕的選擇，我們繼續往下看，看看最糟糕的情況下，甲的存活機率是多少。

3. 射箭並選擇乙做靶心

透過圖 3-10 我們發現，有三種情況會使甲最後活下來，在圖中已用粗線標出。

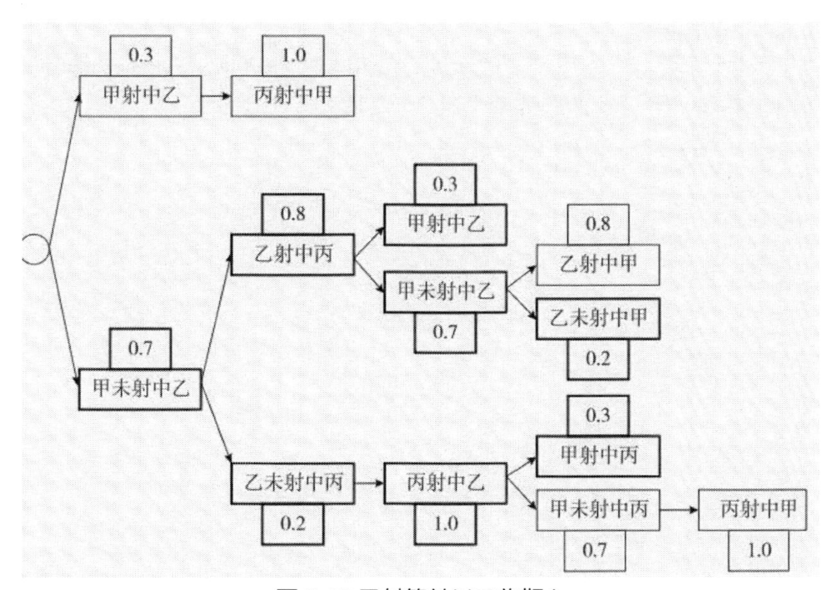

圖 3-10 甲射箭並以乙為靶心

▷ 甲未射中乙→乙射中丙→甲射中乙：$0.7\times0.8\times0.3 = 0.168$。

▷ 甲未射中乙→乙射中丙→甲未射中乙→乙未射中甲：$0.7\times0.8\times0.7\times0.2 = 0.0784$。

▷ 甲未射中乙→乙未射中丙→丙射中乙→甲射中丙：0.7×0.2×1.0×0.3 = 0.042。

如果甲在第一輪選擇將乙做靶心，最後存活下來的機率為 28.84%。情況似乎很糟糕，原因在於一旦在第一輪甲射死乙，那麼甲就必死無疑，因為丙一定會射中甲；如果甲沒有射中乙，後面又回到甲放棄射箭的情況，也就是說，甲的存活機率與放棄射箭相比，降低了三成。

綜上所述，我們可以看出，甲選擇第一輪放棄射箭的方式，能使自己的存活機率最大。我們細想一下不難發現，如果甲先放箭，無論是射死乙還是射死丙，都會輪到剩下的人先朝自己射箭，而對方射中的機率高達 80%和 100%，因此死亡的機率非常高。明智的選擇就是先坐山觀虎鬥，等乙和丙火拼之後，無論誰被射死，都會輪到甲開始射箭，只有這樣，才能把命運最大限度地掌握在自己手裡。

3.12
豬的博弈論引發的思考

我們在日常生活中經常會遇到合作與競爭的問題，不同的對策，帶來的結果會有很大的差別。選擇正確的對策，可以使自己在競爭中最大程度地獲得利益；相反，如果對策失誤，則可能面臨失敗的困局。當然最好的策略是使博弈雙方都能得到自己最大的利益，也就是「雙贏」，但這需要高超的策略，也是人們一直在追求和探索的。

下面這個問題就是一道經典的博弈論問題，或許我們可以從中得到一些啟示。

豬圈裡養著大小兩頭豬。豬圈有一個門，門外有一個食槽，每天飼養員都會按時向食槽中投放 5kg 飼料。然而，控制豬圈門的開關，在豬圈的另一側，如果大豬去按動開關開門，則小豬可以伺機搶到 2.5kg 的食物，這樣大豬只能吃到 2.5kg 的食物，但是大豬開門需要消耗相當於 1kg 食物的能量。如果小豬去按動開關開門，大豬可以伺機搶到 4.5kg 的食物，小豬只能吃到 0.5kg 的食物，但是小豬開門也需要消耗相當於 1kg 食物的能量。如果兩頭豬誰也不去開門，則牠們就誰也吃不到食物。若兩頭豬同時去開門，則大豬能吃到 3kg 的食物，小豬能吃到 2kg 的食物，同樣兩頭豬開門都需要消耗相當於 1kg 食物的能量。請問最終這兩頭豬的策略是什麼？

分析

大豬和小豬應當怎樣抉擇呢？我們先來羅列一下牠們可選的幾種策略，以及每種策略下大豬和小豬各自的得與失。

策略一：大豬開門，小豬等待。小豬獲得 2.5kg 食物，大豬獲得 2.5kg 食物，同時消耗 1kg 食物。

策略二：小豬開門，大豬等待。大豬獲得 4.5kg 食物，小豬獲得 0.5kg 食物，同時消耗 1kg 食物。

策略三：大豬等待，小豬等待。大豬獲得 0kg 食物，小豬獲得 0kg 食物。

策略四：大豬開門，小豬開門。大豬獲得 3kg 食物，消耗 1kg 食物，小豬獲得 2kg 食物，消耗 1kg 食物。

可見不同的策略下，大豬和小豬的得失是各不相同的。我們可以用表 3-12 將每種策略下大豬和小豬的得失情況加以總結。表中第一個數字表示大豬的收益，第二個數字表示小豬的收益。所謂收益，就是牠們獲得的食物質量減掉消耗的食物質量。

表 3-12 大豬和小豬的得與失

		大豬	
		等待	開門
小豬	等待	0，0	1.5，2.5
	開門	4.5，－0.5	2，1

從表 3-12 中不難看出，小豬一定會選擇等待，因為無論大豬選擇什麼策略，小豬選擇等待都是最有利於自己的。如果大豬選擇開門，小豬選擇等待，會收益 2.5kg 食物，相比之下，如果小豬也選擇開門，則只能收

益 1kg 食物；同理，如果大豬選擇等待，小豬選擇等待，會收益 0kg 食物，但如果小豬選擇開門，則不但沒有收益，還要消耗 0.5kg 的食物。雖然大豬、小豬同時開門會比同時等待更加有利，但是在大豬與小豬的博弈中，只能假設對方會選擇最有利於自己的策略，因此如果小豬選擇開門，大豬一旦選擇等待，那麼結果就是小豬一無所獲，還要消耗 0.5kg 的食物。所以小豬選擇等待才是最保險的。

在此基礎上，大豬只能選擇開門。因為如果大豬也選擇等待，那將兩敗俱傷，誰都得不到食物。如果大豬選擇開門，雖然小豬是不勞而獲，但大豬最起碼還能收益 1.5kg 的食物。所以大豬只能無奈地選擇開門。

所以博弈的結果就是策略一：大豬開門，小豬等待。

在這場大豬與小豬的博弈中，雙方都希望從中獲取最大的利益，但由於客觀條件的限制，小豬必然占領了先機和主動，因此可以「以逸待勞」，搭上大豬的「便車」。大豬在這場博弈中處於客觀上的劣勢，因此只能委曲求全，退而求其次地選擇開門。

在現實生活中，這樣的例子也屢見不鮮。有些情況下，博弈雙方的某一方處於被動的局面，而另一方處於主動的局面，這時主動方往往可以採取以逸待勞的策略，甚至不戰而勝。而對於被動的一方，就只能選擇積極面對這種被動局面，這樣損失才會較小。如果想從根本上扭轉這種局面，只能靠改造客觀環境，使之朝著有利於自己一方的方向發展，單純地依靠對策，是無濟於事的。

3.13 排隊不排隊

在博弈論中，我們把兩個人以上參與的博弈稱為多人博弈。在多人博弈中，每個人都是自私的，只考量個人利益，且沒有其他人可以干預個人決策，也就是說，個人是完全按照自己利益最大化的原則進行決策。日常生活中，多人博弈的例子不勝枚舉，一個最經典的例子，就是登機口的排隊博弈問題。

假設有 6 名乘客在候機室等待登機，乘客可以選擇主動到登機口排隊接受服務，也可以選擇坐在休息室等待服務。如果選擇在休息室等待，按照被服務的先後次序，分別可以獲得（20，17，14，11，8，5）的旅行回饋，而被服務的次序是等機率隨機的。如果選擇到登機口排隊，會被扣除兩個回饋，按照排隊的先後次序，分別獲得（18，15，12，9，6，3）的旅行回饋。如果有的乘客選擇在登機口排隊，有的乘客選擇在休息室等待，則登機口排隊的乘客會先得到服務。那麼，6 名乘客究竟會選擇在休息室等待還是在登機口排隊呢？

分析

為了一目了然，我們把回饋用表格的形式呈現出來，如表 3-13 所示。

表 3-13 不同情形下的回饋

服務次序	等待收益	排隊收益
1	20	18
2	17	15
3	14	12
4	11	9
5	8	6
6	5	3

我們首先要了解的是，如果選擇在休息室等待，那麼服務次序是隨機的，每個人都有可能被第一個服務，從而獲得最高的 20 個回饋，也有可能被最後一個服務，從而只獲得 5 個回饋，而且獲得每種回饋的機率是相同的，因此，每個人的期望回饋為

$$P = 20\times\frac{1}{6}+17\times\frac{1}{6}+14\times\frac{1}{6}+11\times\frac{1}{6}+8\times\frac{1}{6}+5\times\frac{1}{6}=12.5$$

此時六名乘客獲得的總回饋為 75 個，這個是使整體利益最大化的選擇，但實際情況會是這樣嗎？六名乘客會都選擇在休息室等待嗎？答案是不會的，由於每個人都是自私的，都想獲得更多的回饋，因此他們對於 12.5 個回饋是不會滿足的，必然利用其他方式試圖使自己的利益最大化。

現實生活中肯定會有人一步衝到登機口排到第一的位置，因為此時該名乘客已經確定自己可以獲得 18 個旅行回饋，遠遠超過自己在休息室等待所可能獲得的 12.5 個期望回饋。此時，另外在休息室的五名乘客會做出什麼樣的選擇呢？是繼續等待，還是也去登機口排隊？

我們發現當有一名乘客已經在登機口排隊的時候，另外在休息室的五名乘客的期望回饋已經發生了變化，由於排隊的那位乘客會被第一個服務，因

此在休息室等待的乘客，最高只能獲得 17 個旅行回饋，期望回饋變為

$$P=17\times\frac{1}{5}+14\times\frac{1}{5}+11\times\frac{1}{5}+8\times\frac{1}{5}+5\times\frac{1}{5}=11$$

同樣的道理，由於每個人都以自己利益最大化為原則，因此只要排隊比等待獲得的回饋多，就會選擇去排隊。此時去登機口排隊會第二個接受服務，從而得到 15 個回饋，超過在休息室等待所能獲得的 11 個期望回饋，因此，會有人在登機口排隊去接受服務。

這時候，休息室剩下四名乘客，而等待服務獲得的期望回饋，下降為 9.5 個，但還是會有第三名乘客去登機口排隊，從而得到 12 個旅行回饋。只剩三名乘客的情況下，等待服務獲得的期望回饋也下降為 8 個，但是，由於即便第四個排隊也會獲得 9 個回饋，所以，第四名乘客仍然去排隊。現在休息室只剩下兩名乘客了，這時候情況發生了變化，我們計算一下在休息室等待所能獲得的期望回饋：

$$P=8\times\frac{1}{2}+5\times\frac{1}{2}=6.5$$

可以看出，雖然在休息室等待獲得服務的期望回饋繼續減少，但是已經比排隊獲得的回饋高了，因為即便第五個排隊，也只能獲得 6 個回饋，為了使自己的利益最大化，後面兩名乘客會選擇在休息室等待，這兩個人會隨機在第五和第六順位得到服務，並且分別獲得 8 個回饋和 5 個回饋。

我們來整理一下最終結果，如表 3-14 所示。

表 3-14 回饋與實際收益

服務次序	等待收益	排隊收益	實際收益
1	20	18	18

2	17	15	15
3	14	12	12
4	11	9	9
5	8	6	8
6	5	3	5

不難看出，最終前四名乘客選擇在登機口排隊，後兩名乘客選擇在休息室等待，六名乘客共獲得 67 個回饋，這顯然沒有所有人都在休息室等待，從而一共獲得 75 個回饋能將整體利益最大化，但這就是博弈的結果，在每個人都以自身利益最大化作為選擇標準時，整體利益就會受損。

本質上，最終的博弈結果達到了「納許均衡（Nash equilibrium）」。在多人博弈的過程中，如果沒有任何一名參與者可以獨自行動而增加收益，即為了自身利益的最大化，沒有任何單獨的一方願意改變其策略，則該策略組合被稱為「納許均衡」。納許均衡實質上是一種非合作博弈狀態，這也解釋了整體利益沒有最大化的原因。

3.14 囚犯的困局

這是一道經典的博弈問題。兩個罪犯 A 和 B 被警察抓獲，分別關在兩個不同的房間中接受審訊。法官告訴他們：如果兩人都坦白，則各判 5 年徒刑；如果兩人都抵賴，因為證據不足，則只能各判 1 年徒刑；如果一人坦白，一人抵賴，則坦白的人可以免於刑罰，抵賴的人要重罰，判處 8 年徒刑。兩個囚犯都絕頂聰明，你知道他們的策略是什麼嗎？

分析

我們可以參考「豬的博弈論」思路來分析這個題目。A、B 兩個罪犯的策略不外乎只有兩條，即坦白和抵賴。這樣就構成了 4 種策略組合：（A 坦白，B 坦白）、（A 坦白，B 抵賴）、（A 抵賴，B 坦白）、（A 抵賴，B 抵賴）。那麼，這 4 種組合中，A、B 各自的收益是多少呢？我們可以用表 3-15 將每種策略下 A、B 的得失情況加以總結，表中第一個數字表示 A 的收益，第二個數字表示 B 的收益。例如收益為 0 表示免坐牢，收益為－5 表示需要判 5 年徒刑，以此類推。

從表 3-15 中我們可以清楚地看出，對 A、B 兩個囚犯來說，選擇坦白是他們的最佳策略。這是因為在 B 坦白的前提下，如果 A 選擇了坦白，則 A 就要被判處 5 年徒刑，如果 A 選擇抵賴，則 A 要被判處 8 年徒刑；而在

B 抵賴的前提下，如果 A 選擇坦白，則 A 就會免於刑罰，如果 A 也選擇抵賴，則 A 要被判處 1 年的徒刑，因此，無論 B 是坦白還是抵賴，對 A 來說，選擇坦白都是風險最小的。同理，對 B 來說，選擇坦白也是風險最小的。

表 3-15 A、B 二囚犯的得失

		B 囚犯	
		坦白	抵賴
A 囚犯	坦白	－5，－5	0，－8
	抵賴	－8，0	－1，－1

有的讀者可能有這樣的困惑：如果 A 和 B 都選擇抵賴，那不是比都選擇坦白好嗎？但是問題恰恰就在於「全部抵賴」這個選擇對 A 和 B 整體上是好的，但對 A 或 B 個人來說卻並非如此。因為只要有一方（A 或 B）知道了對方選擇抵賴，那麼他一定會選擇坦白，因為這樣他就可以免於刑罰，誰也不會仗義到去陪另一個人坐一年牢的蠢事。

這就引申出一個深刻的道理：個人理性往往與集體理性之間是矛盾的。從集體理性來看，A、B 二人都選擇抵賴或許是整體代價最小的一種選擇，但是從 A 或 B 的個人理性來看，選擇抵賴卻不能使自身的利益得到最大化。在我們的現實生活中，這樣的例子屢見不鮮。比如國家的稅收政策，對單個納稅人來說，肯定是經濟利益的損失，但從國家的宏觀理性來看，稅收可以讓公共利益得到提升，從而反哺給每一個納稅人。因此，從大局來看，一個國家的稅收政策是必須的，也是有益於每一個公民的。

另外，與上一題告訴我們的道理一樣，這個例子也生動地闡釋了「個人利益的最大化並不一定就是集體利益的最大化」。就像囚犯的策略那樣，最終 A、B 二人都會選擇坦白，這樣滿足 A 和 B 兩人各自利益的最大化，但這並不是集體利益的最大化，因為如果二人都選擇抵賴會更好。

3.15 三姬分金

「三姬分金」大意是三個美女分配 100 個金幣，規則是：每個人提出一個分配方案，抽籤決定說出方案的順序。如果說出的方案不能獲得超過半數參與者（至少二人）的認同，那這個美女就會被處死。提出方案的順序是甲、乙、丙。已知這三個美女都絕頂聰明，且都會提出對自己最有利的分配方案。請問最終這三個美女是怎樣分配金幣的？

分析

本題又是一道經典的博弈論問題，屬於完全訊息的靜態博弈。在解決本題之前，需要先了解幾個假定的前提。

- 這三位美女都是足夠聰明的，她們可以設計出對自己最有利的分配方案。
- 這三位美女都是理性的，也就是她們提出的方案都是能實現自身利益最大化的方案。所謂自身利益最大化，是指自己得到的金幣最多，同時盡可能否定其他競爭者的方案。

如果僅憑直覺，大家可能會認為排序越後面的美女，獲得的利益會越多，因為後者可以否定前者的分配方案，從而獲取更多的金幣。但事實並非如此，本題需要從後向前推演，最終確定三姬分金的方案。

▷ 如果美女甲被處死了，只剩下乙和丙兩位美女，那麼無論乙提出怎樣的分配方案（即使乙提出將所有金幣都分給丙），丙都會反對，只有這樣，丙才能獲取最多的金幣，同時殺掉乙（實現利益最大化）。因此聰明的乙絕不會否決甲的提議，因為只有這樣，乙才能保全性命。

▷ 美女甲也一定能夠推斷出：無論自己提出什麼樣苛刻的提議，乙都會無條件支持她，因為這關乎乙的性命。所以美女甲便可提出使自己利益最大化的方案，即（甲 100 金，乙 0 金，丙 0 金）。

美女甲提出這個方案後，一定會得到美女乙的支持，即使丙不同意也無濟於事（因為已超過半數同意該方案），所以最終的分配方案就是（甲 100 金，乙 0 金，丙 0 金），甲獲取全部的金幣。

在整個博弈中，美女甲具有絕對的「先手優勢」，也就是說，她可以根據自己的判斷，制定出最有利於自己的分配方案，而美女乙和丙在整個博弈中處於劣勢地位，即使不滿意美女甲的方案，也只能被動接受。

知識擴展 —— 更新版問題：五海盜分金

三姬分金問題是一道很簡單的博弈論問題，但是道理卻是非常深刻的。以下我們再來看一道更為複雜的博弈論問題 —— 「海盜分金」，該問題是三姬分金問題的更新版，但解決思路是相同的。

5 個海盜搶到了 100 枚金幣，每枚金幣的價值都相等。經過大家協商，他們定下了如下的分配原則：第一步，抽籤決定自己的編號（1，2，3，4，5）；第二步，由 1 號海盜提出自己的分配方案，然後 5 個海盜投票表決，只有超過半數的選票通過，才能採取該方案，但是一旦少於半數選票通過，該海盜將被投入大海餵鯊魚；第三步，如果 1 號死了，再由 2 號海盜提出自己的分配方案，然後 4 個海盜投票表決，只有超過半數的選票通過，才能採取該方案，但是一旦少於半數選票通過，該海盜將被投入大海餵鯊魚，依此類推。已知海盜們都足夠聰明，他們會選擇保全性命，同時使自己利益最大化（拿到的金幣盡可能多，殺掉盡可能多的其他海盜，以防後患）的方案，請問最終海盜是如何分配金幣的？

分析

與三姬分金問題類似，本題仍然需要從後向前推演，最終確定 5 個海盜的分金方案。

假設 1、2、3 號海盜都死了，只剩下 4 號和 5 號海盜，那麼無論 4 號提出怎樣的分配方案（哪怕是將金幣全給 5 號），5 號海盜都會投反對票，只有這樣，5 號海盜才能獲得最多的金幣，同時殺掉 4 號海盜（實現利益最大化）。因此聰明的 4 號海盜，絕不會否決 3 號海盜的提議，因為只有這樣，他才能保全性命。

3 號海盜也推理出 4 號一定支持他，因此如果 1 號、2 號海盜全死了，他提出的方案一定是（100，0，0），即自己獨占這 100 枚金幣。這樣即便 5 號海盜不同意，自己和 4 號海盜也一定會同意此方案。

2 號海盜也已推理出 3 號海盜的分配方案，那麼對 2 號海盜來說，他怎樣做才能保障自己可以獲得半數以上投票，不至於被扔到海裡呢？他可以籠絡 4 號海盜和 5 號海盜，給他們一點利益，這樣總比自己被殺後，執行 3 號海盜的（100，0，0）分配方案好。為了籠絡 4 號海盜和 5 號海盜，他一定會提出（98， 0， 1，1）的方案，因為這麼做，4 號和 5 號海盜至少還可以得到一枚金幣，所以他們都會支持 2 號海盜的方案，這樣 2 號海盜得到的票數就過半了。如果 4 號和 5 號海盜不支持 2 號海盜的方案，他們甚至連 1 枚金幣都得不到。

1 號海盜也料到以上的情況，為了拉攏至少 2 名海盜的支持，他會提出（97，0，1，2，0）或者（97，0，1，0，2）的方案。這樣3號海盜一定會支持他，因為倘若1號海盜死了，他可能就得不到任何金幣，所以理性的3號海盜一定會同意這個方案。給4號或者5號海盜2枚金幣，是因為如果按照2號海盜的分配方案，他們最多得到1枚金幣，因此給他們其中一人2枚金幣，就一定能夠得到該海盜的支持。這種分配方案，可以保證1號海盜至少獲得3張選票。

因此最終1號海盜會提出（97，0，1，2，0） 或者（97，0，1，0，2）的分配方案，這樣他至少可以得到3號海盜、4號海盜，或者3號海盜、5號海盜的投票。雖然其他海盜肯定會心有不甘，但是客觀的環境迫使他們無奈地接受現實。

與三姬分金問題一樣，五海盜分金的故事再一次告訴我們：現實環境下，制定規則的人往往處於絕對的先手優勢，因為他可以制定出最有利於自己的規則和方案。而在客觀條件的約束下，其他的人往往只能被動地接受。特別是處於2號海盜地位的夾心餅乾，他們可能既不能像3、4、5號海盜一樣得到1號海盜（方案制定者）的拉攏，又沒有制定方案的機會和權力，所以處境最為尷尬。

第 4 章

古今中外數學趣題拾零

在漫漫的歷史長河中，古人創造出許多燦爛輝煌的文化，猶如甘泉雨露，滋養著一代又一代的兒女，瑰麗般的珠寶，在偉大的大地上閃耀著，數學就是這些燦爛瑰寶中閃爍著智慧光芒的明珠！

古人在生產和實際生活中不斷發現和總結，整理出許多用於指導實際工作的數學方法。將數學寓於實際應用，是數學發展的顯著特點。

本節就帶大家從一些古今中外的數學名題中，體會古聖先賢的智慧，並從中領略數學的巧思與妙趣橫生。這裡有古代算學名著中的經典名題，也包含一些外國經典數學題目，這些題目兼具趣味性與實用性，很值得大家品讀和學習。

4.1 筆套取齊

八萬三千短竹竿，將來要把筆頭安，

管三套五為定期，問君多少能完成？

—— 選自《算法統宗》

有 83,000 個短竹竿，將來會裝上筆頭製成毛筆，已知一根短竹竿可以製作 3 個筆管或者 5 個筆套。請問怎麼用這 83,000 個短竹竿製作出成套的毛筆（一支毛筆需要一個筆管配一個筆套）？

分析

解決這個問題有許多方法，最簡單、直觀的方法是利用方程組求解。

假設用 x 根短竹竿製作筆管，用 y 根短竹竿製作筆套，則可列出下列方程組：

$$\begin{cases} 3x = 5y \\ x + y = 83\,000 \end{cases}$$

上式中，3x 表示 x 根短竹竿可製作的筆管數，5y 表示 y 根短竹竿可製作的筆套數。因為現在要求筆管數目和筆套數目相等才能製造出成套的毛筆，所以令 3x ＝ 5y。

另外，用來製作筆管的短竹竿數 x 和用來製作筆套的短竹竿數 y 相加在一起的和，應該等於 83,000，才能保證用完這 83,000 根短竹竿，所以令 $x + y = 83,000$。

經計算，易知：$x = 51,875$，$y = 31,125$。

所以，用 51,875 根短竹竿製作筆管，用 31,125 根短竹竿製作筆套，可以製作出成套的毛筆 $3\times51,875 = 5\times31,125 = 155,625$ 支。

可見用方程組的方法求解此題，簡單直觀，易於理解。

知識擴展

程大位與《算法統宗》

本題出自明代數學家程大位所著的《算法統宗》。《算法統宗》這本書全稱為《直指算法統宗》，成書於 1592 年，是明代數學家程大位畢其一生心血的結晶，在中國數學史上有十分重要的地位。

《算法統宗》是一部在當時十分實用的數學工具書。全書共十七卷，其中第一卷和第二卷主要介紹數學名詞、大數、小數和度量衡單位以及珠算口訣等。第三卷至第十二卷按照《九章算術》的次序，列舉了各種應用題及其解法。第十三卷至第十六卷為「難題」解法。第十七卷為「雜法」，也就是那些不能歸入前面各類的演算法。

縱觀全書，它以應用為主，富有系統性和實用性，為當時的生產工作提供了有力的數學工具。因此，這本書不僅在中國赫赫有名，也傳入日本、朝鮮、東南亞國家以及歐洲，成為舉世聞名的東方古代數學名著。

（明）程大位像

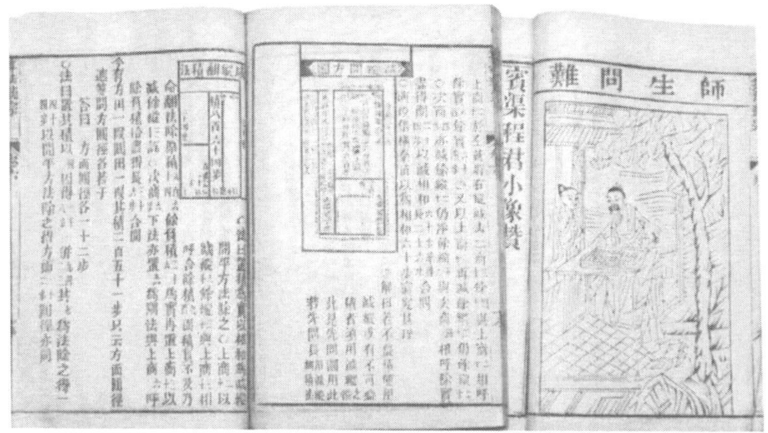
賓渠程君小象讚

師生問難

《算法統宗》影印

4.2
婦人蕩杯

婦人河上蕩杯，津吏問曰：「杯何以多？」婦人曰：「家中有客。」津吏曰：「客有幾何？」婦人曰：「二人共飯，三人共羹，四人共肉，凡用杯六十五，不知客幾何？」

—— 選自《孫子算經》

一個婦人在河邊洗滌杯子，管理渡船的官吏問她：「怎麼這麼多杯子？」婦人回答：「家裡有客人。」官吏問道：「有多少客人？」婦人回答：「兩個人用一個杯子吃飯，三個人用一個杯子喝湯，四個人用一個杯子吃肉，總共六十五個杯子，我也不知道來了多少客人？」

你知道總共有多少客人嗎？

分析

這是一道很有趣的題目，題目中只給出杯子的總數，以及客人如何使用這些杯子。因此，解決這個問題的關鍵，是要弄清楚杯子數和客人數的關係。

從題目中可知，「兩個人用一個杯子吃飯，三個人用一個杯子喝湯，四個人用一個杯子吃肉」，所以，我們可以假設用來盛飯的杯子有 x 個，用來盛湯的杯子有 y 個，用來盛肉的杯子有 z 個，那麼就有 $2x = 3y =$

4z。這是因為 2x、3y、4z 都表示客人的數目，如果透過盛飯的杯子計算，客人的數目就是 2x；如果透過盛湯的杯子計算，客人的數目就是 3y；如果透過盛肉的杯子計算，客人的數目就是 4z。客人的數目是固定的，因此 2x ＝ 3y ＝ 4z。這裡需要注意一點，每個客人都需要吃飯、喝湯、吃肉，只不過在吃不同食物時，他們會以不同的人數共享同一個杯子。又知道總共有六十五個杯子，因此 x ＋ y ＋ z ＝ 65。這樣，我們就可以得到如下的方程組：

$$\begin{cases} 2x=3y=4z \\ x+y+z=65 \end{cases}$$

這樣可以得出 x ＝ 30，y ＝ 20，z ＝ 15。因此，客人總數為 2×30 ＝ 3×20 ＝ 4×15 ＝ 60 人。

知識擴展

數學奇書 ——《孫子算經》

《孫子算經》是中國古代的一部算學經典。它成書於南北朝時期，作者和編年已無法考證。這本書連同《周髀算經》、《九章算術》、《海島算經》、《張丘建算經》、《夏侯陽算經》、《五經算術》、《緝古算經》、《綴術》和《五曹算經》一併歸入《算經十書》，作為隋唐時代國子監算學科的教科書，足見《孫子算經》的重要學術價值和歷史地位。

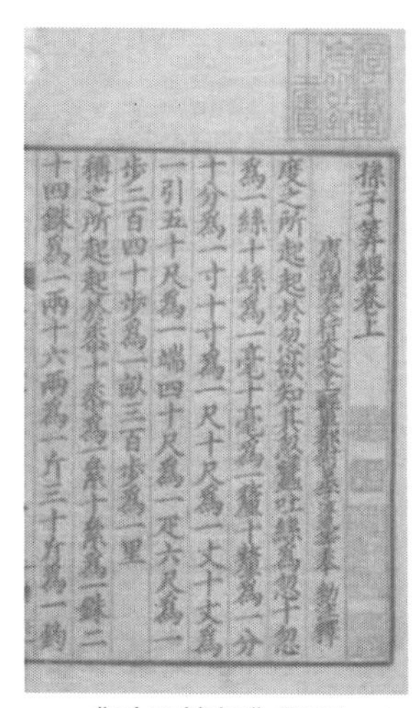
孫子算經卷上
度之所起起於忽欲知其忽蠶吐絲爲忽十忽
爲一絲十絲爲一毫十毫爲一氂十氂爲一分
十分爲一寸十寸爲一尺十尺爲一丈十丈爲
一引五十尺爲一端四十尺爲一疋六尺爲一
步二百四十步爲一畝三百步爲一里
稱之所起起於黍十黍爲一絫十絫爲一銖二
十四銖爲一兩十六兩爲一斤三十斤爲一鈞

《孫子算經》影印

《孫子算經》全書共分三卷。上卷主要討論度量衡的單位和籌算的制度及方法，敘述算籌記數的縱橫相間制度和籌算乘除法則。中卷主要列舉一些與實際相關的應用題，涵蓋求解面積、計算體積、計算等比數列等。下卷則是本書的點睛之筆，也對後世產生重大而深遠的影響。下卷中最為著名的題目，當推第 28 題的「物不知數」及第 31 題的「雉兔同籠」，由此衍生出蜚聲中外的「中國剩餘定理」和「中國古代方程組理論」。本章的後續小節中會對此進行介紹。

4.3
儒生分書

《毛詩》、《春秋》、《周易》書，九十四冊共無餘，《毛詩》一冊三人讀，《春秋》一冊四人呼，《周易》五人讀一本，要分每樣幾多書？

—— 選自《算法統宗》

現在有《毛詩》、《春秋》、《周易》三種書供學生閱讀，已知一共有 94 冊書，《毛詩》要三個學生分讀一冊，《春秋》要四個學生分讀一冊，《周易》要五個學生分讀一冊。請問《毛詩》、《春秋》、《周易》三種書，各有多少冊？

分析

這道題目跟前面的「婦人蕩杯」解法類似，我們可以透過建立方程組來求解此題。

設《毛詩》有 x 冊，《春秋》有 y 冊，《周易》有 z 冊。因為《毛詩》要三個學生分讀一冊，《春秋》要四個學生分讀一冊，《周易》要五個學生分讀一冊，所以 $3x = 4y = 5z$。同時因為一共有 94 冊書，所以 $x + y + z = 94$。這樣便可得到如下方程組：

$$\begin{cases}3x=4y=5z\\x+y+z=94\end{cases}$$

很容易得出 $x = 40$，$y = 30$，$z = 24$，即《毛詩》共 40 冊，《春秋》共 30 冊，《周易》共 24 冊。同時我們也可以算出學生的數量為 $3\times40 = 4\times30 = 5\times24 = 120$ 人。

其實這道題目用算術的方法同樣可以解決，只不過沒有應用方程組那樣直觀簡便。下面我們討論一下本題的算術解法。

因為《毛詩》要三個學生分讀一冊，所以每個學生占有《毛詩》僅 1/3 冊。同理，每個學生占有《春秋》1/4 冊，每個學生占有《周易》1/5 冊。這樣合計起來，每個學生占有的書為 $1/3 + 1/4 + 1/5 = 47/60$ 冊。又因為總共有 94 冊書籍，所以我們可以得到學生的數量為

$$94\div\frac{47}{60}=120\text{人}$$

如果大家不明白這裡為什麼要用除法，可以類比思考：如果每個學生占有 1 冊書，總共有 94 冊書，那麼學生數量一定為 $94\div1 = 94$ 人；如果每個學生占有 2 冊書，總共有 94 冊書，那麼學生數量一定為 $94\div2 = 47$ 人；那每個學生占有 47/60 冊書，演算法也是相同的。

知道了學生的數量，就很容易計算每種書籍的數量了。

《毛詩》數量：$120\div3 = 40$ 冊

《春秋》數量：$120\div4 = 30$ 冊

《周易》數量：$120\div5 = 24$ 冊

可見，許多問題既可以採用方程組的方法求解，也可以採用算術的方法求解，但是相比之下，方程組求解更加簡單直觀。

4.4 三人相遇

今有封山周棧三百二十五里，甲、乙、丙三人同繞周棧而行，甲日行一百五十里，乙日行一百二十里，丙日行九十里。問周行幾何日會？

—— 選自《張丘建算經》

環山周棧的周長為 325 里，甲、乙、丙三人環山而行，已知甲每天行走 150 里，乙每天行走 120 里，丙每天行走 90 里。甲、乙、丙三人同時從原點出發，連續不斷地行走，請問幾天後，三人再次相遇於原出發點？

分析

因為甲、乙、丙三人行走的速度不相等，所以會出現下列情形。

當甲行走完一圈回到原出發點時，乙和丙還在路上，沒有走完一圈。此時甲繼續環山而行。

當乙行走完一圈回到原出發點時，甲已經開始第二圈的行走，且正在路上，而丙此時還未走完一圈。

…………

從上面的描述中可以看出，試圖釐清每一個人的行走狀態，從而最終求出三人相遇的時間，是不現實的。要求解此題，必須找到一些相等的關係，並在此基礎上建立數學模型。

題目要計算的是經過多少天之後，三人再次相遇於原出發點，因此，我們要考量三人相遇時需要滿足的一些條件。顯然，三人再次相遇需要滿足以下兩個條件：

- ▷ 從出發到再次相遇，三人行走的天數相等；
- ▷ 每個人行走的路程都是周棧的整數倍，即 325 里的整數倍。

基於上述相等關係，我們可以建立以下的數學模型。

設三人再次相遇時，甲繞周棧 x 圈，乙繞周棧 y 圈，丙繞周棧 z 圈，則有

$$\frac{325x}{150}=\frac{325y}{120}=\frac{325z}{90}\ (x,\ y,\ z\in \mathbf{R})$$

其中，$\frac{325x}{150}$中的 325x 為再次相遇時甲一共行走的路程，150 是甲一天行走的路程，二者相除，為甲行走的天數。同理，$\frac{325y}{120}$為乙行走的天數，$\frac{325z}{90}$為丙行走的天數。再次相遇時，三者必然是相等的。另外，因為三人是在原出發點相遇，所以 x，y，z ∈ N 也就是說，甲、乙、丙三人的路程一定是周棧長度的整數倍。

這樣我們就可以求出 x、y、z 三個變數之間的關係為

$$12x = 15y = 20z\ (x，y，z \in N)$$

因為要計算甲、乙、丙三人再次相遇的時間，所以我們只需要求出滿足 12x = 15y = 20z（x，y，z ∈ N）的一組 {x，y，z}，就可以知道相遇時甲、乙、丙三人各繞周棧行走了多少圈，再將其中的 x（或者 y、z）代入 $\frac{325x}{150}=\frac{325y}{120}=\frac{325z}{90}$（x，y，z ∈ N）中，就可以得出相遇時他們走了多少天。

但是現在有一個問題，透過 12x = 15y = 20z，我們可以得到 {x，y，z} 的解，但要怎麼選擇呢？因為題目中要求計算甲、乙、丙三人再次相遇

（即出發後第一次相遇）的時間，所以只要找到最小的那組解就可以了。我們只需要先求出 12、15、20 的最小公倍數 LCM[12，15，20] = 60，則 x = 60÷12 = 5，y = 60÷15 = 4，z = 60÷20 = 3。

將 {5，4，3} 代入 $\frac{325x}{150}=\frac{325y}{120}=\frac{325z}{90}$ 中顯然成立，且可以求出三人再次相遇時又經歷了 $10\frac{5}{6}$ 天。

以上解法簡單直觀，易於理解。其實《張丘建算經》中給出的解法更為精妙。我們再來學習一下《張丘建算經》中給出的解法：

（1）首先計算甲、乙、丙三人每日所行路程里數的最大公因數，記作 GCD（150，120，90），很容易得出 GCD（150，120，90）= 30；

（2）再用周棧的長度除以這個最大公因數即得答案，$325\div30=10\frac{5}{6}$ 天。

看來古人真是聰明絕頂，給出的方法也精采絕倫。但是其中的道理何在呢？

對於這道題，我們可以先計算一下甲、乙、丙三人繞周棧一圈分別需要多少天。

甲：$\frac{325}{150}$ 天。

乙：$\frac{325}{120}$ 天。

丙：$\frac{325}{90}$ 天。

如果要計算三人再次相遇的時間，實際上就是計算 $\frac{325}{150}$, $\frac{325}{120}$, $\frac{325}{90}$ 這三個數的最小公倍數。記作 $LCM[\frac{325}{150}, \frac{325}{120}, \frac{325}{90}]$。也就是說，找到一個數 x（可能是整數，也可能是分數），它除以 $\frac{325}{150}$, $\frac{325}{120}$, $\frac{325}{90}$ 這三個數，都會分別得到一個整數，得到的這三個整數，就是甲、乙、丙各自繞周棧行走的圈數，而 x 就是三人再次相遇經過的天數。

如何計算三個分數的最小公倍數呢？《張丘建算經》中給出的解法，就描述了計算分數最小公倍數的演算法。

設 a、b、c、e 都是正整數，其中 a、b、c 的最大公因數記作：

d ＝ GCD（a，b，c）

而$\frac{e}{a}$, $\frac{e}{b}$, $\frac{e}{c}$的最小公倍數記作：

$$x=LCM=[\frac{e}{a}, \frac{e}{b}, \frac{e}{c}]$$

則有：

$$x=LCM=[\frac{e}{a}, \frac{e}{b}, \frac{e}{c}]=\frac{e}{GCD(a, b, c)}=\frac{e}{d}$$

這便是計算分數最小公倍數的演算法。在本題中，e ＝ 325，d 為 150，120，90 的最大公因數，x 就是所要計算的值。

其實這個演算法也不難理解。要計算$\frac{e}{a}$, $\frac{e}{b}$, $\frac{e}{c}$的最小公倍數，就是要找一個 x 除以$\frac{e}{a}$, $\frac{e}{b}$, $\frac{e}{c}$分別得到整數（且 x 是最小的那一個）。也就是說，x 乘以$\frac{a}{e}$, $\frac{b}{e}$, $\frac{c}{e}$分別得到整數，因此 x 的分子一定是 [e，e，e] 的最小公倍數，也就是 e；而 x 的分母一定可以被 a、b、c 整除，又因為 x 要達到最小，所以 x 的分母應該是 [a，b，c] 的最大公因數。因此上面的公式是合乎道理的。

知識擴展

《算經十書》之《張丘建算經》

《張丘建算經》是古代一部重要的算學著作，它被列為《算經十書》之一，在數學史上有極其重要的地位。

《張丘建算經》約成書於北魏天安元年（約西元 5 世紀）。全書分為上、中、下三卷。因流傳時間甚久，中卷結尾及下卷開篇已有殘缺，現保存下來的共有 92 個數學問題及解答。《張丘建算經》的內容及範圍，與

《九章算術》類似，突出的成就集中在最大公因數與最小公倍數的計算和各種等差數列問題的解決，及不定方程式問題求解等方面。在某些地方甚至超越《九章算術》的水準。

本題為《張丘建算經》中上卷第 10 題，主要闡述計算分數的最小公倍數的方法，是一道流傳廣泛的名題。另外下卷第 38 題的「百錢百雞」問題更是中外馳名、家喻戶曉。這道題目提出並解決了一個在數學史上非常著名的不定方程式問題，為後世求解不定方程式提供參考的方法和借鏡。自張丘建以後，數學家對「百錢百雞」問題的研究不斷深入，「百錢百雞」問題也幾乎成了不定方程式的代名詞，從宋代到清代圍繞「百錢百雞」問題的數學研究，獲得很多的成就。

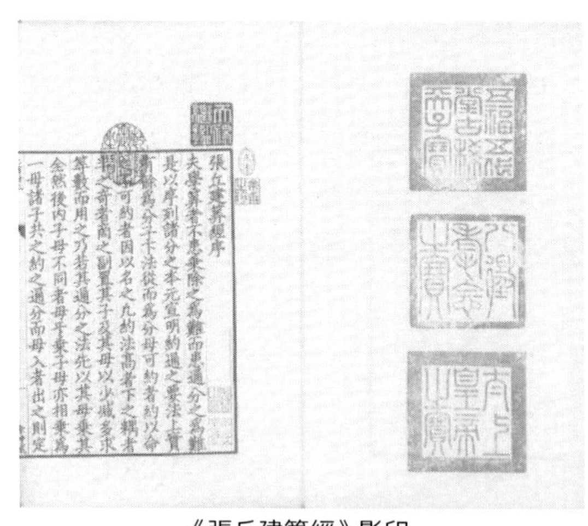
張丘建算經序
夫學算者不患乘除之爲難而患通分之爲難
是以序列諸分之本元宜明約通之要法上實
爲分子下法從而爲分母可約者約以命
可約者因以名之凡約法高者下之耦者
半之奇者商之副置其子及其母以少減多求
等數而用之乃若其通分之法先以其母乘其
全然後內子母不同者母互乘子母亦相乘爲
一母諸子共之約之通分而母入者出之則定

《張丘建算經》影印

4.5
物不知數

今有物不知其數，三三數之剩二，五五數之剩三，七七數之剩二，問物有幾何？

——選自《孫子算經》

有些物品不知道有多少個，如果三個三個地數，剩餘兩個；如果五個五個地數，剩餘三個；如果七個七個地數，剩餘兩個。請問這些物品有多少個？

分析

這是一道蜚聲中外的名題，雖然這道題目敘述簡單，但是它的解法闡述了一條著名的數論基本定理——中國剩餘定理。這道題出自著名的《孫子算經》，它給出了線性同餘方程組的求解方法，因此這也堪稱東方古代數學為人類數學發展做出的一項偉大貢獻。以下我們來看看這道題目的解法。

首先看一下《孫子算經》中給出的解答。

答曰：二十三。

術曰：三三數之剩二，置一百四十；五五數之剩三，置六十三；七七數之剩二，置三十；以二百一十減之即得。

凡三三數之剩一，則置七十；五五數之剩一，則置二十一；七七數之剩一，則置十五；一百（零）六以上，以一百（零）五減之即得。

從《孫子算經》的描述中，我們知道這道題的答案為 23，即有 23 個物品。

那是怎麼得出這個答案的呢？求解過程又是如何呢？我們用現代語言進行描述。

假設物品的數量為 x，那麼根據已知條件，可得到如下方程組：

$$\begin{cases} x\%3 = 2 \\ x\%5 = 3 \\ x\%7 = 2 \end{cases}$$

其中符號 % 為求餘數的符號，可讀作「模除（modulo，縮寫為 mod）」，例如 5% 3 ＝ 2，表示 5 被 3 除餘 2。

這樣的方程組不是一般的方程組，在數學中稱為同餘方程組。更科學的表達方式如下：

$$\begin{cases} x \equiv 2 \pmod 3 \\ x \equiv 3 \pmod 5 \\ x \equiv 2 \pmod 7 \end{cases}$$

如何求解這個同餘方程組呢？我們可以藉助著名的「中國剩餘定理」求解這個問題。

中國剩餘定理描述了求解一元線性同餘方程組的計算方法，其形式化描述比較複雜抽象，因此在這裡不再詳述，有興趣的讀者可參考相關書籍。在這裡僅給出 3 個同餘式構成的同餘方程組的一般求解方法，其他的可依此類推。

設 a_1，a_2，a_3 分別表示被除數（即上式中的 3，5，7），餘數分別為 m_1，m_2，m_3（即上式中的 2，3，2）。符號%為求餘計算，可透過以下兩步驟求同餘解 x。

（1）找出 k_1，k_2，k_3，使 k_i 能被 a_i 相除餘 1，且可被另外兩個數整除，同時 k_i 是所有滿足條件的數中最小的那個。即：

$$k_1\%a_2 = k_1\%a_3 = 0 \text{ 並且 } k_1\%a_1 = 1$$
$$k_2\%a_1 = k_2\%a_3 = 0 \text{ 並且 } k_2\%a_2 = 1$$
$$k_3\%a_1 = k_3\%a_2 = 0 \text{ 並且 } k_3\%a_3 = 1$$

（2）將 k_1，k_2，k_3 分別乘以對應的餘數 m_1，m_2，m_3，再加在一起，這便是同餘組的一個解。再將其加減 a，b，c 的最小公倍數，便可得到無數個同餘組的解 x。用公式可表述為：

$$x = k_1m_1 + k_2m_2 + k_3m_3 \pm p \cdot \varphi(a_1, a_2, a_3)$$

其中 $p \cdot \varphi(a_1, a_2, a_3)$ 表示 p 乘以 a_1，a_2，a_3 的最小公倍數 $\varphi(a_1, a_2, a_3)$，其中 p 為滿足 $x > 0$ 的任意整數。

需要注意的是，只有在 a_1，a_2，a_3 是互質（即 a_1，a_2，a_3 的最大公因數為 1）的前提下，才能使用中國剩餘定理求解該同餘方程組。如果 a_1，a_2，a_3 不是互質，需要先將其轉換為互質，才能使用中國剩餘定理求解。

現在我們就用上述的演算法求解這個同餘方程組。

（1）令 $a_1 = 3$，$a_2 = 5$，$a_3 = 7$，這三個數互質。

找出 k_1，使 k_1 能被 5 和 7 整除，且 k_1 被 3 除餘 1，同時 k_1 為所有滿足上述條件的數中最小的那個。這樣 $k_1 = 70$。

找出 k_2，使 k_2 能被 3 和 7 整除，且 k_2 被 5 除餘 1，同時 k_2 為所有滿足上述條件的數中最小的那個。這樣 $k_2 = 21$。

找出 k_3，使 k_3 能被 3 和 5 整除，且 k_3 被 7 除餘 1，同時 k_3 為所有滿足上述條件的數中最小的那個。這樣 $k_3 = 15$。

（2）計算 x 的值。

$$70\times2 + 21\times3 + 15\times2 = 233$$

233 即為上述同餘方程組的一個解。用 233 加減 3，5，7 的最小公倍數 105，得到的值也都是上述同餘方程組的解。因此 233 − 210 = 23 亦為方程組的一個解，這就是《孫子算經》中給出的答案。

我們現在可以理解《孫子算經》中給出的求解方法了。所謂「三三數之剩二，置一百四十；五五數之剩三，置六十三；七七數之剩二，置三十；以二百一十減之即得。」其實就是 $70\times2 + 21\times3 + 15\times2 = 233$，然後 233 − 210 = 23 的求解過程的描述，也就是運用中國剩餘定理求解同餘方程組的具體描述。

類似「物不知數」這種求解同餘方程組的古代算題其實為數不少，民間流傳的一則故事 —— 韓信點兵，也是類似的題目。

相傳韓信帶著 1,500 名士兵前去打仗，戰死大約四、五百士兵，剩下的士兵如果 3 人站一排，多出 2 人；5 人站一排，多出 4 人；7 人站一排，多出 6 人。請問剩下多少士兵？

假設剩下沒有戰死的士兵為 x 人，那麼根據描述，可列出同餘方程組：

$$\begin{cases} x \equiv 2 \pmod{3} \\ x \equiv 4 \pmod{5} \\ x \equiv 6 \pmod{7} \end{cases}$$

因為 3、5、7 互質，所以可以應用中國剩餘定理的演算法求解該題，令 $a_1 = 3$，$a_2 = 5$，$a_3 = 7$，$m_1 = 2$，$m_2 = 4$，$m_3 = 6$，那麼

$$k_1\%3 = 1 \text{ 並且 } k_1\%5 = k_1\%7 = 0 \rightarrow k_1 = 70$$
$$k_2\%5 = 1 \text{ 並且 } k_2\%3 = k_2\%7 = 0 \rightarrow k_2 = 21$$
$$k_3\%7 = 1 \text{ 並且 } k_3\%3 = k_3\%5 = 0 \rightarrow k_3 = 15$$

這樣按照公式 $x = k_1m_1 + k_2m_2 + k_3m_3 \pm p \cdot \varphi$（$a_1$，$a_2$，$a_3$）可得 $70\times2 + 21\times4 + 15\times6 = 314$，根據題目給出的實質條件，剩下的士兵應大約是 1,000 人左右，所以，我們要以 314 為基數，以 3，5，7 的最小公倍數為週期反覆相加，直到加到 1,000 左右。因此韓信剩下的士兵大約為 $314 + 105\times7 = 1{,}049$ 人，傷亡士兵大約為 451 人，這樣符合題目的條件。

以上是應用中國剩餘定理求解由 3 個同餘式構成的一元線性同餘方程組的過程。推而廣之，我們依然可用這個方法求解 N 個同餘式構成的同餘方程組。例如以下是由 4 個同餘式構成的同餘組：

$$\begin{cases} x \equiv 1 \pmod{5} \\ x \equiv 5 \pmod{6} \\ x \equiv 4 \pmod{7} \\ x \equiv 10 \pmod{11} \end{cases}$$

因為 5、6、7、11 是互質的，所以可以使用中國剩餘定理求解。令 $a_1 = 5$，$a_2 = 6$，$a_3 = 7$，$a_4 = 11$，$m_1 = 1$，$m_2 = 5$，$m_3 = 4$，$m_4 = 10$，那麼

$$k_1\%5 = 1 \text{ 並且 } k_1\%6 = k_1\%7 = k_1\%11 = 0 \rightarrow k_1 = 6\times7\times11\times3=1368$$
$$k_2\%6 = 1 \text{ 並且 } k_2\%5 = k_2\%7 = k_2\%11 = 0 \rightarrow k_2 = 5\times7\times11=385$$
$$k_3\%7 = 1 \text{ 並且 } k_3\%4 = k_3\%6 = k_3\%11 = 0 \rightarrow k_3 = 5\times6\times11=330$$
$$k_4\%11 = 1 \text{ 並且 } k_4\%5 = k_4\%6 = k_4\%7 = 0 \rightarrow k_4 = 5\times6\times7=210$$

再計算 $k_1m_1 + k_2m_2 + k_3m_3 + k_4m_4$，得 $1,368 \times 1 + 385 \times 5 + 330 \times 4 + 210 \times 10 = 6,731$，所以 6,731 為上述同餘方程組的一個解。而 $6731 \pm p2310$，p 為滿足 $6731 \pm p2310 > 0$ 的任意整數，也是該同餘方程組的解。

知識擴展

中國剩餘定理

《孫子算經》這本書之所以蜚聲中外，廣為流傳，其重要的原因之一，就是該書提出了一元線性同餘方程組的計算方法。相比之下，在歐洲，直到 1202 年義大利數學家斐波那契（Fibonacci）才在所著的《計算之書》中對這類問題進行探討，《孫子算經》的這項研究，要早於西方 500 多年！

在《孫子算經》之後，宋代的數學家秦九韶在《數書九章》中又對一元線性同餘方程組進行更為系統、詳盡的介紹，提出了著名的「大衍求一術」。

在歐洲，18 世紀數學家尤拉（Leonhard Euler）和 19 世紀的數學家高斯（Gauss），都分別對一元線性同餘方程組進行了深入的研究和探索。高斯在 1801 年出版的數學專著《算術探究》中，系統而完整地提出了一次同餘方程組的理論和解法，並給出嚴格的證明，因此歐洲人稱之為「高斯定理」。

1847 年英國傳教士偉烈亞力（Alexander Wylie）前往中國，並於 1852 年，將《孫子算經》中的「物不知數」和秦九韶《數書九章》中的「大衍求一術」介紹給歐洲。歐洲人發現這些關於一元線性同餘方程組的解法，與高斯《算術探究》中的解法完全一致，這才引起歐洲學者對東方數學的關注。於是《孫子算經》和《數書九章》中求解一次同餘方程組的方法，在西方數學史專著中被正式命名為「中國剩餘定理」。

4.6
雉兔同籠

今有雉、兔同籠，上有三十五頭，下有九十四足。問雉、兔各幾何？

—— 選自《孫子算經》

把雞和兔子放在同一個籠子裡，共有 35 個頭和 94 隻腳，請問雞和兔子各有多少隻？

分析

這是一道很有趣也很有名的題目。我們用兩種方法解決此題。

最為簡單、直觀的解法，就是應用方程組求解。設籠子中雞有 x 隻，兔子有 y 隻，根據題目中的已知條件，因為共有 35 個頭，所以 $x + y = 35$；因為共有 94 隻腳，而每隻雞有 2 隻腳，每隻兔子有 4 隻腳，所以 $2x + 4y = 94$，可得聯立方程組

$$\begin{cases} x+y=35 \\ 2x+4y=94 \end{cases}$$

很容易計算出 $x = 23$，$y = 12$。所以籠子中雞有 23 隻，兔子有 12 隻。

以下再介紹一種十分巧妙而又非常經典的求解方法。

我們可以釋出一條命令給籠子裡的雞和兔子：「野雞獨立，兔子舉

手」。意思就是要籠子裡的雞都單腳站立，兔子都抬起兩隻前爪。這時地面上的腳有多少隻呢？很顯然，腳數恰好減少一半，共有 47 隻。而籠子中頭的數量是不變的，仍為 35 個。我們再用 47 減去 35，得到的就是兔子的數量 12。

這是為什麼呢？我們可以用圖 4-1 解釋其中的道理。

圖 4-1 「野雞獨立，兔子舉手」

如圖 4-1 所示，經過「野雞獨立，兔子舉手」之後，每隻雞就對應了 1 隻腳，而每隻兔子對應 2 隻腳。用腳的數量減去頭的數量，對雞來說就全部減掉了，也就是說，剩餘的數量中不包含雞。而對於兔子，由於其腳的數量是頭的 2 倍，所以腳的數量減去頭的數量，剩下的就是兔子（頭）的數量。

也可以假設雞頭的數量為 a，兔頭的數量為 b，那麼經過「野雞獨立，兔子舉手」後，腳的數量變為 $a+2b$，頭的數量仍為 $a+b$，那麼用腳的數量（$a+2b$）減去頭的數量（$a+b$），就得到了 b，也就是兔子的數量。

因此用「野雞獨立，兔子舉手」的方法解決雉、兔同籠問題就變得尤為簡單。歸納起來可以表述為

$$兔子數量＝足數\div 2－頭數$$

$$雞的數量＝頭數－兔子數量$$

我們應用此法，可以不用筆算，很快得到答案。

4.7
龜鱉共池

三足團魚六眼龜，共同山下一深池，九十三足亂浮水，一百二眼將人窺，或出沒，往東西，倚欄觀看不能知，有人算得無差錯，好酒重斟贈數杯。

——選自《算法統宗》

有一種團魚（鱉）長3隻足、2隻眼；有一種烏龜長6隻眼，4隻足，牠們一起在山下的深池中生活。已知池中總共有93隻足，102隻眼。請問共有多少隻團魚，多少隻烏龜？

分析

這道題看起來很荒謬，因為哪裡有3隻足的團魚和6隻眼的烏龜？我們大可不必認真，因為這只是一道有趣的數學題而已，古人的想像力也是十分豐富的。

本題與「雉兔同籠」十分類似，我們仍然可以用兩種方法解決。

首先應用方程組求解。設三足團魚 x 隻，六眼烏龜 y 隻，因為每隻團魚3隻足，每隻烏龜4隻足，所以總共的足數為 $3x+4y$；因為每隻團魚2隻眼，每隻烏龜6隻眼，所以總共的眼數為 $2x+6y$。因此聯立方程組可得：

$$\begin{cases} x+y=35 \\ 2x+4y=94 \end{cases}$$

很容易計算出 x = 15，y = 12，因此三足團魚 15 隻，六眼烏龜 12 隻。

以下我們再用算術的方法求解此題。

這道題目如果直接照搬「野雞獨立，兔子舉手」的方法求解，看起來比較困難。我們先看一下「雉兔同籠」問題之所以採用「野雞獨立，兔子舉手」解法的原因，然後再來類比求解「龜鱉共池」的問題。

之所以向籠中的野雞和兔子釋出「野雞獨立，兔子舉手」的命令，原因有兩點：

（1）使雞的頭數（其實就是雞的個數）跟雞足的個數相等（因為雞都要單腳站立），這樣在進行相減運算時，就可以把雞的數量減掉；（2）使足數恰好變成原來的一半，這樣經過「野雞獨立，兔子舉手」後，足數就是原本的數目除以 2。試想，如果要求「野雞不獨立，而兔子舉手」的話，在不知道雞數和兔數的前提下，我們是無法計算足數的。

因此「野雞獨立，兔子舉手」的解法，背後是蘊含道理的。下面我們可以仿照「野雞獨立，兔子舉手」的演算法，設計一個適用於「龜鱉共池」問題的解法。

首先要弄清楚團魚和烏龜眼、足的個數，以及牠們的對應關係，如圖 4-2 所示。

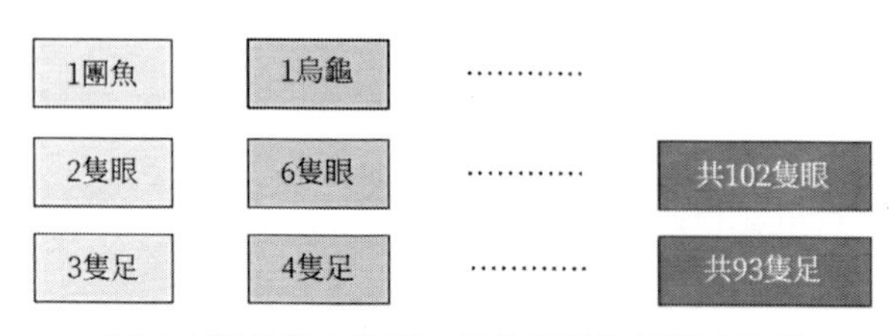

圖 4-2 團魚和烏龜眼、足的個數及其對應關係

如圖 4-2 所示，1 隻團魚 2 隻眼，3 隻足；一隻烏龜 6 隻眼，4 隻足。眼數相加為 102，足數相加為 93。類比「野雞獨立，兔子舉手」的方法，我們可以嘗試這樣求解此題。

將足數乘以 1.5，即 93×1.5 ＝ 139.5，這樣每隻烏龜變為 6 隻足，每隻團魚變為 4.5 隻足。

接著用足數減去眼數，即 139.5 － 102 ＝ 37.5。因為此時烏龜的足數與眼數相等，所以相減後，烏龜被全部減掉，那麼，相減之後的結果 37.5，就是團魚的足數比團魚的眼數多出的部分。因為此時每隻團魚有 4.5 隻足，而每隻團魚有 2 隻眼，所以就每隻團魚而言，足比眼多 2.5 隻，這樣用 37.5÷2.5 ＝ 15，就是團魚的數量。

再用（102 － 15×2）÷6 ＝ 12，即可得到烏龜的數量。

掌握了「野雞獨立，兔子舉手」的核心思想，我們就可以用算術方法解決很多類似的問題。

4.8
數人買物

今有人共買物，人出八，盈三；人出七，不足四。問人數、物價各幾何？

—— 選自《九章算術》

有一些人共同買一個物品，每人出 8 元，還盈餘 3 元；每人出 7 元，則還差 4 元。請問共有多少人？這個物品的價格是多少元？

分析

這是《九章算術》中一道很有名的題目，本題的解法闡述了古代算數中一個非常重要的演算法 —— 盈不足術。以下我們就具體分析一下此題。

本題最直觀、最簡單的解法，就是應用方程組求解。假設共有 x 個人，物品的價格為 y 元，那麼根據題目中的已知條件，可列出如下方程組：

$$\begin{cases} 8x - y = 3 \\ 7x + 4 = y \end{cases}$$

很容易計算出 x ＝ 7，y ＝ 53。也就是說，共有 7 人、物品的價格為 53 元。

可惜古人沒有方程組這個有效的計算工具，所以在計算這類盈虧問題時，常用的方法就是前面我們提到的「盈不足術」。

採用盈不足術求解該題的步驟，可歸納如下：

$$\begin{pmatrix} 8 & 7 \\ 3 & 4 \end{pmatrix} \rightarrow \begin{pmatrix} 8\times4 & 7\times3 \\ 3 & 4 \end{pmatrix} \rightarrow \begin{pmatrix} 8\times4+7\times3 \\ 3+4 \end{pmatrix} \rightarrow \frac{53}{7}\text{（每個人應出的錢數）}$$

$$\text{人數}=\frac{3+4}{8-7}=7$$

$$\text{物價}=\frac{8\times4+7\times3}{8-7}=53$$

這樣便可以求出共有 7 人，物品的價格為 53 元。

你一定感到困惑，不知上面所云為何。下面我們就詳細介紹一下。

首先我們將上題的表述抽象化為有一些人共同買一個物品，每人出 x_1 元，還盈餘 y_1 元，每人出 x_2 元，則還差 y_2 元。請問共有多少人？這個物品的價格是多少？

然後將 x_1，y_1，x_2，y_2 排成矩陣，如下所示。

$$\begin{matrix} \text{每人出錢} \\ \text{買物數} \\ \text{盈不足數} \end{matrix} \begin{bmatrix} x_1 & x_2 \\ 1 & 1 \\ y_1\text{(盈)} & y_2\text{(不足)} \end{bmatrix}$$

矩陣的第一列為兩次交易中每人出的錢數，第一次每人出 x_1 元，第二次每人出 x_2 元。矩陣的第二列為買物品的個數，兩次交易都是買一個物品。矩陣的第三列為兩次交易的盈虧額，第一次交易盈餘 y_1 元，第二次交易不足 y_2 元。

現在我們要計算每人實際應出的錢數，其實就是要找到一種「不盈不虧」的出錢方法。如果將上面矩陣的第一行都乘以 y_2，第二行都乘以 y_1，就可以得到如下的矩陣。

$$\begin{matrix} \text{每人出錢} \\ \text{買物數} \\ \text{盈不足數} \end{matrix} \begin{bmatrix} x_1y_2 & x_2y_1 \\ y_2 & y_1 \\ y_1y_2(\text{盈}) & y_2y_1(\text{不足}) \end{bmatrix}$$

這個矩陣可以表述為：第一次交易，每人出錢 x_1y_2 元，買 y_2 個物品，盈餘 y_1y_2 元；第二次交易，每人出錢 x_2y_1 元，買 y_1 個物品，還差 y_1y_2 元。如果將兩次交易相加，每人出錢 $y_1y_2 + x_2y_1$ 元，買 y_1y_2 個物品，則盈、不足抵消，即不盈不虧。所以可以得出結論：買 1 件物品，每人應出錢 $\frac{x_1y_2+x_2y_1}{y_1+y_2}$ 元，這樣不盈也不虧。

下面我們計算人數。因為第一次每人出 x_1 元，盈餘 y_1 元，第二次每人出 x_2 元，還差 y_2 元，所以兩次交易相差的總金額為 $y_1 + y_2$ 元，而第一次跟第二次交易中，每人出錢相差 $x_1 - x_2$ 元。

這樣我們用總金額之差除以每人出錢之差，得到的就一定是人數。因此可得出結論，人數 $=\frac{y_1+y_2}{x_1-x_2}$。

於是，物價 ＝ 人數 × 每人應出的錢數 ＝ $=\frac{x_1y_2+x_2y_1}{y_1+y_2}\times\frac{y_1+y_2}{x_1-x_2}=\frac{x_1y_2+x_2y_1}{x_1-x_2}$ 元。

在《九章算術》中，x_1 和 x_2 被稱為「所出率」，y_1 和 y_2 被稱為「盈」或「不足」。如果用 x_0 表示每人實際應出錢數，A 表示人數，B 表示物價，那麼「盈不足術」可歸納總結為以下三個公式：

$$\begin{cases} x_0 = \dfrac{x_1y_2+x_2y_1}{y_1+y_2} \\ A = \dfrac{y_1+y_2}{|x_1-x_2|} \\ B = \dfrac{x_1y_2+x_2y_1}{|x_1-x_2|} \end{cases}$$

所以今後我們再遇到這類盈虧的問題時，就可以使用「盈不足術」，套用上述三個公式進行計算了。

「盈不足術」不僅可以用來求解這類「買物盈虧」的問題，還可以用來解決其他盈虧問題。例如《算法統宗》中有一道名為「隔牆分銀」的題目：

隔牆聽得客分銀，不知人數不知銀，七兩分之多四兩，九兩分之少半斤。（注：古代 1 斤等於 16 兩）。

這道題目用盈不足術求解也非常方便，解法如下：

$$\begin{pmatrix} 7 & 9 \\ 4\ (\text{盈}) & 8\ (\text{不足}) \end{pmatrix} \to \begin{pmatrix} 7\times 8 & 9\times 4 \\ 4 & 8 \end{pmatrix} \to \begin{pmatrix} 7\times 8+9\times 4 \\ 4+8 \end{pmatrix} \to \frac{92}{12}(\text{每個人應分的錢數})$$

$$\text{人數}=\frac{4+8}{9-7}=6$$

$$\text{物價}=\frac{92}{12}\times 6=46$$

所以答案是 6 人，分銀 46 兩。

知識擴展

古代數學的不朽名著——《九章算術》

《九章算術》是中國現存最早的古代數學著作之一，它在數學史上有舉足輕重的地位，是影響中國古代數學發展的一部不朽名著，被列為《算經十書》之首。這本書的作者已不可考證，一般認為它是經歷各家的增補修訂，而逐漸成為現今的修訂本。

《九章算術》涉獵廣泛、內容豐富，全書共包含 9 章，分為 246 題 202 術，內容大致如下。

1. 方田：主要是田畝面積的計算和分數的計算，是世界上最早對分數進行系統敘述的著作。
2. 粟米：主要是糧食交易的計算方法，其中涉及許多比例問題。
3. 衰分：主要內容為分配比例的演算法。
4. 少廣：主要講開平方和開立方的方法。
5. 商功：主要是土石方和用工量等工程數學問題，以體積的計算為主。
6. 均輸：計算稅收等更加複雜的比例問題。
7. 盈不足：討論盈不足術及雙設法的問題。
8. 方程：主要是聯立一次方程組的解法和正負數的加減法，在世界數學史上是第一次出現。
9. 勾股：勾股定理的應用等。

在《九章算術》一書中，一般只列出題目及解決此題的演算法，沒有任何解釋和證明，這也被人們認為是《九章算術》的一個缺憾。但是後世不乏有人為《九章算術》作注，提出自己的心得，並為一些演算法加以證明。其中最為著名的，當推三國時期魏元帝景元四年（263 年）劉徽為《九章算術》作注，如圖 4-3 所示。

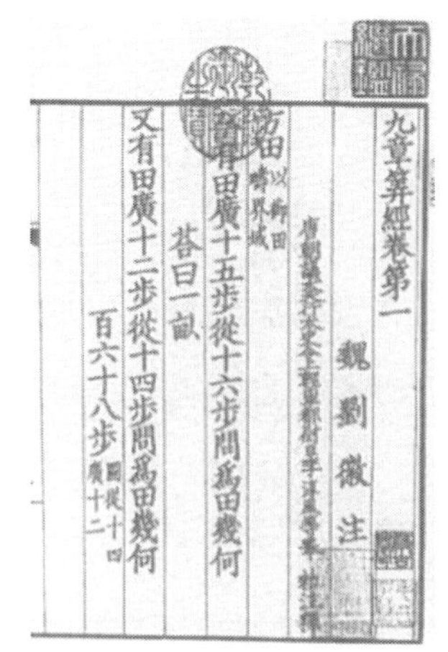
九章算經卷第一　魏　劉徽注
方田 以御田疇界域
有田廣十五步從十六步問爲田幾何
荅曰一畝
又有田廣十二步從十四步問爲田幾何
百六十八步 圖從十四 廣十二

圖 4-3 （魏）劉徽注《九章算術》宋本影印

4.9
窺測敵營

問敵軍處北山下原，不知相去遠近。乃於平地立一表，高四尺，人退表九百步，步法五尺，遙望山原，適於表端參合。人目高四尺八寸。欲知敵軍相去幾何？

—— 選自《數書九章》

敵軍的兵營處於北山腳下的平地上，但不知離我軍有多遠。為了測量遠近，在平地上立了一個標竿，標竿高 4 尺。然後人退後 900 步，每步長 5 尺，目測敵軍兵營，這時人眼、標竿頂端、敵軍兵營處於一條直線上。已知人高 4 尺 8 吋。請問敵軍兵營距離我軍有多遠？

分析

中國古代數學不但在算術研究方面成績斐然，在幾何學的研究上也碩果頗豐。由於當時中國以農業生產為主，因此丈量土地、計算面積、估測距離等計算，就成為人們生產活動中必備的技術。正因如此，古代的數學家對幾何學的探索和研究也是相當深入的。例如《九章算術》卷一中的第一章就是「方田章」，劉徽將其解讀為「以御田疇界域」，意思就是計算平面圖形的周長和面積。足見幾何學在中國古代數學中的重要地位。

本題就是一道估測距離的幾何問題。從題目給定的已知條件中，我們可以畫出圖 4-4 所示的幾何關係圖。

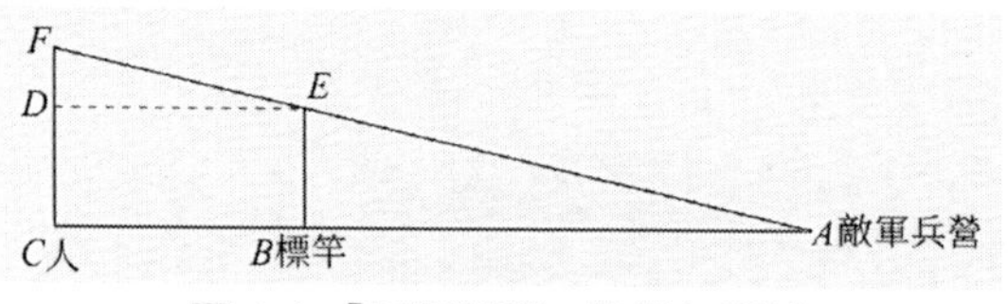

圖 4-4 「目測敵營」的幾何關係

如圖 4-4 所示，敵營處於圖中 A 處，B 處立有一根標竿，標竿的高度 BE ＝ 4 尺。人退後標竿 900 步站在 C 處，因為每步步長 5 尺，所以 CB 的距離為 900×5 ＝ 4,500 尺。人高 4 尺 8 吋，所以 CF ＝ 4.8。此時點 F、E、A 處在同一直線上。我們需要計算的是 AB 之間的距離。

根據平面幾何的知識，知△ FDE ～△ EBA，因此有以下對應關係：

$$\frac{FD}{EB}=\frac{DE}{AB}$$

將值代入上式，可計算出 AB 的長度，

$$\frac{0.8}{4}=\frac{4\ 500}{AB}\Rightarrow AB=22\ 500$$

因此敵軍兵營距離我軍大約 22,500 尺，換算成里數為 12.5 里。

4.10
三斜求積術

問沙田一段，有三斜，其小斜一十三里，中斜一十四里，大斜一十五里。里法三百步，欲知為田幾何？

—— 選自《數書九章》

有一段沙田，由三條邊構成一個三角形，已知最短的邊長 13 里，中間長度的邊長 14 里，最長的邊長 15 里，1 里等於 300 步，問這段沙田的面積是多少？

分析

本題探討的是三角形的三條邊長與三角形面積之間的關係。在《數書九章》中對這個問題有過深入的探討，這就是著名的秦九韶「三斜求積術」。以下我們就來看看古人是怎樣利用三角形的三條邊長計算出三角形的面積。

在秦九韶的「三斜求積術」中，將不等邊三角形的三條邊依據其長短，分別稱為大斜、中斜、小斜，如圖 4-5 所示。

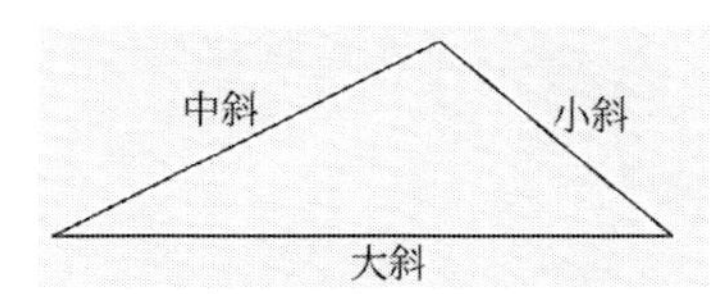

圖 4-5 三角形中的大斜、中斜、小斜

其中最長的邊稱為「大斜」，中長的邊稱為「中斜」，最短的邊稱為「小斜」。那麼，根據「三斜求積術」，三角形的面積為

$$\text{面積}=\frac{1}{2}\sqrt{\text{小斜}^2\times\text{大斜}^2-\left(\frac{\text{大斜}^2+\text{小斜}^2-\text{中斜}^2}{2}\right)^2}$$

如果用字母 S 表示面積，a 表示大斜，b 表示中斜，c 表示小斜，那麼上述公式可表達為

$$S_{\triangle}=\frac{1}{2}\sqrt{a^2c^2-\left(\frac{a^2+c^2-b^2}{2}\right)^2}$$

本題中，已知大斜 a ＝ 15，中斜 b ＝ 14，小斜 c ＝ 13，代入上式，得

$$S_{\triangle}=\frac{1}{2}\sqrt{15^2\times13^2-\left(\frac{15^2+13^2-14^2}{2}\right)^2}$$

$$S_{\triangle}=\frac{1}{2}\sqrt{225\times169-\frac{1}{4}(225+169-196)^2}$$

$$S_{\triangle}=\frac{1}{2}\times168=84$$

所以三角形沙田的面積為 84 平方里，因為按照舊制，1 里 ＝ 300 步，1 畝 ＝ 240 平方步，100 畝 ＝ 1 頃，所以沙田的面積為 84×90,000÷240÷100 ＝ 315 頃。

我們不得不嘆服古人的智慧，只需要知道三角形的三條邊，就可以準確地求出三角形的面積，這的確是一個很了不起的公式！

秦九韶的「三斜求積術」可以用餘弦定理證明，在這裡就不再給出具體的證明過程，有興趣的讀者可以參考相關書籍。

知識擴展

秦九韶「三斜求積術」與海龍公式（Heron formula）

說起秦九韶的「三斜求積術」，想必大家了解的不多，但有一個更為著名、利用三角形三條邊長計算三角形面積的公式，大家可能會比較熟悉，這就是著名的海龍公式。海龍公式描述如下。

設三角形 ABC 三條邊對應的邊長分別為 a，b，c，如圖 4-6 所示。

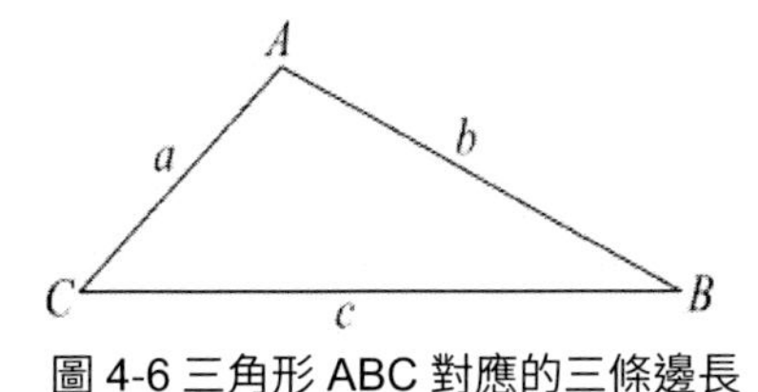

圖 4-6 三角形 ABC 對應的三條邊長

那麼該三角形的面積為

$$S_{\triangle ABC}=\sqrt{p(p-a)(p-b)(p-c)}$$

$$\text{其中} p=\frac{a+b+c}{2}$$

例如上題中 a ＝ 15，b ＝ 14，c ＝ 13，代入海龍公式可得

$$a=15,\ b=14,\ c=13$$

$$p=\frac{15+14+13}{2}=21$$

$$S_{\triangle ABC}=\sqrt{p(p-a)(p-b)(p-c)}$$

$$S_{\triangle ABC}=\sqrt{21\times(21-15)\times(21-14)\times(21-13)}=84$$

可見，海龍公式的計算結果與「三斜求積術」的計算結果是一致的。

那麼，海龍公式與「三斜求積術」到底是怎樣的關係呢？兩個公式相等嗎？以下我們就來推導一下二者的關係。

$$S_\triangle=\frac{1}{2}\sqrt{a^2c^2-\left(\frac{a^2+c^2-b^2}{2}\right)^2}$$

$$\Leftrightarrow (S_\triangle)^2=\frac{1}{4}\left[a^2c^2-\left(\frac{a^2+c^2-b^2}{2}\right)^2\right]$$

$$\Leftrightarrow 16(S_\triangle)^2=4\left[a^2c^2-\frac{1}{4}(a^2+c^2-b^2)^2\right]$$

$$\Leftrightarrow 16(S_\triangle)^2=4a^2c^2-(a^2+c^2-b^2)^2$$

$$\Leftrightarrow 16(S_\triangle)^2=(2ac+a^2+c^2-b^2)(2ac-a^2-c^2+b^2)$$

$$\Leftrightarrow 16(S_\triangle)^2=[(a+c)^2-b^2][b^2-(a-c)^2]$$

$$\Leftrightarrow 16(S_\triangle)^2=(a+c+b)(a+c-b)(b+a-c)(b-a+c)$$

$$\Leftrightarrow 16(S_\triangle)^2=(a+b+c)(a+b+c-2b)(a+b+c-2c)(a+b+c-2a)$$

令 $p=\frac{a+b+c}{2}$，則有

$$\Leftrightarrow 16(S_\triangle)^2=2p(2p-2b)(2p-2c)(2p-2a)$$

$$\Leftrightarrow 16(S_\triangle)^2=16p(p-b)(p-c)(p-a)$$

$$\Leftrightarrow (S_\triangle)^2=p(p-b)(p-c)(p-a)$$

$$\Leftrightarrow S_\triangle=\sqrt{p(p-b)(p-c)(p-a)}$$

可見海龍公式與秦九韶的「三斜求積術」是完全相等的。所以，海龍公式又被稱為「海倫 —— 秦九韶公式」。

南宋數學家秦九韶於 1247 年提出著名的「三斜求積術」，如圖所示，雖然它與海龍公式的形式不同，但本質是一樣的。這個公式的提出具有世界性的意義，它充分證明了中國古代已具備很高的數學程度。

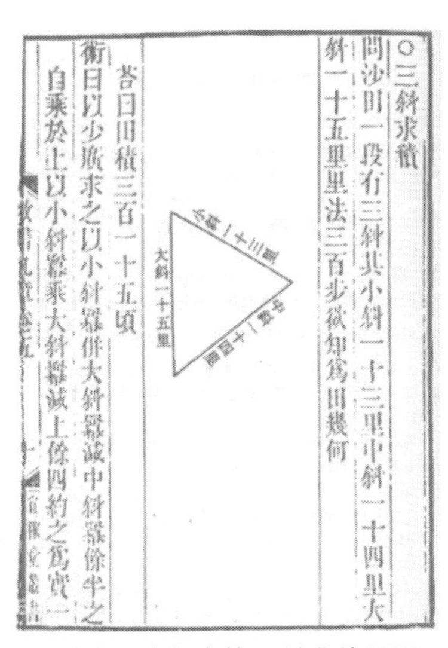

○三斜求積

問沙田一段有三斜其小斜一十三里中斜一十四里大斜一十五里里法三百步欲知爲田幾何

答曰田積三百一十五頃

術曰以少廣求之以小斜冪并大斜冪減中斜冪餘半之自乘於上以小斜冪乘大斜冪減上餘四約之爲實一

《數書九章》中的三斜求積問題

4.11
圍牆中的兔子

義大利數學家列奧納多．斐波那契（Leonardo Fibonacci）在他所著的書中有一道有趣的題目：圍牆內有一對兔子，每個月都能生下一對小兔子，而每一對新生的兔子，從出生後的第三個月開始，也能每個月都生下一對兔子（例如 1 月分出生的一對兔子，從 3 月分開始，每個月都能生一對兔子）。那麼由一對兔子開始，滿一年時，圍牆裡共有多少對兔子？

分析

本題的重點在於經由「兔子產子」的模型推導數據的變化，所以在解本題之前，要先排除一些常識性的干擾。按照題目的敘述，新生的一對兔子，出生後第三個月開始，就可以生小兔子了，因此我們不用考量兔子的雌雄及配對問題，只需考量兔子數量上的變化即可。

我們可以從圍牆中第一對兔子的產子開始研究，然後逐步總結歸納出兔子數量的變化規律，進而求出滿一年時兔子的數量。

如圖 4-7 所示，歸納出圍牆中兔子的變化規律。

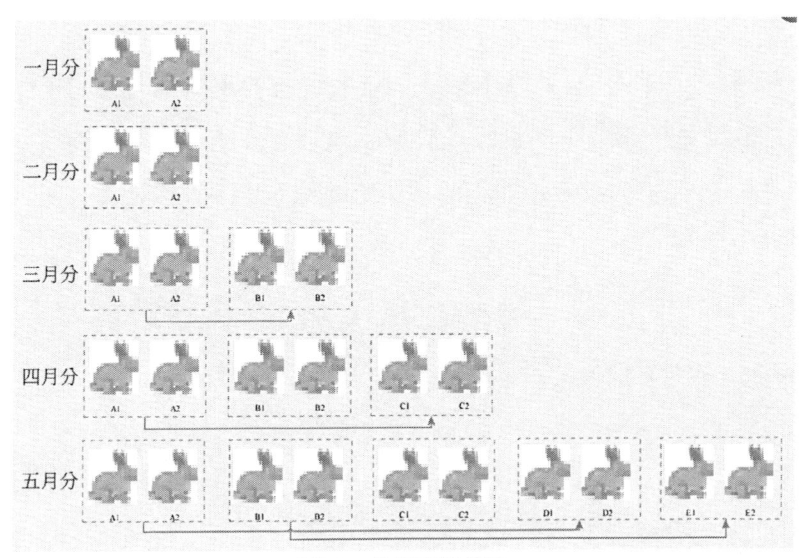

圖 4-7 兔子產子規律

如圖 4-7 所示，展示了從一月分到五月分圍牆中兔子數量的變化規律。

一月分：僅有一對新生的兔子（A1，A2）。

二月分：僅有一對兔子（A1，A2），因為（A1，A2）在出生兩個月後才可以生小兔子，二月分還沒有繁殖能力。

三月分：因為（A1，A2）從第三個月開始就可以產子了，所以三月分時有兔子（A1，A2）再加上一對新生的兔子（B1，B2）。

四月分：因為兔子對（A1，A2）能繼續產子，而兔子對（B1，B2）在四月分還沒有繁殖能力，所以四月分有兔子（A1，A2）加上兔子（B1，B2），再加上一對新生的兔子（C1，C2）。

五月分：有兔子（A1，A2）、（B1，B2）、（C1，C2），再加上（A1，A2）所生的（D1，D2）以及（B1，B2）所生的（E1，E2）。（C1，C2）還沒有繁殖能力，所以不會產仔子。

…………

仔細觀察每個月兔子數量的變化，就會從中發現一個有趣的規律：後面一個月分的兔子總對數，恰好等於前面兩個月分兔子總對數的和。如果將每個月的兔子對數排成一個數列，則這個數列可表示為：

1，1，2，3，5，8，13，21，34，55，89，144，233，377…… 如 果用 F_i 表示該數列的第 i 項，則有

$$F_i = \begin{cases} 1 & i=1 \\ 1 & i=2 \\ F_{i-1}+F_{i-2} & i\geqslant 3 \end{cases}$$

基於以上分析可知，滿一年時，圍牆裡的兔子共有 F_{12} ＝ 144 對。

後來人們為了紀念數學家斐波那契，就把上面這樣的一串數字，稱為斐波那契數列，把這個數列中的每一項稱為斐波那契數。

知識擴展：

神奇的斐波那契數列

斐波那契數列是一串很神奇的數字，它們不僅能表示出圍牆中兔子數量的變化，而且還具有很多令人意想不到的特性，甚至在廣袤的宇宙和千姿百態的大自然中，也能看到斐波那契數列的身影。

（1）通項公式

所謂數列的通項公式是指數列中第 n 項 a_n 與該項的序號之間的關係。雖然斐波那契數列的每一項都是自然數，然而它的通項公式卻十分特殊，需要使用無理數來表示，如下：

$$F(n)=\frac{1}{\sqrt{5}}\left[\left(\frac{1+\sqrt{5}}{2}\right)^n-\left(\frac{1-\sqrt{5}}{2}\right)^n\right]$$

從這個通項公式可以看出，表面上看似波瀾不驚的斐波那契數列，其內涵並不簡單。

（2）偶數項的平方與奇數項的平方

斐波那契數列從第二項開始，每個偶數項的平方，都比前後兩項之積少 1；每個奇數項的平方，都比前後兩項之積多 1，如圖 4-8 所示。

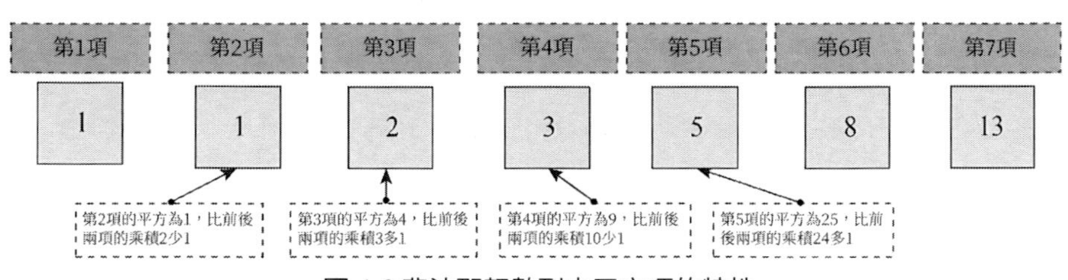

圖 4-8 斐波那契數列中平方項的特性

很顯然，每一個斐波那契數都滿足上面這個特性。

（3）黃金分割

在斐波那契數列中，隨著數列項數的增加，前一項與後一項之比越來越逼近黃金分割的數值。例如斐波那契數列的第 13 項為 233，第 14 項為 377，則前一項與後一項的比值約為 0.6180371353。斐波那契數列的第 20 項為 6765，第 21 項為 10946，則前一項與後一項的比值約為 0.618033985，相比而言，後者更接近真正的黃金分割數值 0.6180339887……

（4）可整除性

斐波那契數存在一個特性：

每 3 個連續的斐波那契數中有且僅有一個被 2 整除，

每 4 個連續的斐波那契數中有且僅有一個被 3 整除，

每 5 個連續的斐波那契數中有且僅有一個被 5 整除，

每 6 個連續的斐波那契數中有且僅有一個被 8 整除，

每 7 個連續的斐波那契數中有且僅有一個被 13 整除，

以此類推，每 n 個連續的斐波那契數中，有且僅有 1 個能被 F(n) 整除，其中 F(n) 表示斐波那契數列中的第 n 項的數值。

（5）自然界中的斐波那契數列

在自然界中居然也蘊藏著斐波那契數列的身影，最典型的例子就是向日葵的種子。如果仔細觀察向日葵的花盤，我們就會發現，向日葵的種子在盤面上呈兩組螺旋線排列，一組是順時針方向，另一組是逆時針方向，彼此相互巢狀。而這兩組螺旋線的條數，剛好就是相鄰的兩個斐波那契數，它們可能是 34 條和 55 條，55 條和 89 條。除此之外，松果的種子（如圖 4-9 所示）、鳳梨果實上的鱗片、花椰菜表面的結構，也都有類似的規律。

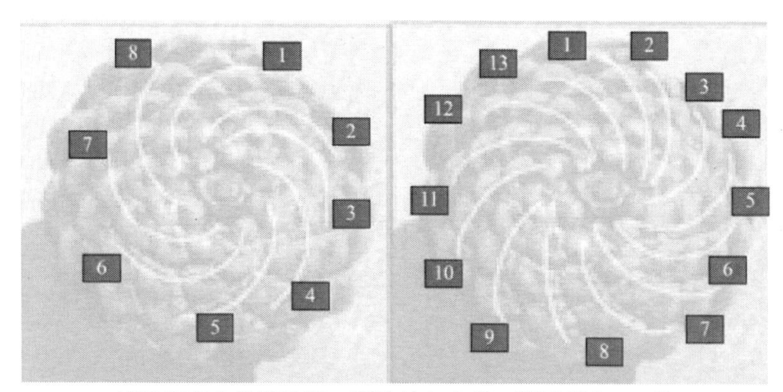

松果果實上的螺旋線，順時針有 8 條，逆時針有 13 條
圖 4-9 松果上的斐波那契數

生物學家認為按照斐波那契數排列種子是一種自然選擇的結果，因為這種排列方式使種子堆積得最為密集，這有利於生物繁衍後代。

除此之外，樹木在生長過程中都會產生分枝，如果我們從下往上數一數分枝的條數，就會發現分枝的數目剛好就是 1，2，3，5，8，…這樣排布，這恰好構成了一個斐波那契數列。如圖 4-10 所示。

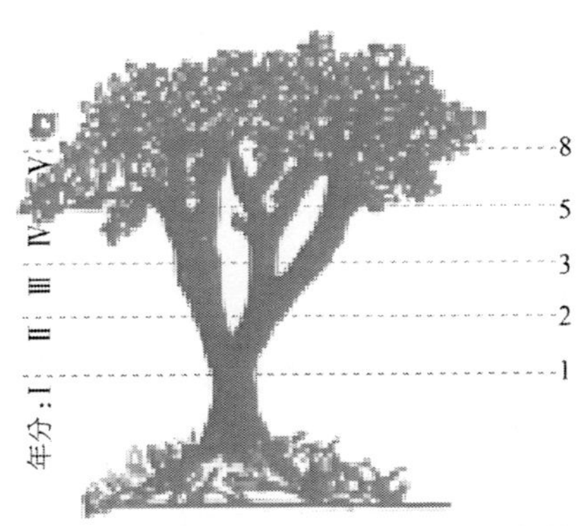

圖 4-10 樹木的分枝數構成了斐波那契數列

這種現象類似於兔子繁殖後代：成熟的樹枝每隔一段時間都會萌發新芽，而萌出的新芽則需要等一段時間變為成熟的樹枝後，才能萌發新芽。圖 4-11 可以解釋這個道理。

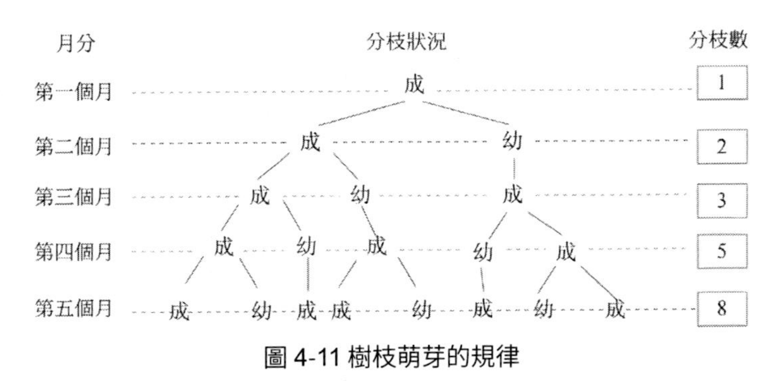

圖 4-11 樹枝萌芽的規律

斐波那契數列的神奇之處遠不止以上幾種，大到銀河系、宇宙，小到一朵花、一個貝殼，到處都有斐波那契數列的身影。而人們對斐波那契數列的研究也從未停止，相信隨著科學技術的不斷發展，人們對斐波那契數列的研究將會更加徹底、深入。

4.12
輪船趣題

19 世紀法國數學家柳卡在一次國際數學會議上提出一道有趣的題目：某輪船公司每天中午都有一艘輪船從哈佛開往紐約，且每天同一時刻，該公司也有一艘輪船從紐約開往哈佛。輪船在途中所花的時間，來去都是 7 晝夜，而且都是勻速航行在同一條航線上。問今天中午從哈佛開出的輪船，在開往紐約的航行過程中，將會遇到幾艘同一公司的輪船從對面開來？

分析

相信大家在學校都碰過「相遇類型」的數學問題，但是柳卡的「輪船問題」卻是一個更為複雜的相遇問題，因為在這個問題中，相向而行的物體不止有兩個，我們需要研究在 7 晝夜的時間段內每一艘輪船的執行狀態以及各自的位置關係。本題有多種解法，這裡介紹兩種經典的解法——算術法和柳卡圖法。

（1）算術法

因為該公司的每艘輪船行駛的速度都一樣，行駛全程都要花費 7 晝夜的時間，所以不妨假設每艘輪船行駛的速度都是 x 海里／晝夜。因為從紐約開往哈佛的輪船是每天中午準時出發一艘，所以行駛中的每艘輪船之間相隔了一晝夜的里程，也就是 x 海里。如圖 4-12 所示。

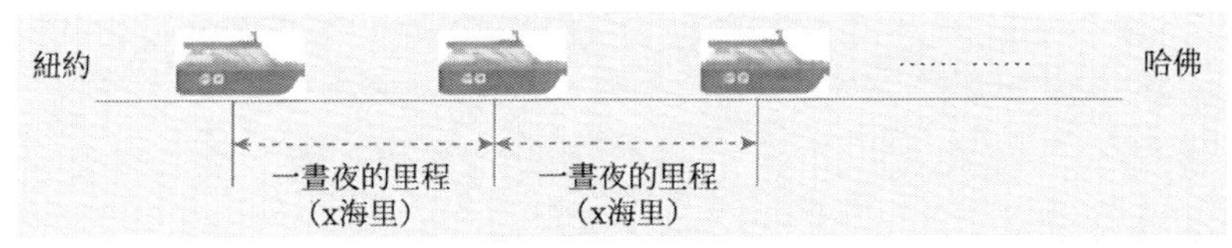

圖 4-12 行駛的輪船之間間隔 x 海里

這樣當一艘輪船與迎面開來的另一艘輪船相遇後，再與下一艘輪船相遇的時間，就應當是 x/(x + x)，也就是 0.5 天。這是因為兩船之間的距離是 x 海里，而兩船相向而行，各自的速度又都是 x，所以相遇的時間自然是 x/(x + x)。如圖 4-13 所示。

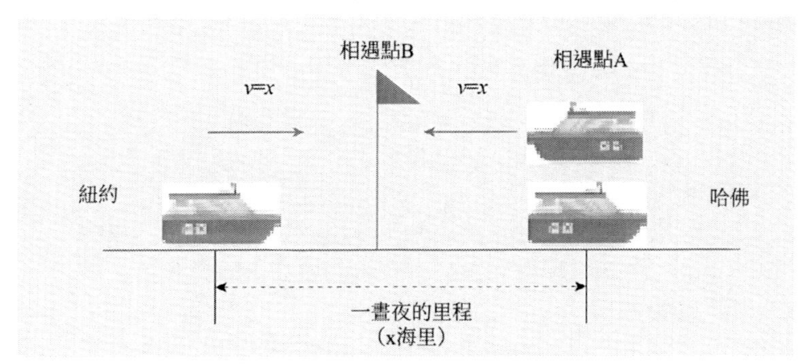

圖 4-13 與下一艘船相遇的時間

如圖 4-13 所示，從哈佛開往紐約的輪船，在相遇點 A 與從紐約開往哈佛的輪船相遇，而此時後面的一艘從紐約開往哈佛的輪船，距離相遇點 A 也恰好有 x 海里。所以 x/(x + x) = 0.5 天後，這艘從哈佛開往紐約的輪船，會與下一艘從紐約開往哈佛的輪船在點 B 相遇。

已知一艘輪船中午從哈佛駛向紐約，此時也一定有一艘從紐約駛向哈佛的輪船到達了哈佛，這是顯而易見的，因為 7 天前的同一時間，這艘輪船從紐約啟程駛向哈佛，而經歷了整整 7 個晝夜，便可到達哈佛，所以到達哈佛的時間一定也是中午，且與剛剛從哈佛出發的輪船相遇。

接下來按照上面所說的規律，從哈佛出發的這艘輪船，將會每隔 0.5 天，與從紐約相向而行的輪船相遇一次。經過 7 個晝夜到達紐約時，將會遇到 $7/0.5 = 14$ 艘輪船。再加上出發時遇到一艘輪船，從哈佛開往紐約的輪船總共會遇到 15 艘從紐約開往哈佛的輪船。

（2）柳卡圖法

下面介紹一種更為巧妙的解題方法 —— 柳卡圖法。如果我們用橫軸來表示輪船行駛的時間，縱軸表示輪船行駛的距離，兩橫軸之間的斜線表示隨著時間的流逝，輪船行駛的距離變化，則可以畫出圖 4-14。

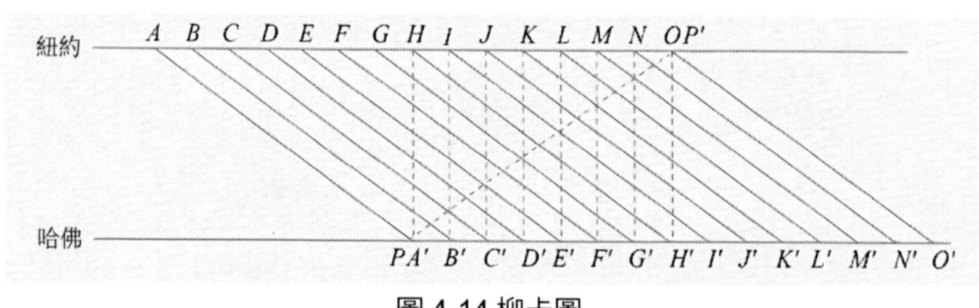

圖 4-14 柳卡圖

圖 4-14 稱為柳卡圖。在柳卡圖中，上面一條橫軸表示紐約的時間，下面一條橫軸表示哈佛的時間，兩橫軸之間的距離表示從紐約到哈佛的里程。圖中點 A ～ O 表示從紐約出發的輪船每天中午出發的時間，點 A' ～ O' 則表示這些輪船到達哈佛的時間，它們之間的連線表示每艘輪船隨時間流逝行駛距離的變化。

點 P 表示一艘從哈佛駛向紐約的輪船出發的時間，因為在該船出發前的 7 天內，每天都有輪船從紐約出發，所以該船出發的時間點也恰好是 7 天前從紐約出發的輪船到達哈佛的時間點（P 與 A' 點重合）。P' 則表示這艘輪船到達紐約的時間，此時一艘輪船剛好從紐約出發駛向哈佛（P' 與 O

點重合）。PP' 之間的連線表示從哈佛駛向紐約的輪船七天內行駛距離的變化。

如果我們把 PP' 這條線段放在一個直角座標系中，可能會更容易理解柳卡圖的含義。

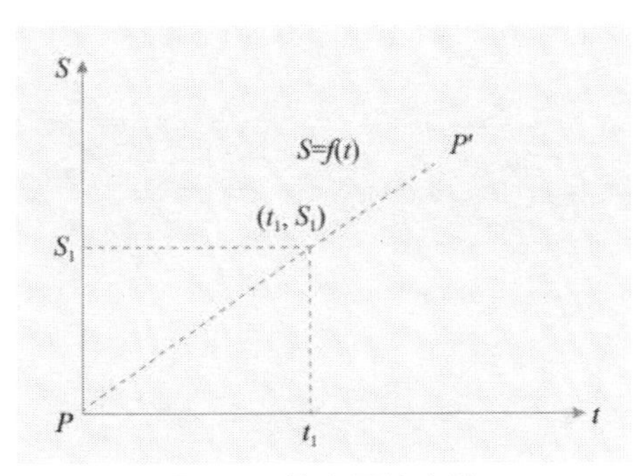

圖 4-15 柳卡圖的含義

如圖 4-15 所示，柳卡圖中的斜線 PP' 就相當於該座標系中函數 $S = f(t)$ 的影像，它反映的是輪船行駛距離 S 隨時間 t 變化而變化的函數關係。PP' 上的任意一點 (t_1,S_1) 表示該輪船行駛了 t_1 時間所走過的里程為 S_1。因此不難理解，柳卡圖中斜線的交點就表示兩船相遇的點，每個點對應的橫座標表示相遇的時間，縱座標表示相遇時輪船走過的里程。如圖 4-16 所示，假設 PP' 與 GG' 相交於點 q，則 q 點表示兩輪船在此相遇，相遇時從哈佛駛向紐約的輪船行駛了 t_1 的時間，走過了 S_1 的路程，從紐約駛向哈佛的輪船行駛了 t_2 的時間，走過了 S_2 的路程，$S_1 + S_2$ 就是從哈佛到紐約的總里程。

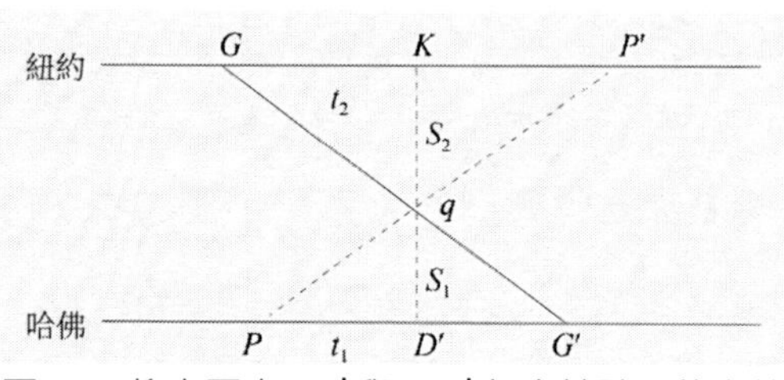

圖 4-16 柳卡圖中 PP' 與 GG' 相交於點 q 的含義

在圖 4-14 所示的柳卡圖中，PP' 與其他斜線共有 15 個交點，它顯示這艘輪船在從哈佛開往紐約的行程中，共遇到 15 艘從紐約開往哈佛的輪船。

知識擴展

巧用柳卡圖

柳卡圖也稱折線圖，它是以 19 世紀法國著名數學家柳卡的名字而命名。柳卡圖可以清楚地展現運動過程中相遇的次數、相遇的地點、相遇時間等諸多要素，因此可以快速方便地解決複雜的行程問題。上面的「輪船趣題」就是一道使用柳卡圖解決的經典問題。下面我們再來看一道能夠使用柳卡圖輕鬆解決的複雜行程問題。

甲、乙二人在一條長為 30 公尺的直路上來回跑步，甲的速度是每秒 1 公尺，乙的速度是每秒 0.6 公尺。如果他們同時分別從直路的兩端出發，在跑了 10 分鐘後，共相遇幾次？

因為甲、乙兩人的速度各不相同，同時他們又是在 30 公尺的直路上來回往返跑步，所以運動狀態非常複雜，如果使用算術法求解本題是比較困難的。但如果應用柳卡圖解決，則會非常便捷。

因為甲的速度是 1 公尺／秒，所以從路的一端跑到另一端，需要 30 秒的時間；乙的速度是 0.6 公尺／秒，所以從路的一端跑到另一端，需要

50 秒的時間。因此甲從路的一端跑到另一端，連續跑 5 次的時間，跟乙從路的一端跑到另一端，連續跑 3 次的時間是相等的。我們只需要畫出這部分的柳卡圖即可，剩下的部分只是對這部分內容的重複而已，相交點的個數是一樣的，所以沒必要畫出。如圖 4-17 所示。

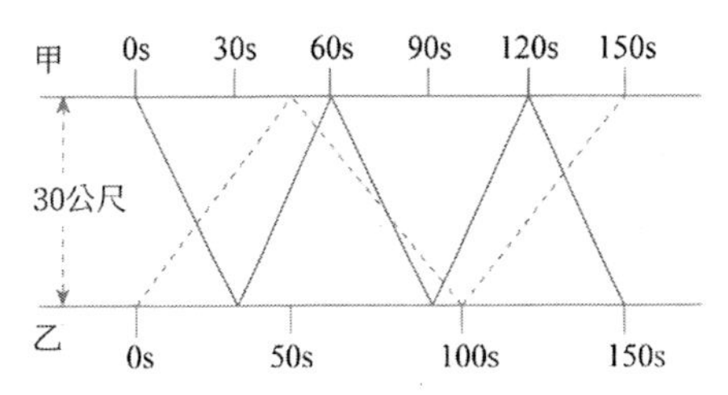

圖 4-17 150 秒內甲、乙相向而行的柳卡圖

由圖 4-17 可知，在 150 秒內甲、乙共相遇 5 次，所以 10 分鐘內甲、乙可相遇 $4\times5=20$ 次。

4.13 七橋問題

普魯士的柯尼斯堡有一條貫穿全城的普列戈利亞河，河上有兩個小島，有七座橋把兩個島與河岸連接起來，如圖所示。柯尼斯堡的居民每天都在這兩個小島以及這七座橋上散步，於是有人就提出一個問題：一個人怎樣才能不重複、不遺漏地一次走完七座橋，最後回到出發點呢？這個問題一直困擾著柯尼斯堡的居民，且始終沒有得到解決。後來數學家尤拉（Leonhard Euler）對這個七橋問題進行了研究，並給出了答案。你知道尤拉是怎麼解決這個問題的嗎？

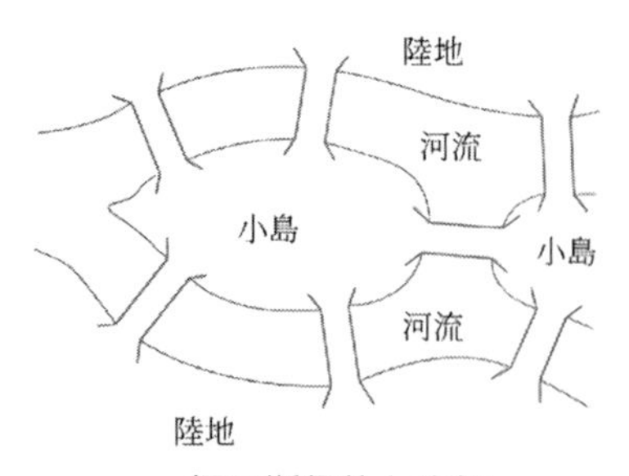

柯尼斯堡的七座橋

分析

1735 年，任職於俄羅斯科學院的數學家尤拉收到了幾個大學生的來信，大學生們在信中闡述了柯尼斯堡的七橋問題，並希望尤拉能給出解答。1736 年，尤拉在交給科學院的〈柯尼斯堡 7 座橋〉的論文報告中，詳細闡述了他的解決方法，從而宣告了七橋問題的圓滿解決。以下我們就來看一下尤拉是怎樣思考這個問題的。

首先，尤拉將七橋問題進行抽象化，他用點來表示陸地和小島，用線段表示連接陸地和小島之間的橋。這樣就將七座橋簡化為圖 4-18（2）所示的抽象圖。

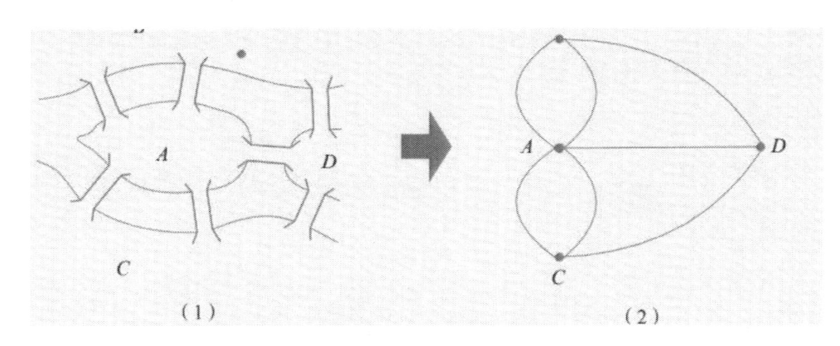

圖 4-18 將「七橋問題」抽象為由點和邊構成的圖

所謂七橋問題，其實就是研究能否從圖 4-18（2）中的某一點出發，走遍圖中的每一條邊後，再回到出發的起點，同時要求每條邊只能走一次而不能重複。

尤拉認為，如果要從圖 4-18（2）中的某頂點出發，不重複地走完圖中的每一條邊，最終再回到該頂點，則該頂點的「離開線」和「進入線」必須成對出現。如圖 4-19 所示。

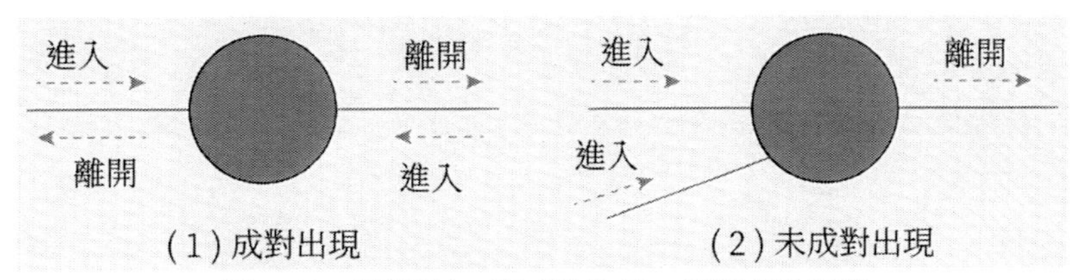

圖 4-19 「離開線」和「進入線」必須成對出現

圖 4-19（1）為進入頂點的線段和離開頂點的線段成對出現的情形；圖 4-19（2）為進入頂點的線段和離開頂點的線段不成對出現的情形。如果在一個圖中，出現圖 4-19（2）所示的這種情形，則無法保證從該點出發不重複、不遺漏地走完所有邊後又回到該點。所以尤拉得到這樣的結論：如果要從圖中某頂點出發，走完圖中每一條線段，不重複、不遺漏，最終再回到該頂點，則該頂點的相連線段必須是偶數條，不能是奇數條。

回過頭來，再來看圖 4-18（2）中的 A、B、C、D 四個頂點。因為每個頂點相連的線段條數都是奇數，所以無論從哪個頂點出發，都不可能不重複、不遺漏地走完每一條邊後再回到該頂點，因此「七橋問題」也是無解的。

以上只是尤拉解決七橋問題的基本思想，並非完整證明，要完整地證明這個問題，需要引入一些圖論的術語以及背景知識，有興趣的讀者可以參考《圖論》或者《離散數學》等書學習。

知識擴展

一筆畫問題

數學家尤拉不僅圓滿地解答了「七橋問題」，還在此基礎上得到並證明了更為廣泛的「一筆畫問題」的三條結論，學術界稱之為尤拉定理。

所謂一筆畫問題，就是研究給定的一個由頂點和邊構成的幾何圖形，能否從某個頂點出發、一筆畫出，這裡要求不重複、不遺漏地畫出圖中的每條邊。如果起點和終點是同一個點，這樣的圖又叫尤拉圖。七橋問題本質上就是判斷能否一筆畫出圖 4-18（2）所示的圖形，同時要求起點和終點是同一個點，也就是判斷圖 4-18（2）所示的圖形是否是一個尤拉圖。

尤拉關於一筆畫問題的結論，可總結為以下三條。

1. 凡是由偶點組成的連通圖，一定可以一筆畫成。畫時可將任一偶點作為起點，最後一定能以這個點為終點畫完此圖。
2. 凡是只有兩個奇點的連通圖（其餘都為偶點），一定可以一筆畫成。畫時必須將一個奇點作為起點，另一個奇點作為終點。
3. 其他情況的圖都不能一筆畫出（奇點數除以 2，便可算出此圖需幾筆畫成）。

以下我們利用兩個問題來理解這三條結論。

問題 1：奧運五環圖能否一筆畫出？

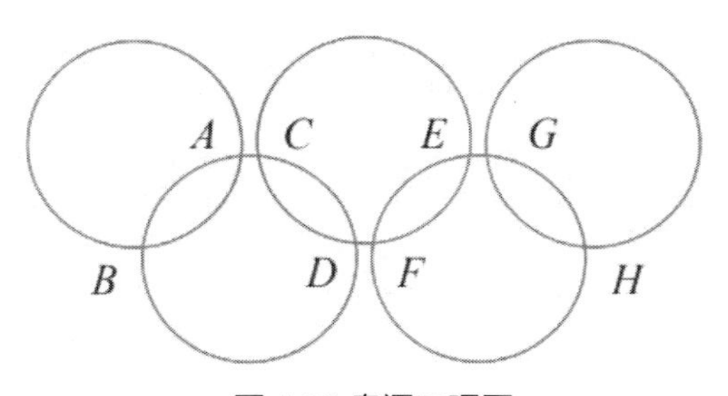

圖 4-20 奧運五環圖

因為五個圓環分別相交於 A、B、C、D、E、F、G、H 共 8 個點，而這 8 個點又都是偶點，所以根據一筆畫問題的第一條結論，奧運五環圖可以一筆畫出，且起點和終點重合。畫法如圖 4-21 所示。

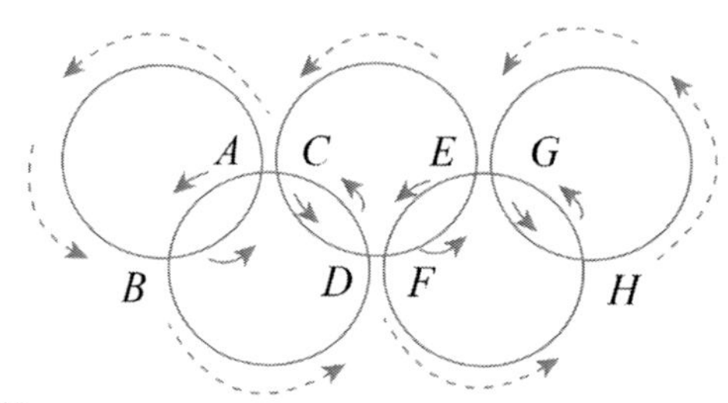

起點 $A \to B \to A \to B \to D \to C \to D \to F \to E \to F$
$\to H \to G \to H \to G \to E \to C \to A$ 終點

圖 4-21 奧運五環圖的一筆畫法

問題 2：下圖能否一筆畫出？

圖 4-22 中點 A 和點 D 是奇點，其他點均為偶點，所以按照一筆畫問題的第二條結論，它可以一筆畫出，但要以一個奇點為起點，一個奇點為終點。畫法如圖 4-23 所示。

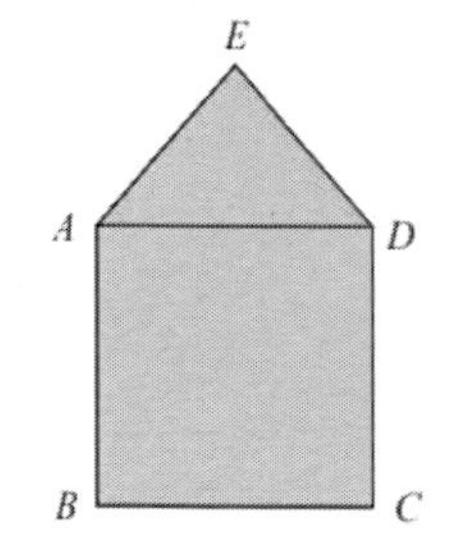

圖 4-22 可一筆畫出的圖形

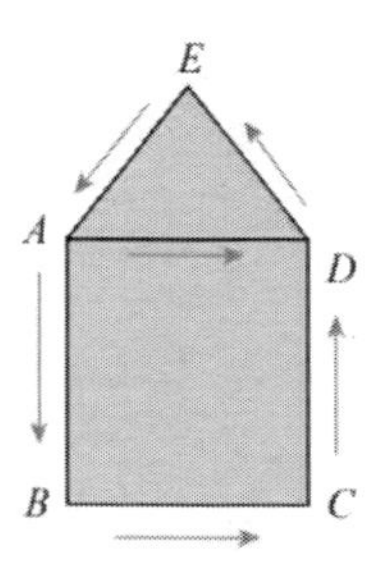

起點 A → D → E → A → B → C → D 終點
圖 4-23 圖 4-22 的一筆畫法

第 5 章

當數學遇到電腦

電腦是 20 世紀初人類一項重要的發明成果。它的發明對人類的生產活動和社會活動產生極其重要的影響。當古老的數學遇到現代的電腦，會碰撞出什麼樣的火花呢？其實電腦與數學有著不解的淵源。電腦最初是為了滿足計算彈道的需求研製而成的，因此發明電腦的最初目的，是幫助人們解決一些複雜的數學問題，而隨著後來不斷地演進和發展，電腦也被賦予更多、更廣的用途。本節將向大家普及一些電腦方面的知識，也許我們在平常使用電腦時從未思考過這些，但這些隱藏在表象背後的學問，恰恰是我們需要了解的。

在了解這些知識後，你會發現電腦與數學是那樣緊密地結合在一起，如影隨形，處處閃爍著數學的智慧，你也會更加感嘆數學的魅力……

5.1 電腦中的二進位制世界

我們每天開啟電腦，展現在面前的，大都是五彩繽紛的網頁、炫目的影片，或各式各樣的軟體、遊戲、聊天工具……你有沒有想過，這些花花綠綠的東西都是什麼？它們在電腦中是以什麼樣的形式存在？它們又是怎樣在電腦中展示的呢？

有一些電腦常識的人或許知道，電腦中的數據都是以二進位制的形式存在的 —— 小到我們開啟記事本輸入的一個字母，大到整個作業系統。它們呈現在我們面前的形式各異，但是其本質都是由 0 和 1 組成的二進位制碼。這就如同人身體中的細胞一樣，結構雖然簡單，但它們組成了一個龐大的機體。本節將帶大家走進電腦中的二進位制世界。

作為電子裝置，電腦中的電平訊號都是用電壓的高與低來表示的，如果將高電壓訊號表示為數據 1，將低電壓訊號表示為數據 0，那麼電腦中的電平訊號就會是一串由 0 和 1 組成的數據流（又稱資料流）。所以從電腦誕生的那一天開始，二進位制數據就作為電腦中數據和訊號的載體，一直沿用至今。

那麼，該如何理解二進位制數據呢？我們先來回顧一下再熟悉不過的十進位制數據。

從上小學一年級就開始接觸數字，但是大家可能沒有關注到一

點 —— 其實這些數字都是十進位制的數字。所謂十進位制數字，就是用十進位制計數法表示的數字。在十進位制計數法中，只能用 0，1，2，3，4，5，6，7，8，9 這 10 個數字表示一個數，一個數中不同的數位，表示的含義也不同。例如一個十進位制數 12,345，共有 5 個數位，它們各自的含義如圖 5-1 所示。

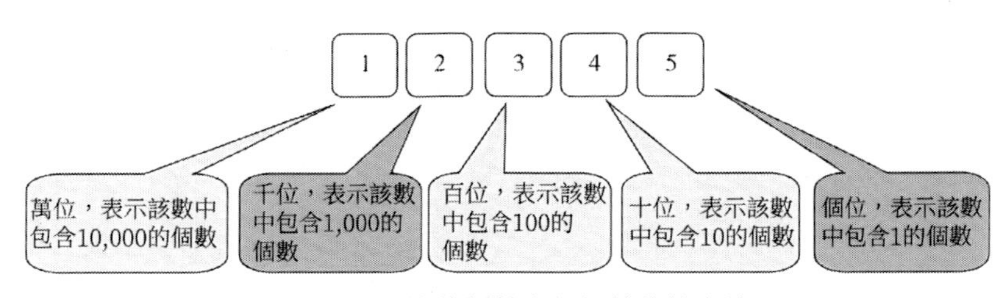

圖 5-1 十進位制數中每個數位的含義

因此十進位制數字 12,345 的含義就是：該數中包含 1 個 10,000，2 個 1,000，3 個 100，4 個 10 和 5 個 1，即

$$12345 = 1\times10^4 + 2\times10^3 + 3\times10^2 + 4\times10^1 + 5\times10^0$$

以上就是十進位制計數法的含義，相信大家很容易理解。

有了上面的基礎，二進位制計數法就不難理解了。在二進位制計數法中，只能用 0 和 1 這兩個數字表示一個數，同樣一個數中，不同的數位表示的含義也不相同。例如一個二進位制數 11001，共有 5 位，其含義如圖 5-2 所示。

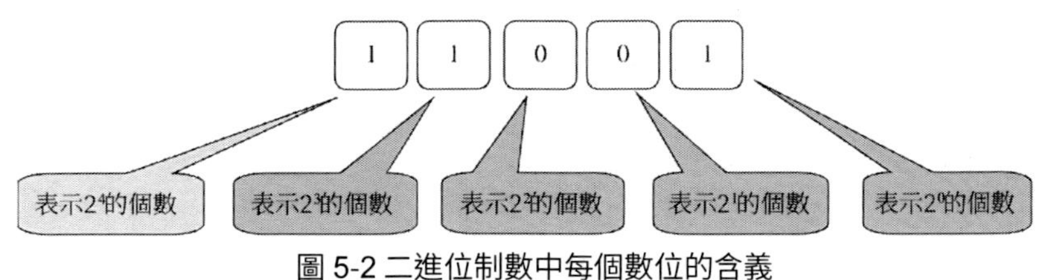

圖 5-2 二進位制數中每個數位的含義

因此二進位制數 11001 的含義就是：該數中包含 1 個 2^4，1 個 2^3，0 個 2^2，0 個 2^1，和 1 個 2^0 即

$$11001 = 1\times2^4 + 1\times2^3 + 0\times2^2 + 0\times2^1 + 1\times2^0 = 25$$

這樣大家就明白了，其實二進位制數跟我們熟悉的十進位制數類似，只是每個數位代表的含義不同。對於十進位制數是「逢十進一」，而對於二進位制數則是「逢二進一」。之所以古代的數學選擇使用十進位制計數法，有一種說法是因為人有 10 個手指頭，採用十進位制計數法計數比較方便。而到了訊息化的時代，電腦作為新型的計算工具登上歷史舞臺，它並不需要用十個手指頭計數，它更需要的是高脈衝（脈波）與低脈衝的電平訊號，所以二進位制計數法從此嶄露頭角，成為數位化訊息的表達方式，也越來越為人們所熟悉。

其實電腦中常用的數制，除了二進位制外，還包括八進位制和十六進位制，與前面說的二進位制和十進位制類似，八進位制是「逢八進一」，十六進位制則是「逢十六進一」，大家可以類比進行理解，在此不贅述。

前面已經說過，電腦中所有的數據都是以二進位制的形式存在。雖然只有簡單的 0 和 1 兩種數位，但它們的編碼形式繁多，呈現在使用者面前的形式也千差萬別。例如，同樣的二進位制碼 01000001，它所表達的含義，在不同的環境中可能會有很大的差別。

如圖 5-3 所示，如果作為運算數，它表示的是十進位制數 65；如果將這串二進位制碼以字元形式展現在螢幕上，則它就是字元「A」的 ASCII 碼；同時它還可能表示一個 8 位元機（早期的電腦）的記憶體地址，抑或是一個點陣圖檔案（BMP）的某個像素的灰度值……所以在電腦中，抽象

地說某一串二進位制碼是什麼含義沒有任何意義，要將它放到某個具體的環境中來理解。

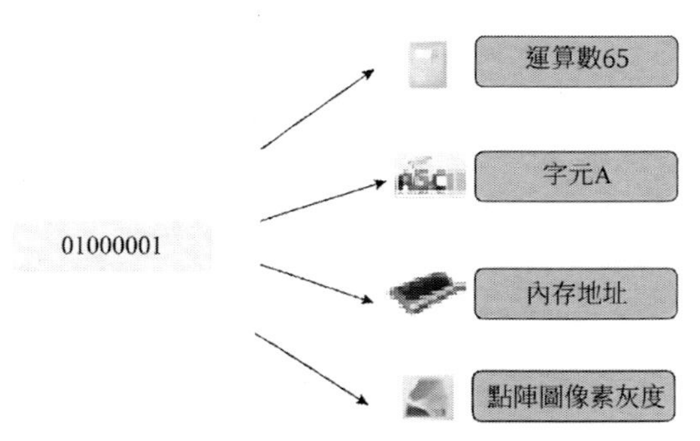

圖 5-3 同一個二進位制碼的不同含義

在我們平時使用電腦時，最為直觀地感受到二進位制數據的地方，可能就是螢幕上顯示的各種字元了。在我們瀏覽網頁、編輯 Word 檔案，或是使用聊天軟體時，看到的或許就是一些英文字元、中文字元、標點符號、特殊字元……其實這些字元在電腦中同樣都是以二進位制數據的方式儲存的。以下我們就來探討這些二進位制數據如何表達各種形式的字元。

1. 編碼方式

在這裡要先引入一個概念 —— 編碼方式。在電腦中，數據訊息可分為兩種：數值訊息和非數值訊息。數值訊息就是我們前面提到的、用於運算操作的數據，例如運算數 65；而非數值訊息主要包括用於顯示的字元、圖形符號等。所謂編碼方式，就是對這些非數值訊息的字元和符號的二進位制碼進行編碼的規則。同樣在電腦螢幕上顯示字元「A」，採用不同的編碼方式，對應的二進位制碼可能是完全不同的。我們透過下面這個例子來解釋這個問題。

如圖 5-4 所示，A 先生發送了一個字元「a」給 B 女士，在 A 先生的電腦中，字母的編碼採用 EBCDIC 的編碼方式，因此字元「a」對應的二進位制碼為 1010001。當這串二進位制碼傳送到 B 女士的電腦中時，B 女士的電腦採用 ASCII 碼的方式，對 1010001 進行解析，而在 ASCII 碼中字元「Q」對應的二進位制碼為 1010001，因此在 B 女士的電腦螢幕上，顯示的是字元「Q」而不是字元「a」。從這個例子中我們會發現，同樣是二進位制碼 1010001，採用不同的編碼方式，解析出來的內容是不一樣的，展現在人們面前的形式也不相同。

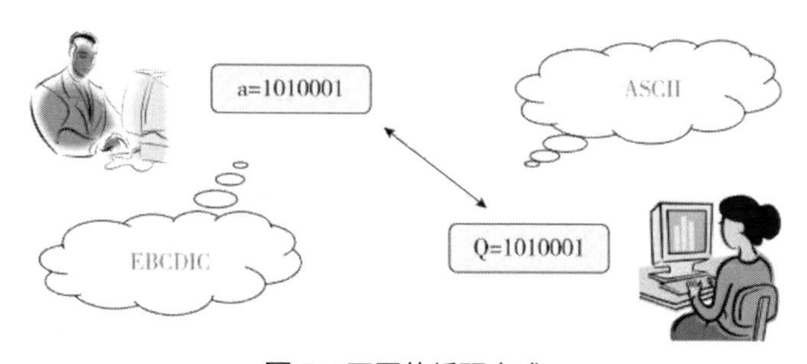

圖 5-4 不同的編碼方式

為什麼要有這麼多的編碼方式呢？如果統一成一種編碼方式，就不會出現這種解析錯誤的情況了吧？這個與不同的編碼方式本身的特性相關，在某些場合下使用某種編碼方式會更加適合，而使用另外的編碼方式可能就不太適合。所以字元的編碼方式不能追求完全統一，要根據應用的場景、問題來具體分析。以下介紹一種電腦中常用的編碼方式——ASCII 碼。

2. ASCII 碼

ASCII 碼的全稱是 American Standard Code for Information Interchange，即美國標準資訊交換碼。它是用 7 位二進位制進行編碼，一共可以表示 $2^7 = 128$ 個字元。在 ASCII 碼中，編碼值 0 ～ 31 為控制字元，一般用於通訊控制或裝置的功能控制。編碼值 32 為空格字元（SP）。編碼值 127 為刪除（DEL）碼。其餘的 94 個字元為可列印字元。標準的 ASCII 碼如圖 5-5 所示。

高四位 / 低四位		ASCII非打印控制字符									
		0000					0001				
		0					1				
		十进制	字符	ctrl	代码	字符解释	十进制	字符	ctrl	代码	字符解释
0000	0	0	BLANK NULL	^@	NUL	空	16	►	^P	DLE	数据链路转意
0001	1	1	☺	^A	SOH	头标开始	17	◄	^Q	DC1	设备控制 1
0010	2	2	☻	^B	STX	正文开始	18	↕	^R	DC2	设备控制 2
0011	3	3	♥	^C	ETX	正文结束	19	‼	^S	DC3	设备控制 3
0100	4	4	♦	^D	EOT	传输结束	20	¶	^T	DC4	设备控制 4
0101	5	5	♣	^E	ENQ	查询	21	§	^U	NAK	反确认
0110	6	6	♠	^F	ACK	确认	22	▬	^V	SYN	同步空闲
0111	7	7	•	^G	BEL	震铃	23	↨	^W	ETB	传输块结束
1000	8	8	◘	^H	BS	退格	24	↑	^X	CAN	取消
1001	9	9	○	^I	TAB	水平制表符	25	↓	^Y	EM	媒体结束
1010	A	10	◙	^J	LF	换行/新行	26	→	^Z	SUB	替换
1011	B	11	♂	^K	VT	竖直制表符	27	←	^[	ESC	转意
1100	C	12	♀	^L	FF	换页/新页	28	∟	^\	FS	文件分隔符
1101	D	13	♪	^M	CR	回车	29	↔	^]	GS	组分隔符
1110	E	14	♫	^N	SO	移出	30	▲	^6	RS	记录分隔符
1111	F	15	☼	^O	SI	移入	31	▼	^-	US	单元分隔符

高四位 / 低四位		ASCII 打印字符												
		0010		0011		0100		0101		0110		0111		
		2		3		4		5		6		7		
		十进制	字符	十进制	字符	十进制	字符	十进制	字符	十进制	字符	十进制	字符	ctrl
0000	0	32		48	0	64	@	80	P	96	`	112	p	
0001	1	33	!	49	1	65	A	81	Q	97	a	113	q	
0010	2	34	"	50	2	66	B	82	R	98	b	114	r	
0011	3	35	#	51	3	67	C	83	S	99	c	115	s	
0100	4	36	$	52	4	68	D	84	T	100	d	116	t	
0101	5	37	%	53	5	69	E	85	U	101	e	117	u	
0110	6	38	&	54	6	70	F	86	V	102	f	118	v	
0111	7	39	'	55	7	71	G	87	W	103	g	119	w	
1000	8	40	(	56	8	72	H	88	X	104	h	120	x	
1001	9	41	)	57	9	73	I	89	Y	105	i	121	y	
1010	A	42	*	58	:	74	J	90	Z	106	j	122	z	
1011	B	43	+	59	;	75	K	91	[	107	k	123	{	
1100	C	44	,	60	<	76	L	92	\	108	l	124	|	
1101	D	45	-	61	=	77	M	93	]	109	m	125	}	
1110	E	46	.	62	>	78	N	94	^	110	n	126	~	
1111	F	47	/	63	?	79	O	95	_	111	o	127	△	^Back space

圖 5-5 標準 ASCII 碼

如圖 5-5 所示，ASCII 碼中編碼值從 0 到 31 都是控制字元，因此在螢幕上顯示出來的都是亂碼，其實這些字元並不是為了列印輸出的，而是要用於通訊控制或裝置的功能控制。編碼值 32 的字元為空格符，因此顯示為空白。編碼值 127 的字元為刪除碼。從 33 到 126 這 94 個字元，都是可以在螢幕上顯示的、具有確定含義的字元，其中包括大小寫的英文字元、數字字元，以及一些標點符號等常用字元。

ASCII 碼現在已被國際標準化組織（International Organization for Standardization，ISO）定為國際標準，適用於所有拉丁字母。但是 ASCII 碼也有很大的局限，最明顯的一點，就是它不能表達漢字字元。

以上向大家簡要地介紹二進位制計數法及電腦中數據（資料）的編碼方式。相信大家對電腦中的二進位制世界也有了一定的了解。當然這也只是管中窺豹，電腦中的資料訊息相當龐大，數據的形式也各式各樣。但唯一不變的就是所有數據都是以二進位制的形式存在，只有 0 和 1 兩個數字。不要小看二進位制中的 0 和 1，它們改變了整個世界。

5.2
電腦中絢爛的圖片

每天開啟電腦，你都會做些什麼？瀏覽各種網站、論壇、通訊軟體，或是在社交媒體分享你的照片……在這個過程中，圖片是不可或缺的重要元素。試想如果你的電腦無法支援圖片的瀏覽，那將是什麼樣的景象呢？

如圖 5-6 所示，早期的電腦就是這個樣子。因為不支援多媒體顯示，所以我們看到的就是這種黑屏和字元介面，使用者跟電腦之間的互動也只能透過命令列來完成，這是何等枯燥！所以電腦中能顯示圖片，對電腦的普及和流行是至關重要的。也正因為如此，我們的生活才更加絢爛多彩。

圖 5-6 早期的電腦

但是在使用電腦瀏覽各種圖片，或分享你的自拍照時，你有沒有想過電腦是怎樣在螢幕上顯示出顏色豐富的圖片呢？本節我們來討論這個話題。

在電腦中，所有的檔案歸根究柢都是以二進位制的數據形式儲存的。也就是說，在電腦裡儲存的檔案，其實都是 0101011……這樣的二進位制數據流。對電腦而言，這些檔案就是一堆沒有任何意義的 0/1 數據而已。那為什麼我們的電腦中會有各式各樣不同類型的檔案呢？比如有 Word 檔案，其字尾名為 .doc，可以使用 Word 軟體將其讀取和編輯。再比如有影片檔案，其字尾名可能為 .rmvb，可以使用影片播放軟體等工具播放這些影片檔案。這就牽扯到檔案格式的概念，電腦中的檔案固然都是由 0/1 碼組成的，但不同 0/1 碼的排布方式，就構成不同格式的檔案，用相應的軟體便可解析這種格式的檔案，從而在電腦中呈現其真正要表達的樣子。圖 5-7 可以說明這一點。

如圖 5-7 所示，一個 Word 檔案（A.doc）在電腦內部其實就是一堆 0/1 碼組成的數據流，但是這些 0/1 碼要按照 Word 檔案的格式（即 doc 檔案格式）排布，只有這樣，該檔案才能被 Word 軟體辨識和解析。經過 Word 應用程式對該檔案的解析，呈現在我們面前的，就是一個可讀的檔案。

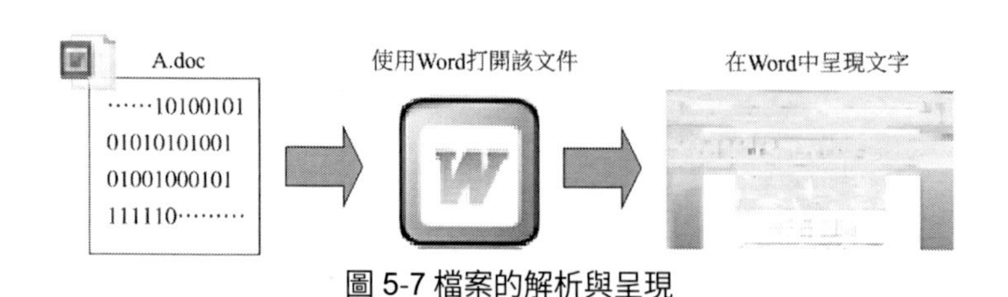

圖 5-7 檔案的解析與呈現

透過上面的解釋，大家應該能夠理解以下幾點：

▷ 所有檔案在電腦內部儲存的形式都是 0/1 碼的數據流；

▷ 這些 0/1 碼的排布方式決定了檔案的格式；

▷ 不同格式的檔案需要特定的軟體才能解析（開啟），最終以使用者可讀的形式呈現在電腦上。

圖片檔案也是一種檔案，當然也不例外。我們在電腦中可以瀏覽、編輯許多格式的圖片檔案，其實這些檔案在硬碟中儲存的，不外乎就是一些 0/1 碼的數據流。這些 0/1 碼的排布方式，決定了圖片檔案的格式，例如 BMP 檔案、JPEG 檔案、PNG 檔案等。如果這些圖片檔案僅儲存在電腦的硬碟中，是沒有任何意義的，只有經過圖片瀏覽器等軟體的解析，才能在電腦的螢幕上看到這些繽紛的圖片。Windows 系統中自帶的圖片瀏覽器，就是一個功能強大的圖片檔案解析軟體，它可以支援很多格式圖片的瀏覽。如圖 5-8 所示。

不同格式的圖片檔案解析和顯示的方式也不盡相同。我們就以最為簡單的點陣圖檔案（BMP 格式的檔案）為例，介紹一下圖片檔案是如何解析和顯示的。

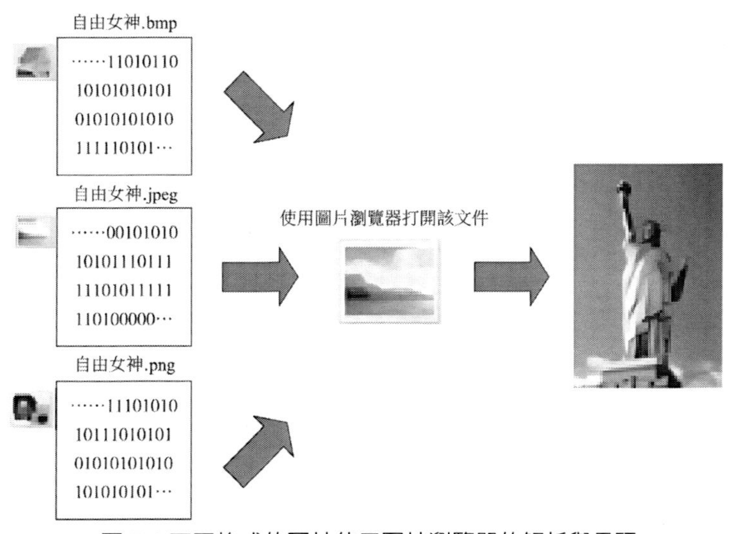

圖 5-8 不同格式的圖片使用圖片瀏覽器的解析與呈現

BMP 檔案的全稱為 Bitmap，也稱點陣圖檔案，它是 Windows 作業系統中的標準影像檔案格式。BMP 檔案格式如圖 5-9 所示。

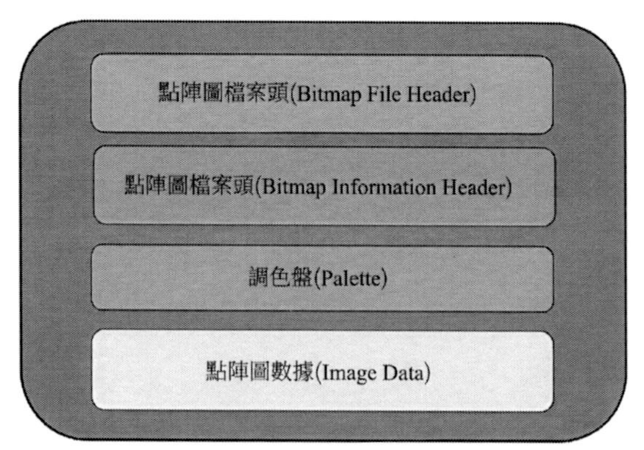

圖 5-9 BMP 點陣圖檔案格式

一個 BMP 格式的點陣圖檔案，由以下幾個部分組成。

▷ 點陣圖檔案頭以及點陣圖訊息頭：主要儲存點陣圖檔案的類型、大小、影像的長寬、解析度等重要訊息。

▷ 調色盤訊息：其作用是提供顏色定義以及顏色索引，並不是所有的點陣圖檔案都包括調色盤，例如 24 位真彩色點陣圖就不需要調色盤。

▷ 點陣圖數據訊息：點陣圖的實際影像數據。點陣圖的類型不同，數據的意義也不同。

BMP 影像檔案支援單色、16 色、256 色和 24 位真彩色 4 種顏色深度。支援的顏色越多，圖片的顯示效果越好。單色 BMP 檔案一般只支援黑、白兩種顏色，因此，它的點陣圖數據訊息只有 0 和 1 兩種，每一個像素只需要一位就可以表示。至於 0 和 1 分別表示哪種顏色，可以透過查詢調色盤獲得訊息。所以，單色的 BMP 檔案訊息量是最少的，同時占用空間也最小。如圖 5-10 所示為單色 BMP 格式檔案的數據訊息及在螢幕上的顯示效果。

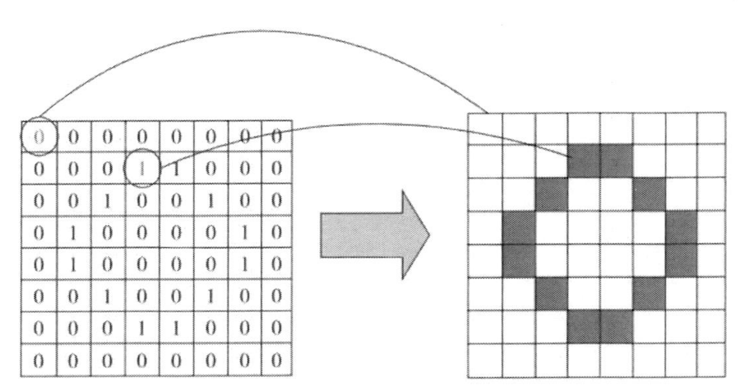

圖 5-10 單色 BMP 格式檔案的數據訊息及在螢幕上的顯示效果

如圖 5-10 所示，假設調色盤中規定 0 表示白色，1 表示黑色，當使用圖片瀏覽器等軟體開啟這個單色 BMP 圖片時，軟體會分析 BMP 檔案中調色盤對顏色的規定，這樣點陣圖數據訊息中的 0 就被解析為 BMP 圖中白色像素，而數據訊息中 1 則被解析為 BMP 圖中的黑色像素。

16 色和 256 色點陣圖與單色點陣圖類似，只是它們分別用 4 位二進位制數和 8 位二進位制數描述一個像素的顏色（單色點陣圖只用 1 位二進位制數描述一個像素的顏色）。4 位二進位制數可表示 $2^4 = 16$ 種顏色，因此呈現出 16 色點陣圖；8 位二進位制數可表示 $2^8 = 256$ 種顏色，因此呈現出 256 色點陣圖。每一個數字代表什麼顏色，仍然取決於調色盤的規定。由於表示一個像素的位數增加了，因此，在相同解析度下，256 色點陣圖所占的空間大小＞ 16 色點陣圖所占空間大小＞單色點陣圖所占空間大小。

24 位真彩色點陣圖與上述幾種點陣圖有明顯的差異，因為它不需要調色盤指定每個數字代表什麼顏色。那麼 24 位真彩色點陣圖是怎樣在螢幕上顯示的呢？

顧名思義，24 位真彩色點陣圖是用 24 位二進位制數描述一個像素的顏色。24 位二進位制數可表示 $2^{24} = 16,777,216$ 種顏色，因此，24 位真彩色點陣圖遠比 256 色點陣圖更能表現更多的顏色，視覺效果也好很多。

在 24 位真彩色點陣圖中，每個像素用 3 個位元組描述（在電腦中每個位元組占 8 位，3 個位元組共 24 位），這 3 個位元組分別表示 RGB 三個彩色分量。在這裡應用了 RGB 色彩模式的概念。RGB 色彩模式是工業領域內的一種顏色標準，它透過對紅（R）、綠（G）、藍（B）三個顏色的強度變化，以及它們相互之間的疊加，來得到各式各樣的顏色。每個顏色的取值範圍為 0 ～ 255，表示該顏色的強度值。例如 RGB ＝ {255，0，0} 中紅色的強度值為 255，是最強值，綠色和藍色的強度值均為 0，因此該顏色為標準的紅色；RGB ＝ {0，0，0} 時，三個顏色強度值均為 0，因此疊加在一起，只能呈現出黑色（黑色即沒有顏色）；RGB ＝ {255，255，255} 時，三個顏色的強度值均達到最強，因此疊加在一起，呈現為白色。24 位真彩色就是透過紅、綠、藍這三種顏色的強度變化，以及三種顏色的相互疊加，從而產生出各式各樣的顏色。圖 5-11 為 Windows 系統畫圖工具中的顏色編輯器，我們只要輸入 RGB 三個顏色分量值，就可以在調色盤中定位一種顏色。

圖 5-11 Windows 系統畫圖工具中的顏色編輯器

由於 24 位真彩色點陣圖使用 3 個位元組（24 位二進位制數）表示一個像素的顏色，所以相同解析度下，它占用的空間大小，約是 256 色點陣圖的 3 倍。

關於 BMP 影像的知識，這裡只做一些簡單的常識性介紹，如果讀者有興趣更深一步了解 BMP 點陣圖的知識，可以參考《數字影像處理》等專業書籍。

綜上所述，不同格式的圖片，其解析和顯示的方式不盡相同。但萬變不離其宗，無論什麼格式的圖片，都是透過對影像中每個像素顏色的描述，來承載具體的訊息。另外，任何類型的圖片檔案，在電腦中儲存的都是一些 0/1 碼構成的二進位制數據流，只有透過特定的軟體對這些圖片進行解析後，才能呈現在電腦螢幕上。解析圖片檔案的演算法，要依賴圖片的具體格式，像 BMP、JPEG、PNG、GIF 等格式的圖片，都是世界通用的標準格式，一般的圖片瀏覽器都會支援這些類型的圖片瀏覽。

現在拍一張照片成了再簡單不過的事情。市面上的手機基本上都有支援拍照功能，數位相機也不像從前那樣只有富人才買得起。這些數位裝置拍出的照片，不同於傳統相機拍出的照片，它們有一個共同的名字——數位相片。你知道數位相機是怎麼工作的嗎？你知道數位相片為什麼都是 JPEG 格式嗎？下面簡單介紹一下。

從 1822 年法國人涅普斯在感光材料上製出世界第一張照片起，一直到 1990 年代，人們拍攝照片大多使用這種光學照相機。這種照相機利用幾何光學成像原理和化學成像技術，拍出的相片都是模擬影像。伴隨著新世紀數位技術的飛速發展，數位照相機得到了廣泛的普及。除非是專業的攝影愛好者，現在人們拍照片，很少再去買底片和洗相片，只要一張小小的記憶卡、一個數位相機，或一支支援拍照功能的手機，就可以隨手拍下喜歡的任何景物，並將照片儲存在記憶卡中。

圖 5-12 所示為數位照相機的基本工作原理圖。光線穿過鏡頭後，射到鏡頭後面的感光元件上。感光元件是數位相機的核心，它由幾十萬到上千萬個光電二極體組成，每個光電二極體都能形成一個像素。當有光線照射到光電二極體，它就會產生電荷累積，且光線越強，產生的電荷累積就越多，這些累積的電荷，最終會轉換成像素數據。經過感光元件的光線會產生電荷累積，但仍是模擬的影像訊號，這些模擬訊號還需要透過類比數位轉換器（A/D）的加工處理，最終變成數字影像訊號。類比數位轉換器會將每一個像素的亮度和色彩值量化為具體的數值，這樣就將光電二極體產生的模擬訊號轉換為可儲存的數位訊號了。影像處理器的作用是接收類比數位轉換器輸出的數位訊號，並將這些數據儲存在相機的儲存裝置上。

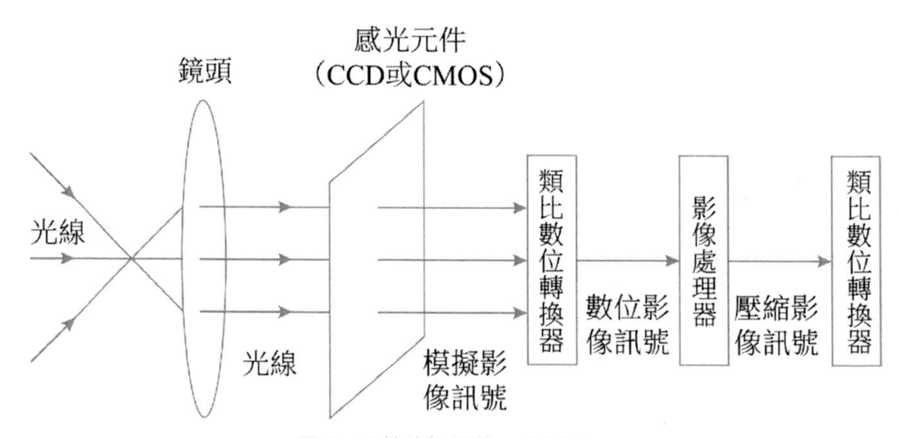

圖 5-12 數位相機的工作原理

使用過數位相機或手機拍照功能的人都知道，這些數位裝置拍出的照片，大多為 JPEG 格式。JPEG 是一種常見的影像格式，它由聯合圖像專家小組（Joint Photographic Experts Group）開發，並命名為「ISO 10918-1」，人們將聯合圖像專家小組的英文單字首字母組合起來，為這種格式的圖片取了一個簡單的名字 JPEG，或 JPG。在電腦裡安裝的圖片瀏覽器等工具，大多都支援解析 JPEG 格式的影像，因此在電腦上，一般都可以輕鬆瀏覽我們拍下的數位相片。

數位裝置之所以選擇 JPEG 格式作為影像的儲存格式，不僅因為 JPEG 是國際標準的影像格式，有比較高的通用性，還因為 JPEG 格式的影像有其不可替代的優點。

首先，JPEG 格式採用非常先進的壓縮技術去除影像中冗餘的色彩數據，從而獲得很高的壓縮率，同時又最大限度地保持圖片的解析度。其次，JPEG 還是一種很靈活的影像格式，它具有調節影像解析度的功能，允許用不同的壓縮比對影像檔案進行壓縮，壓縮比通常在 10：1 到 40：1 之間，壓縮比越大，解析度就越低；相反地，壓縮比越小，解析度就越好。再次，JPEG 格式對色彩訊息的保留較好，適用於網際網路，可減少影像的傳輸時間，可支援 24 位真彩色，也普遍應用於需要連續色調的影像。正是因為 JPEG 格式有以上這些不可替代的優點，它才得以被廣泛地應用。

JPEG 格式要比上面介紹的 BMP 格式複雜許多，但這種複雜度，換來的是 JPEG 圖片更高的壓縮率和圖片解析度。相比而言，同樣大小的 BMP 圖片和 JPEG 圖片，JPEG 圖片的解析度會更高。JPEG 類型的圖片為什麼會有更高的壓縮率和解析度呢？這源於 JPEG 圖片的色彩模型。與傳統點陣圖檔案使用的 RGB 色彩模型不同，JPEG 圖片使用的是 YCrCb 色彩模型，其中 Y 表示像素的亮度（Luminance），CrCb 表示像素的色度（Chrominance）。因為人們在觀察一張圖片時，人眼對圖片亮度 Y 的變化，遠比對圖片色度 CrCb 的變化要敏感得多，所以應用 YCrCb 色彩模型，更可以儲存每個像素的亮度值 Y，而減少對色度值 CrCb 的儲存，這樣就可以在維持影像解析度的前提下，造成壓縮圖片的作用。例如，每個像素儲存一個 8 位元的亮度值 Y，每 2×2 個像素儲存一個色度值 CrCb。原本用 24 位真彩色的 RGB 色彩模型，4 個像素需要用 4×3 ＝ 12 個位元組儲存。而應用 YCrCb 色彩模型，僅需要用 4 ＋ 2 ＝ 6 位元組儲存，但從影像的效果來看，差異是微乎其微的（肉眼很難察覺）。RGB 模型與 YCrCb 模型的轉換公式如下：

$$\begin{bmatrix} Y \\ Cb \\ Cr \end{bmatrix} = \begin{bmatrix} 0.299 & 0.587 & 0.114 \\ -0.1687 & -0.3313 & 0.5 \\ 0.5 & -0.4187 & -0.0813 \end{bmatrix} \begin{bmatrix} R \\ G \\ B \end{bmatrix} + \begin{bmatrix} 0 \\ 128 \\ 128 \end{bmatrix}$$

JPEG 格式影像的編碼方式比較複雜，從原始的影像數據到最終生成的 JPEG 影像數據，一般要經過：（1）離散餘弦轉換（DCT）；（2）重排列 DCT 結果；（3）量化；（4）0 RLE 編碼；（5）霍夫曼（Huffman）編碼；（6）DC 編碼等幾個步驟的處理。有興趣的讀者可以參考《數字影像處理》等專業書籍，尋求更深一步的了解。

5.3
網路支付的安全衛士

現在電子商務十分發達，人們購物的方式也在潛移默化中發生改變。以前人們大包小包逛街，現在逐漸變成在電腦前點點滑鼠，新增商品到「購物車」，生活因而越來越便捷。在這種大環境下，網路支付變得十分普及，只要你在銀行辦一張卡並開通網銀，就可以在家做轉帳、支付等一系列以前需要在銀行才能完成的操作。

網路支付功能一方面為人們帶來巨大的便利 —— 再也不用去銀行排隊、抽號碼牌、填寫各式各樣的單據。只要在電腦前輕點滑鼠，一切工作都能瞬間完成；但另一方面，網路安全似乎也變得更加重要了。

我們先來簡單地了解一下什麼是公鑰密碼體制。在密碼學中，一般有兩種密碼體制 —— 對稱密碼體制和非對稱密碼體制。對稱密碼體制已在第 1 章中有所介紹，它是加密方和解密方共享一個金鑰。在整個加密、解密過程中，金鑰是一個最為關鍵的因素，一旦金鑰在傳輸過程中被他人截獲，那麼密文將會不攻自破。因此對稱密碼體制需要一條確保安全的保密通道來傳遞這個金鑰。

相比之下，非對稱密碼體制的安全性就更高了。非對稱密碼體制需要兩個金鑰：公開金鑰（Public Key），簡稱公鑰；私有金鑰（Private Key），簡稱私鑰。公開金鑰與私有金鑰是成對出現的，也就是說，一個公開金鑰唯一對應一個私有金鑰，同時一個私有金鑰也唯一對應一個公開金鑰。如果用公開金鑰對數據進行加密，那麼只有用對應的私有金鑰才能對其進行解密；同理，如果用私有金鑰對數據進行加密，那麼只有用對應的公開金鑰才能對其進行解密。因為加密和解密使用的是兩個不同的金鑰，所以這種密碼體制稱為非對稱密碼體制，也叫公鑰密碼體制。

正如上面介紹的，非對稱密碼體制需要一對金鑰（公鑰和私鑰）來實現對數據的加密和解密。其中私鑰是絕對保密的，不能對外公開，而公鑰是可以公開的。這個道理顯而易見，如果私鑰和公鑰都能公開，那麼就沒有任何安全性可言；如果公鑰和私鑰都保密，就無異於對稱密碼體制了。只有像這樣，公鑰公開、私鑰保密的方式，才能既保證數據的安全性，又不需要特殊的保密通道維護金鑰（公鑰）的安全，金鑰的維護成本大大降低。以此為基礎，非對稱密碼體制有兩種實現方式 —— 數據加密和數位簽名（數位簽章）。

如圖 5-13 所示，圖中（a）為公鑰密碼體制下的數據加密模型，（b）為公鑰密碼體制下的數位簽名模型，以下我們分別介紹。

數據加密模型是非對稱密碼體制中最常見、最簡單的一種實現方式。首先需要透過特殊的演算法，生成一對金鑰（公鑰和私鑰），其中私鑰交給解密方儲存，不可以洩漏，而公鑰則可以以任意方式交給加密方使用。數據加密時，加密方使用公鑰對要傳輸的檔案進行加密，並生成密文，然後將密文發送給解密方。解密方得到加密方發送的密文後，使用自己的私鑰，就可以輕鬆地將密文解密，從而生成明文。密文在通道上的傳輸並不需要特殊的安全保護，因為即使密文在傳輸過程中被第三方截獲，因為第三方沒有與該公鑰配對的私鑰，也就無法解開密文。

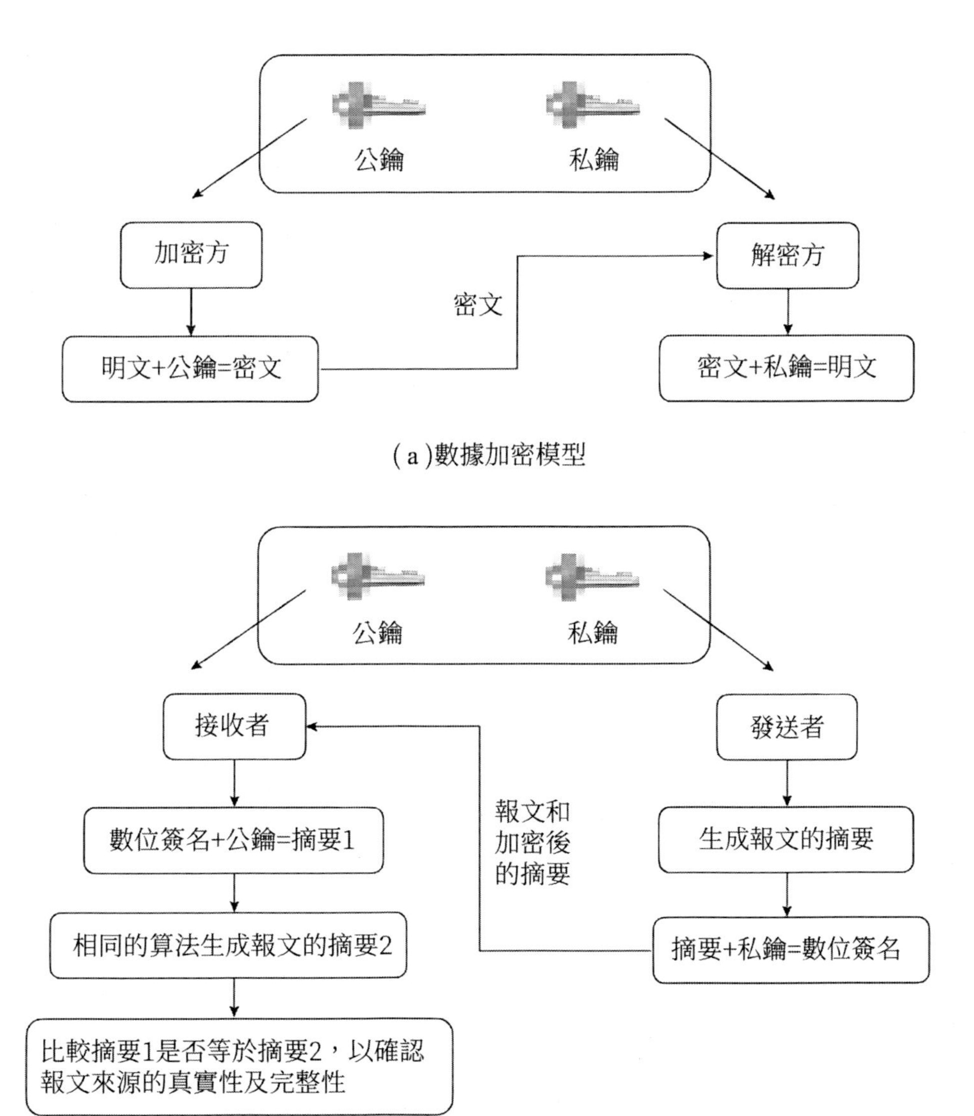

圖 5-13 數據加密模型和數位簽名模型

數位簽名模型與數據加密模型正好相反，它是一種類似寫在紙上的普通簽名，但是使用公鑰加密領域的技術來實現，是用於鑑別數位資訊的方法。首先，還是需要透過特殊的演算法，生成一對金鑰（公鑰和私鑰），其中私鑰交給發送方儲存，不得公開，而公鑰則可以以任意方式交給接收方使用。在進行數位簽名時，訊息的發送者要使用雜湊函數（也稱雜湊演算法）將發送的報文提取摘要，然後使用私鑰對這個摘要進行加密，生成所謂的數位簽名。接下來發送方將報文的數位簽名和報文一起發送給接收方。接收方得到這些數據後，首先將發送方的數位簽名用配對的公鑰進行解密，得到一個解密後的摘要，我們稱之為摘要 1；然後接收方再用與發送方一樣的雜湊函數，從接收到的原始報文中，計算出報文摘要，我們稱之為摘要 2。如果摘要 1 與摘要 2 相等，則認為接收到的這段報文的確來自發送方，且報文的內容完整、真實可靠；否則則認為接收到的報文是有問題的，內容不可信。數位簽名主要用於報文發送方身分的認證以及發送報文內容完整性的鑑定。

在上述的數據加密和數位簽名中，公鑰、私鑰、加密、解密演算法，是構成系統的關鍵要素。所謂「使用公鑰對要傳輸的檔案進行加密並生成密文」，就是透過加密演算法和公鑰，對明文進行加密操作，生成密文。所謂「使用私鑰將密文解密」，就是透過解密演算法和私鑰，對密文進行解密操作，生成明文。這裡加密演算法和解密演算法互為逆演算法，它們都可以透過公鑰或私鑰對數據（明文或密文）進行加密和解密的操作。如果用 P_k 表示公鑰，S_k 表示私鑰，E(x) 表示加密演算法，D(x) 表示解密演算法，C 表示密文，M 表示明文，則數據加密過程可表述為

$$C = E(P_k，M)$$

數據解密過程可表述為

$$M = D(S_k，C)$$

數位簽名過程可表述為

$$C = E(S_k，M)$$

簽名認證過程可表述為

$$M = D(P_k，C)$$

其中加密演算法 E(x) 和解密演算法 D(x) 互為逆操作，為反函數，即 $E^{-1}(x) = D(x)$，而且 E(x) 不同於一般意義上的數學函數，它屬於單向陷門函數。

所謂單向陷門函數，是指擁有一個陷門的特殊單向函數。首先它是一個單向函數，也就是說，在一個方向上易於計算，而反方向卻難於計算。但是，如果知道那個祕密的陷門，就能很容易在另一個方向計算這個函數。在公鑰密碼體制中，加密演算法 E(x) 就是一種單向陷門函數，使用公鑰 P_k 可以很容易地將明文 M 加密成密文 C，但是如果反向計算，將密文 C 解密為明文 M，則是一件非常困難的事情（至少在可接受的時間範圍內，是無法破解成功的），然而如果我們掌握了私鑰 S_k 這個陷門，解密過程也會變得十分容易。這就是公鑰密碼體制的理論基礎，也是公鑰密碼體制的安全性所在。

以上只是簡單地介紹公鑰密碼體制以及數據加密模型和數位簽名模型。公鑰密碼學的內容十分豐富，裡面涉及的數學理論也比較複雜，有興趣深入研究的讀者，可以參考《密碼學》、《數位資訊安全》等專業書籍。

5.4
商品的身分證——條碼

當我們在超市購買食品時，條碼會出現在食物包裝上；當我們在收銀臺結帳時，條碼會出現在發票上；當我們在商場逛街時，條碼會出現在衣服的標籤上……條碼已經深入到我們的生活中，無處不在。那麼條碼是什麼？條碼又分為多少種呢？本節將討論這個話題。

條碼是將一組寬度不等的黑條（簡稱條）和空白（簡稱空），按照一定的編碼規則排列，用以表示一定的字元、數字及符號組成的訊息。條碼可以標示物品的生產國、製造廠、商品名稱、生產日期、類別……等許多訊息，因而在商品流通、圖書管理、郵政管理、銀行系統等許多領域都得到廣泛的應用。看似不起眼的一個條碼，卻是一件商品的「身分證」。

條碼雖然外觀看起來大同小異，但實際上種類繁多。如果按照編碼方式來分，可以分為寬度調節法編碼和模組組合法編碼，而這兩種編碼方式又會衍生出數十種條碼。

按照寬度調節法進行編碼，窄單元表示邏輯值 0，寬單元表示邏輯值 1，其中寬單元的寬度一般是窄單元寬度的 3 倍。如圖 5-14 所示。

圖 5-14 寬度調節法編碼的條碼

最常見的、根據寬度調節法編碼的條碼，有「標準 25 碼」和「交叉 25 碼」兩種，以下我們分別介紹一下。

標準 25 碼

最常見的、利用寬度調節法進行編碼的條碼是 CODE25 條碼，也稱為標準 25 碼。由於這種編碼方式使用五位二進位制數對數字 0 ～ 9 進行編碼，因此稱為 25 碼。

透過表 5-1 可以看出，標準 25 碼中每個數字編碼由五個條組成，其中兩個為寬條、三個為窄條，因此任何一個數字對應的二進位制編碼，都是由兩個 1 和三個 0 組成。例如，數字 6 的條碼為窄寬寬窄窄，其對應二進位制編碼為 01100。標準 25 碼中的空單元不代表任何訊息，通常空單元的寬度與窄條的寬度相同。

表 5-1 標準 25 碼的組成

數字	二進位制編碼	條碼	數字	二進位制編碼	條碼
0	00110		5	10100	
1	10001		6	01100	
2	01001		7	00011	
3	11000		8	10010	
4	00101		9	01010	

我們下面透過一個例子，對標準 25 碼進行分析。如圖 5-15 所示，每一個條碼都有一個起始符和一個終止符，表示條碼的開始和結束。在標準 25 碼中，用寬寬窄（110）表示起始符，寬窄寬（101）表示終止符，起始符與終止符之間的部分是數據區。

條碼掃描器對標準 25 碼進行掃描時，先掃描到起始符，表示即將掃描數字區，然後掃描五個條，寬窄窄窄寬（10001），根據編碼方式，可知對應數字 1；繼續向後掃描五個條，窄寬窄窄寬（01001），對應數字 2，以此類推，一直掃描到終止符之前的五個條，寬窄窄寬窄（10010），對應數字 8，然後繼續掃描，發現終止符，掃描過程結束。

圖 5-15 標準 25 碼範例

標準 25 碼只用條單元表示真正的編碼訊息，而空單元只是單純地用來對條單元進行分隔，因此標準 25 碼的編碼方式屬於不連續編碼，而不連續編碼的一個顯著的缺點，就是沒有充分利用所有寬度，因此在編碼進化的過程中，這種編碼方式的應用範圍逐漸縮小，已經被連續編碼方式替代。

交叉 25 碼

為了克服標準 25 碼中不連續編碼的缺點，提高編碼的密度，人們對標準 25 碼進行改進，發明了更有效率的 ITF25 碼，也稱為交叉 25 碼。ITF 是英文 Interleaved Two of Five 的簡稱，其中單字「interleaved」的原意是指在畫冊中為了防止鄰近圖畫的著色互相染入，而在每頁之間插入的白紙，該詞說明了交叉 25 碼的編碼方式。

交叉 25 碼與標準 25 碼對單個數字的編碼是類似的，每一個數字的編碼都是由兩個寬單元和三個窄單元構成，對應的二進位制編碼為兩個 1 和三個 0。注意這裡面並沒有說是寬條和窄條，因為在交叉 25 碼中，空單元也用於表示訊息，且與條一樣，分為寬單元和窄單元，也稱為寬空和窄空。交叉 25 碼中五個條與五個空一起表示兩個數字。

下面我們透過一個例子，對交叉 25 碼進行分析。如圖 5-16 所示，交叉 25 碼的起始符和終止符與標準 25 碼不同，其中起始符由兩個窄條和兩個窄空，一共四個窄單元（0000）構成，終止符由一個寬條、一個窄條和兩個窄空（1000）構成。需要強調的是，空單元與條單元表示一樣的訊息，窄條與窄空都表示 0，寬條與寬空都表示 1。

條碼掃描器對交叉 25 碼進行掃描時，首先掃描到起始符，表示即將掃描數字區，然後條空相間的掃描五個條和五個空，其中五個條表示第一個數字，五個空表示第二個數字。就本例來說，五個條為寬寬窄窄窄（11000），對應數字 3；五個空為寬窄窄窄寬（10001），對應數字 1，至此完成了一對數字的掃描。按照這種掃描方法，直到掃描到終止符前面的數字對，五個條為寬窄窄寬窄（10010），對應數字 8，五個空位寬窄寬窄窄（10100），對應數字 5，然後繼續掃描，發現終止符，掃描過程結束。

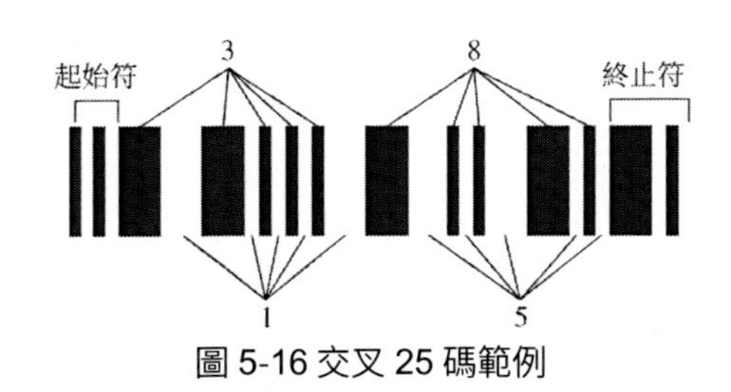

圖 5-16 交叉 25 碼範例

透過分析我們不難看出，相比於標準 25 碼，交叉 25 碼利用了空單元表示的訊息，採用連續編碼的方式，因此對同樣的數據，採用交叉 25 碼進行編碼所得到的編碼長度更短，更加節省空間。

按照模組組合法進行編碼時，條單元表示邏輯值 1，空單元表示邏輯值 0，每個單元的寬度是相同的。為了便於了解，我們在空單元四周加上邊框，如圖 5-17 所示，實際的條碼中，空單元是沒有邊框的。

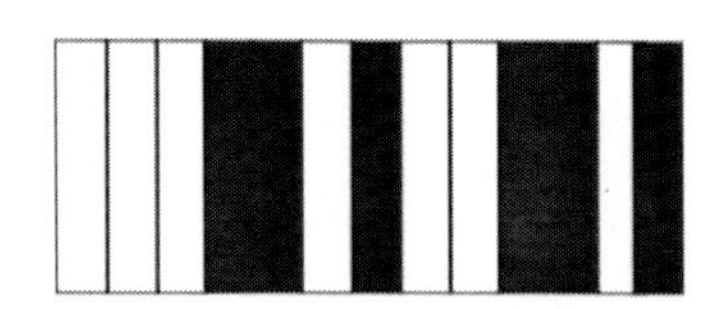

圖 5-17 模組組合法編碼的條碼

最為常見的模組組合法編碼是 UPC 碼，以下我們簡要地介紹一下。

UPC 碼

UPC 碼是一種固定長度且連續編碼的條碼，最早在美國的各大百貨公司使用，後來逐漸推廣到整個北美地區，用於表示唯一一種商品。

UPC 編碼有五個版本 —— UPC-A 用於通用商品、UPC － B 用於醫藥衛生領域、UPC － C 用於產業部門、UPC － D 用於倉庫批發、UPC － E 用於商品短碼。五個版本的編碼方式大同小異，我們以最常見的 UPC-A 為例進行說明，如圖 5-18 就是一個典型的 UPC-A 碼。

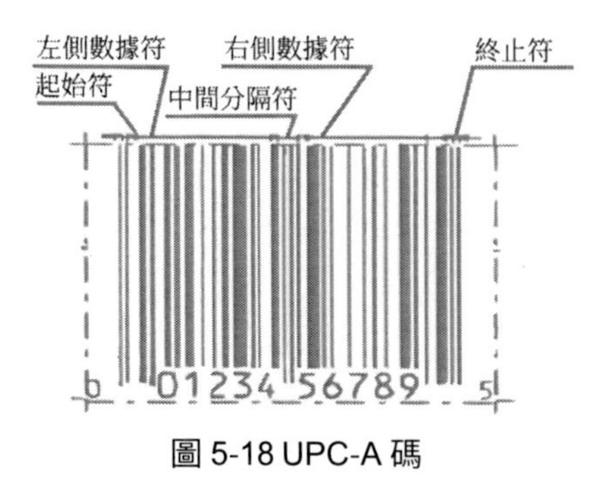

圖 5-18 UPC-A 碼

如圖 5-18 所示，整個 UPC-A 碼區域由起始符、系統符、左側數據符、中間分隔符、右側數據符、校驗符和終止符構成。起始符用於表示 UPC-A 碼的開始，編碼為條空條（101），終止符用於表示 UPC-A 碼的結束，編碼同樣為條空條（101）。中間分隔符用於分隔左側數據區與右側數據區，編碼為空條空條空（01010），左數據區與右數據區採用不同的編碼規則。系統符夾在起始符與左數據區之間，校驗符夾在右側數據區與終止符之間。其中起始符、系統符、中間符、校驗符、終止符在長度上要比左側數據區和右側數據區略長。

在最下方有一排供人閱讀的數字，中間的十個數字分別對應左數據區和右數據區的內容；起始符外側的數字為系統字元，根據商品的類別決定；終止符外側的數字為校驗符，根據數據區內的編碼，透過某種規則計算而得。

UPC-A 碼如表 5-2 所示，每一個數字的編碼均由 7 個單元構成，因此這種編碼方式是定長的。在左側數據區中，每一個編碼都是由奇數個條單元和偶數個空單元構成，準確地說，是由 3 個條單元和 4 個空單元或者 5 個條單元和 2 個空單元構成。在右側數據區中，每一個編碼都是由偶數個條單元和奇數個空單元構成，準確地說，是由 4 個條單元和 3 個空單元或者 2 個條單元和 5 個空單元構成。例如，數字 9 如果出現在左側數據區，其編碼為 0001011，如果出現在右側數據區，其編碼為 1110100。

表 5-2 UPC-A 碼的組成

數字	左二進位制編碼	左條碼	右二進位制編碼	右條碼
0	0001101		1110010	
1	0011001		1100110	
2	0010011		11011100	
3	0111101		1000010	
4	0100011		1011100	
5	0110001		1001110	
6	0101111		1010000	
7	0111011		1000100	
8	0110111		1001000	
9	0001011		1110100	

以下我們用一個例子來說明 UPC-A 碼的讀取。圖 5-19 給出了一個 UPC-A 編碼的條碼範例，掃描器首先掃描到起始符，也就是條碼最左邊的三個單元、兩個細條以及中間的細空，編碼為條空條（101）。繼續向右掃描七個單元，得到系統碼，包含一個細空、一個細條、一個細空、一個四個單元寬度的粗條，因此得到編碼為空條空條條條條（0101111），檢視左條碼可知為數字 6，在系統符中，數字 6 表示標準 UPC 碼。

圖 5-19 UPC-A 碼

掃描器繼續掃描左側數字區，仍然是每次讀取七個單元，首先得到一個細空、一個四個單元寬度的粗條、一個細空、一個細條，因此得到編碼為空條空條條條條（0111101），檢視左條碼可知為數字 3，然後透過同樣的方法，將左側數字區五個數字編碼依次讀出。繼續向右掃描五個單元，得到細空與細條相間的中間符，編碼為空條空條空（01010）。繼續向右掃描右側數字區，與左側數字區的處理方式相同，每次讀取七個單元，首先得到一個三個單元寬度的粗條、一個兩個單元寬度的粗空、一個細條、一個細空，因此得到編碼為條條條空空條空（1110010），檢視右條碼可知為數字 0，然後透過同樣的方法，將右側數字區五個數字編碼依次讀出。

掃描器繼續向右掃描七個單元，得到校驗碼，包含一個細條、一個四個單元寬度的粗空、一個細條、一個細空，因此得到編碼為條空空空空條空（1000010），檢視右條碼可知為數字 3。繼續掃描得到終止符，也就是條碼最右邊的 3 個單元，兩個細條以及中間的細空，編碼為條空條（101），至此整個 UPC-A 碼掃描完畢。

除了我們介紹的幾種條碼，國際上廣泛使用的條碼還包括在歐洲通用的 EAN 碼（用途類似於北美的 UPC 碼），用於汽車行業、材料管理、醫療衛生領域的 39 碼，用於圖書管理領域的 ISBN 碼……等。

條碼的種類繁多，在此不再贅述，總之它是每件商品的唯一標識，就像我們的身分證號碼一樣，因此條碼在許多領域都被廣泛地應用。

5.5 搜尋引擎是怎樣檢索的

搜尋引擎透過在網際網路中蒐集訊息，並對訊息進行一定的組織和處理之後，為使用者提供檢索服務。當今，許多網際網路使用者都將 Google 設定為自己的瀏覽器首頁，可見搜尋引擎已成為日常生活中獲取訊息、解決問題的重要工具之一。過去需要在資料堆裡檢索半天的訊息，現在只需輸入關鍵字，再輕點滑鼠便可得到，真可謂一鍵便知天下事。

那麼像 Google 這樣的搜尋引擎，究竟是怎麼工作的呢？當你在 Google 的搜尋框中輸入一個你感興趣的詞，點選搜尋時，滿滿好幾頁相關網站的連結就會瞬間呈現在面前，這的確是件神奇的事情。這是怎麼做到的呢？

想一鍵搜尋出你想得到的內容，首先在搜尋引擎的伺服器當中，需要儲存盡可能多的網頁內容，這是檢索的基礎。正所謂「巧婦難為無米之炊」，如果在搜尋引擎的伺服器中儲存的網頁內容很少，那麼檢索的效果一定非常差。一個好的搜尋引擎，其中一個重要的基礎，就是儲備大量的網頁，這樣搜尋出來的內容才夠全面，才有可能滿足使用者的需求。網際網路如此龐大，如何獲取這些網頁的內容呢？我們需要「爬蟲」。爬蟲是一種自動獲取網頁內容的工具，它不是現實生活中令人作嘔的蟲子，而是一個相當有趣的軟體，它能將整個網路中的內容，盡可能地抓取下來。那麼爬蟲是如何發現這些網頁的呢？我們首先簡述一下爬蟲的工作原理。

設想整個網路是一個城市交通系統，網頁相當於交通系統中的車站。車站 A 到達車站 B，是經由 A 到 B 之間的線路，也就是說，只要兩個車站之間存在一條通路，我們就可以經由車站 A 到達車站 B。對網頁來說，網頁 A 到達網頁 B，是經由 A 到 B 之間的連結，也就是說，只要兩個網頁之間存在著一條連結，我們就可以透過網頁 A 發現網頁 B。

爬蟲的工作原理就是先給定一個起始網址，爬蟲直接獲取起始網址的內容，找出起始網址中的所有連結，並將所有連結放到一個列表裡面；處理完起始網址後，從列表中取出一個連結網址，獲取這個連結網址的內容，並將該網頁中的所有連結，依次新增到列表的末端；處理完該網頁之後，再從列表中取出下一個連結網址。因此整個流程可以簡述為從列表頭部獲取連結進行處理，並將該連結對應網頁中的新連結，新增到列表尾部的循環過程。

我們來看一個具體的例子。假設給定起始網址 A，爬蟲處理網址 A 並發現 A 中含有連結 B 和 C，因此將 B 和 C 新增到列表尾部 [B，C]，處理完 A 後，從列表頭部取出 B，此時列表中只剩下 [C]，處理 B 的時候，發現 B 中含有連結 D、E 和 F，將其全部新增到列表尾部 [C，D，E，F]，處理完 B 後，再從列表頭部取出 C，此時列表為 [D，E，F]，然後繼續處理 C，以此類推。

實際的爬蟲程序更加複雜，有很多細節需要處理。為了加快抓取網頁內容的速度，多個「爬蟲」會同時工作，分別從不同的起始地址開始抓取網路中的內容；增加衝突檢測機制，既避免網頁在沒有更新的情況下重複抓取，從而提高效率，又保證網頁在發生更新之後會被重新抓取，從而提升準確度；為了保證抓取到的網頁都是品質良好的、有價值的網頁，需要透過網頁過濾演算法，對網頁內容進行分析，排除沒有價值的無效垃圾網頁。

這裡還需要指出一點，「爬蟲」根據連結抓取網頁內容，但是網頁的所有者可以決定「爬蟲」是否有權抓取網頁內容，因此「爬蟲」在抓取網頁內容之前，要先檢視許可權檔案，如果許可權檔案中顯示的宣告網頁，因隱私或安全的考量，禁止「爬蟲」抓取資料，那麼「爬蟲」就應該放棄該網頁，轉而繼續處理下一個網頁。

索引這個專業術語聽起來可能有點陌生，簡言之，建立索引的過程，就是建立關鍵字與文章之間的對應關係。

由於「爬蟲」抓取的網頁數以億計，當我們在搜尋引擎中鍵入關鍵字後，如果搜尋引擎從上億個網頁中逐一搜尋的話，理論上肯定可以完成，但是效率會非常低，使用者體驗也會非常差。因此搜尋引擎會事先建立好關鍵字與網頁的對應關係，透過使用者輸入的關鍵字，根據索引就可以直接找到相關網頁。

以下透過一個具體的例子來看看索引建立的過程。假設有三個網頁需要建立索引，為了便於說明，我們簡化了網頁的內容，每個網頁只有一行文字，並為每個網頁分配一個唯一編號。此外還假設網頁的內容為英文，主要是因為英文建立索引的邏輯更加簡單，在後文中我們會闡述具體的原因。

網頁 001：Good good study，day day up.

網頁 002：I am a good student.

網頁 003：I ate two apples.

首先對網頁 001 建立索引。透過分析可知，網頁包含四個單字：good、study、day、up。在分析的過程中，要排除大小寫因素，因此 Good 和 good 屬於同一個單字。索引表的結構如表 5-3 所示。

表 5-3 索引表 1

關鍵字	網頁編號
good	001
study	001
day	001
up	001

在實際建立索引的過程中，只儲存網頁編號的訊息是遠遠不夠的，許多附加訊息都會影響搜尋結果，因此也需要儲存，例如關鍵字出現的次數、是否出現在標題、是否出現在第一段……等。我們這裡也加入關鍵字出現的次數，透過一個數字，對關鍵字出現的次數進行表示。例如（001，2）表示關鍵字 good 在網頁 001 中出現兩次，如表 5-4 所示。

表 5-4 索引表 2

關鍵字	網頁編號與關鍵字次數
good	（001，2）
study	（001，1）
day	（001，2）
up	（001，1）

再對網頁 002 建立索引。透過分析可知，網頁包含五個單字：I、am、a、good、student，但是我們並不把這五個關鍵字都加入索引表，因為這裡面諸如 I、am、a 屬於虛詞，不會有人單獨對這些虛詞進行索引，而且這些虛詞幾乎會出現在所有網頁中，因此在建立索引的過程中，我們將虛詞忽略。在更新的索引表中，我們也能看出，只有 good 和 student 兩個詞建立了索引，如表 5-5 所示。

表 5 － 5 索引表 3

關鍵字	網頁編號與關鍵字次數
good	（001，2）（002，1）
study	（001，2）
day	（001，1）
up	（002，1）

最後對網頁 003 進行分析。這裡需要指出的是，新增到索引表裡的關鍵字都是單字的原型，而非任意一種衍生形式，例如 ate 是 eat 的過去式，因此加入索引表的關鍵字是原型eat，而非ate;apples 是 apple 的複數形式，因此加入索引表的關鍵字是原型 apple，而非 apples。我們得到最終的索引表如表 5-6 所示。

表 5-6 索引表 4

關鍵字	網頁編號與關鍵字次數
good	（001，2）（002，1）
study	（001，1）
day	（001，2）
up	（001，1）
student	（001，2）
eat	（003，1）
two	（003，1）
apple	（003，1）

當使用者在搜尋引擎中鍵入關鍵字 good 後，搜尋引擎不會檢視三個網頁中的任何一個，而是直接到索引表中找出關鍵字 good 對應的網頁編號，並根據網頁編號將網頁取出，返回給使用者。

對網頁進行分析、提取關鍵字的過程叫做分詞。在對英文網頁進行分詞時相對容易，因為只需要根據空格將每個單字拆分，但對中文網頁進行分詞就不同了。中文複雜許多，不像英文那樣每個詞中間有空格，詞語本身的雙重意義，讓中文分詞顯得非常困難。例如「開發中國家」是分成「開發中」「國家」還是「開發」「中國」「家」呢？因此許多 IT 企業將中文的分詞技術作為一門學科，在搜尋引擎領域中進行研究。

5.6 二維條碼會被用完嗎

二維條碼是當下人們再熟悉不過的一種可讀條碼，無論是買東西時轉帳支付，還是下載檔案或程式，抑或是新增好友等，都會出現二維條碼。可以說二維條碼已經滲透到生活的各個層面。但你可曾想過，二維條碼究竟是什麼？為什麼用手機掃描二維條碼就可以做這麼多事情？我們每天都會掃各式各樣的二維條碼，那二維條碼會被用光嗎？本節就來為大家解答這些疑惑。

二維條碼的「前身」就是我們上一節講到的一維條碼。從上一節中可知，一維條碼是將一組寬度不等的黑條和空白按照一定的編碼規則進行排列，用以表示一定的字元、數字及符號組成的訊息。一維條碼可以提高訊息輸入的速度，減少出錯率，所以被廣泛應用於標示物品的生產國、製造廠、商品名稱、生產日期、圖書分類等訊息。但一維條碼也存在著一些不足，最主要的缺點就是數據容量很小。因為一維條碼只能在水平方向上表達訊息，而在垂直方向上不能表達任何訊息，所以條碼的訊息量受到天然的局限。

於是人們想到，是否可以將條碼增加一個維度，從而增加訊息量呢？早在 1994 年，日本 Denso － wave 公司的工程師就帶領他的團隊對此進行了研究，並最終研發出我們現在經常使用的二維條碼。

那麼二維條碼究竟是什麼東西呢？簡單來說，二維條碼是一種開放式的訊息儲存器，它可以把訊息翻譯成一系列黑色或白色的小方塊，然後組合到一個大方塊中，這樣就形成了我們看到的二維條碼。

那麼這些訊息是如何翻譯成黑色或白色的小方塊呢？這裡就要藉助二進位制編碼了。在現實應用中，我們會遇到各式各樣的訊息，例如網站的網址、個人的身分資訊、個人帳戶等，這些訊息雖然形式不同，但都可以透過某種方式，將其轉化為一串由 0 和 1 組成的二進位制碼。

這個將訊息轉換為 0/1 二進位制碼的過程就叫做編碼。在二維條碼的生成過程中，一般都是採用 QR 碼通用編碼規則。QR 碼就是由日本 Denso － wave 公司發明的，其中的 Q 和 R 代指 Quick Response，即快速反應的意思，它表示這種編碼可以讓其內容被快速破解。

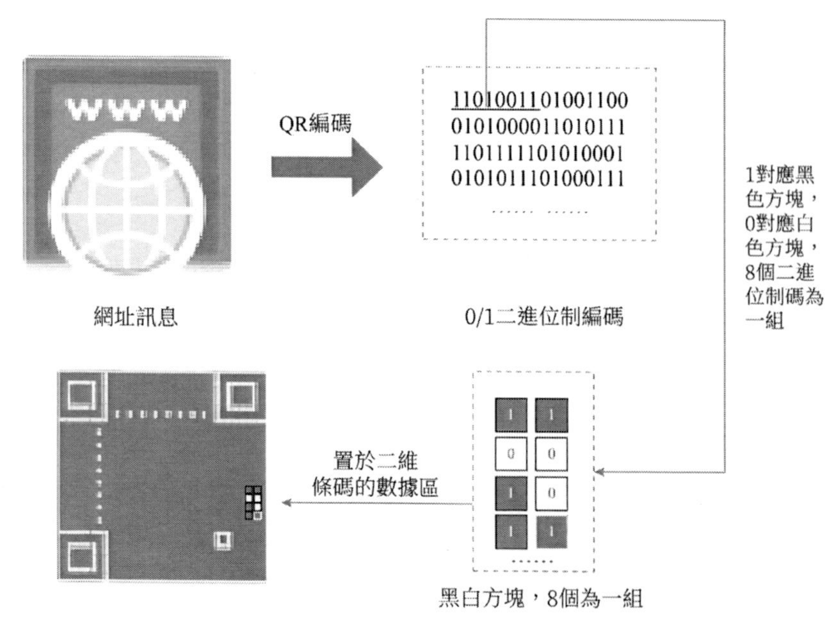

圖 5-20 二維條碼的生成過程

在最終生成的這串 0/1 編碼中，一個 0 對應一個白色小方塊，一個 1 對應一個黑色小方塊，將這些小方塊按照 8 個一組，填入到大方塊中，就可以組成一個二維條碼圖案。如圖 5-20 所示。

以上就是生成二維條碼的基本原理。其實現實中的二維條碼要比這裡所說的更加複雜。在一個完整的二維條碼中，內部儲存的訊息是分割成幾個部分的，每一部分都有其特有的功能。如圖 5-21 所示。

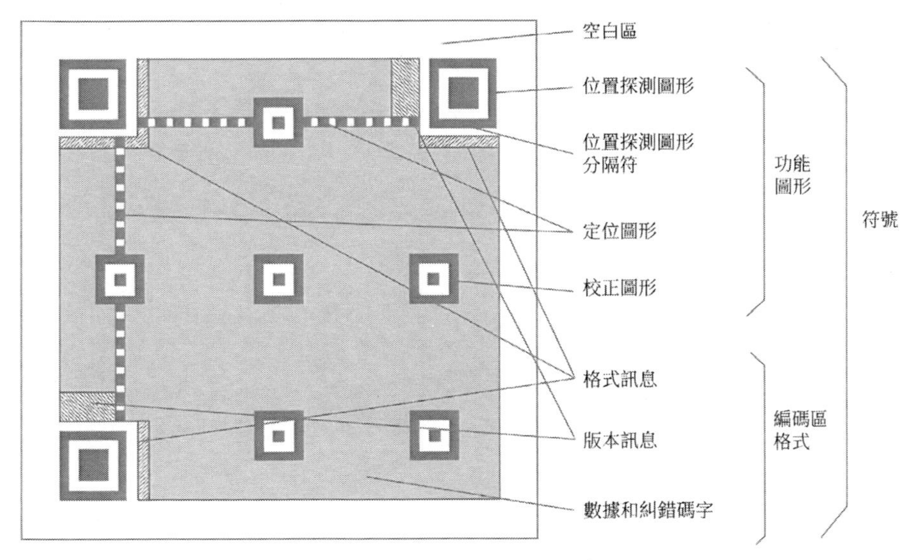

圖 5-21 完整的二維條碼訊息

首先在二維條碼的三個角上，有三個回字形的正方形框，這部分稱為二維條碼的位置探測圖形，用來定位二維條碼的邊界。當你用手機掃描二維條碼時，手機是如何定位二維條碼的呢？這就要靠這三個回字形的正方形框了，手機的二維條碼掃描軟體透過定位這三個方框來辨識二維條碼、定位二維條碼的邊界以及矯正二維條碼的方向。

二維條碼中還有資料矩陣（定位線），它的作用有點類似文字中的分隔符，用來分隔不同區域，這樣可以方便掃描軟體對二維條碼中不同區域進行定位。定位線始終是黑白相間的，且在二維條碼中只有一行和一列的定位線。

在二維條碼中還有版本訊息。版本訊息儲存的是該二維條碼的版本號，不同版本的二維條碼，其尺寸也是不同的。例如 version1 的二維條碼大小為 21×21，version2 的二維條碼大小為 25×25，version3 的二維條碼大小為 29×29，每增加一個 version，就會增加 4 的尺寸。按照這個規律，version40 的二維條碼大小為 177×177。版本越大，對應的二維條碼尺寸就越大，儲存的訊息量就越大。

真正的有效數據訊息，儲存在數據區域中，這裡不只儲存了有效的數據訊息，還包括糾錯碼字，因此即使二維條碼有部分損壞，它依然可以被辨識。

以上我們簡單地介紹了二維條碼的基本原理。在當今的世界，二維條碼的使用量可謂非常大，據不完全統計，全球每天就要掃 100 多億個二維條碼。如此龐大的使用量，不禁讓人有這樣的擔心：二維條碼會被用光嗎？

從理論上來說，二維條碼肯定有被用光的那一天，因為二維條碼的尺寸都是固定的，在固定的區域內對這些黑白小方塊進行排列組合，其結果的數量也必然是有限的。但是你大可不必為此擔心，因為想把全部的二維條碼掃光，需要的時間會長到令你無法想像！

就以我們平時使用的付款碼為例，它的尺寸是 25×25，即每一排有 25 個方塊，共 25 排，這樣算來，在這個二維條碼矩陣中，總共有 625 個小方塊。但是如前面所說，二維條碼中還有一些固定的位置探測圖形、定位線等功能方塊，除去這些方塊，還剩下 478 個方塊。因為每個方塊都有

「黑」和「白」兩種選擇，所以這 478 個方塊，總共可以組成 2^{478} 個不同的二維條碼。就算一天會用掉 100 億個付款碼（其實不可能有這麼多），那一年就可以用掉 36,500 億個付款碼，再用 2^{478} 除以 36,500 億，約等於 2.14×10^{131}，也就是要用光付款碼大約需要 2.14×10^{131} 年。要知道宇宙誕生至今也不過 138 億年左右，也就是 1.38×1^{10} 年。可見二維條碼的數量是個天文數字，我們根本不需要擔心二維條碼會被用光。

從理財到科技，數學的超徹底日常應用！

高利貸暴利、單雙眼皮遺傳、打彈珠遊戲、雞兔同籠問題……從日常理財到推理邏輯，帶你看數學在生活中搞出多少噱頭！

編　　著：楊峰，吳波 編著
發 行 人：黃振庭
出 版 者：崧燁文化事業有限公司
發 行 者：崧燁文化事業有限公司
E-mail：sonbookservice@gmail.com
粉 絲 頁：https://www.facebook.com/sonbookss/
網　　址：https://sonbook.net/
地　　址：台北市中正區重慶南路一段61號8樓
8F., No.61, Sec. 1, Chongqing S. Rd., Zhongzheng Dist., Taipei City 100, Taiwan

電　　話：(02)2370-3310
傳　　真：(02)2388-1990
印　　刷：京峯數位服務有限公司
律師顧問：廣華律師事務所 張珮琦律師

定　　價：420 元
發行日期：2024 年 07 月第一版
◎本書以 POD 印製
Design Assets from Freepik.com

國家圖書館出版品預行編目資料

從理財到科技，數學的超徹底日常應用！高利貸暴利、單雙眼皮遺傳、打彈珠遊戲、雞兔同籠問題……從日常理財到推理邏輯，帶你看數學在生活中搞出多少噱頭！ / 楊峰，吳波 編著 . -- 第一版 . -- 臺北市：崧燁文化事業有限公司，2024.07
面；　公分
POD 版
ISBN 978-626-394-564-7(平裝)
1.CST: 數學 2.CST: 通俗作品
310　　113010568

電子書購買

爽讀 APP

臉書